PLAZA & JANES
P&J
EDITORES

LAS GUERRAS DEL FUTURO

ALVIN y HEIDI
TOFFLER

Traducción de
Guillermo Solana Alonso

PLAZA & JANES EDITORES, S.A.

Ediciones de *Las guerras del futuro* en otras lenguas:

INGLÉS (Little Brown & Co., Estados Unidos; Little Brown & Co. Ltd., Reino Unido)
ALEMÁN (Deutsche Verlags-Anstalt)
FRANCÉS (Librairie Arthème Fayard)
FINLANDÉS (Otava Oy)
ITALIANO (Sperling & Kupfer)
JAPONÉS (Fuso-sha)
COREANO (Korea Economic Daily)
PORTUGUÉS (Livros do Brasil, Portugal; Distribuidora Record de Servicos de Imprensa, Brasil)
CHINO (China Times Publishing)
TURCO (Sabah)
HEBREO (S. Ma'ariv)
HOLANDÉS (Uitgeverij Contact)

Título original: *War and Anti-War*
Diseño de la portada: Parafolio

Primera edición: mayo, 1994

Printed in Spain – Impreso en España

ISBN: 84-01-37510-X
Depósito Legal: B. 13.610 - 1994

Fotocomposición: Alfonso Lozano

Impreso en Printer Industria Gráfica, s. a.
Sant Vicenç dels Horts (Barcelona)

ÍNDICE

Cuarta parte
SABER

Quinta parte
PELIGRO

Sexta parte
PAZ

A Betty y a Karen

Tal vez no te interese la guerra pero
a la guerra le interesas.

TROTSKY

INTRODUCCIÓN

Este libro se refiere a las guerras y a los esfuerzos antibelicistas del futuro. Está concebido con el pensamiento puesto en el niño bosnio cuyo rostro ha sido medio destrozado por una explosión y en la madre que contempla con ojos vidriosos lo que ha quedado de él. En todos los inocentes que mañana matarán y morirán por razones que no comprenden. Es una obra sobre la paz. Lo que significa que se trata de un libro acerca de la guerra en las condiciones nuevas e insólitas que estamos creando mientras nos precipitamos hacia un futuro desconocido.

Un nuevo siglo se extiende ahora ante nosotros, una centuria en la que un gran número de seres humanos puede alejarse del umbral del hambre, en la que podrá ser posible dar marcha atrás a los estragos de la contaminación de la era industrial, en la que una diversidad más rica de culturas y pueblos participará quizá en la conformación del futuro..., un nuevo siglo donde se contenga la plaga de la guerra.

Sin embargo, parece que, por el contrario, nos sumimos en una nueva era tenebrosa de odios tribales, desolación planetaria y guerras multiplicadas por guerras. La manera en que hagamos frente a esta amenaza de violencia explosiva determinará en buena medida el modo en que nuestros hijos vivan o, tal vez, mueran.

Pero muchas de nuestras armas intelectuales para el logro de la paz se hallan tan irremediablemente anticuadas como numerosos ejércitos. La diferencia estriba en que los ejércitos de todo el mundo se apresuran a abordar las realidades del siglo XXI. En cambio, la pacificación se afana tratando de aplicar métodos más adecuados para un pasado remoto que para nuestros días.

La tesis de este libro resulta clara, aunque aún sea escasamente entendida: nuestro modo de guerrear refleja nuestro modo de ganar dinero, y la manera de combatir contra la guerra debe reflejar la manera de librarla.

Ningún tema es tan fácilmente ignorado por aquellos que tenemos la suerte de vivir en paz. Al fin y al cabo cada uno libra sus propias guerras de supervivencia: ganarse la vida, cuidar de la familia, hacer frente a una enfermedad. Hay suficiente, parece, con preocuparse de estas realidades inmediatas. Pero nuestro modo de librar las guerras personales en tiempo de paz, de vivir día tras día, se halla profundamente influido por las contiendas reales e incluso imaginarias del presente, del pasado o del futuro.

Las contiendas actuales encarecen o abaratan el precio de la gasolina en la estación de servicio, los víveres en el supermercado, las acciones en la Bolsa. Destrozan la ecología. Irrumpen en el cuarto de estar a través de la pantalla del televisor.

Las guerras del pasado afectan a través del tiempo nuestras vidas actuales. Los torrentes de sangre derramada hace siglos por motivos ya olvidados, los cuerpos abrasados, empalados, quebrados o aniquilados, los niños reducidos a vientres hinchados y piernas esqueléticas, modelaron el mundo en que ahora vivimos. Por citar un ejemplo único y poco advertido, las guerras libradas hace un milenio condujeron al establecimiento de jerarquías en una cadena de mando, forma de autoridad familiar a millones de asalariados del presente. Las guerras del futuro –tanto proyectadas como simplemente imaginadas– pueden incluso incrementar en la actualidad nuestros impuestos.

No es extraño que las contiendas imaginarias dominen nuestras mentes. Caballeros, samurais, guerreros, jenízaros, húsares y soldados rasos desfilan de continuo por las páginas de la historia y los corredores de nuestro espíritu. La literatura, la pintura, la escultura y el cine retratan los horrores, el heroísmo o los dilemas morales, reales o imaginarios, de la guerra.

Pero mientras que las contiendas bélicas, auténticas, potenciales e imaginarias, conforman nuestra existencia, existe una realidad inversa por completo olvidada. Porque cada una de nuestras vidas se halla modelada por guerras que NO se libraron, porque las evitaron las victorias de «antiguerras».

La guerra y la antiguerra no son, empero, mutuamente excluyentes u opuestas. La antiguerra no se libra sólo con discursos, oraciones, manifestaciones, marchas y sentadas en aras de la paz. De manera más importante, en las antiguerras se incluyen acciones adoptadas por políticos e incluso por los propios guerreros para crear condiciones que disuadan de las contiendas o que limiten su extensión. En un mundo complejo hay veces en que incluso la propia guerra se convierte en un instrumento necesario para evitar un choque aún mayor y más terrible. La guerra *como* antiguerra.

En su nivel más alto, las antiguerras suponen aplicaciones estratégicas del poder militar, económico e informativo para reducir la violencia asociada tan a menudo con un cambio en la escena mundial.

Cuando hoy el mundo escapa de la era industrial y penetra en un nuevo siglo, buena parte de lo que sabemos acerca de la guerra y de la antiguerra se halla peligrosamente anticuado. Surge una economía nueva y revolucionaria, basada en los conocimientos más que en las materias primas convencionales y en el esfuerzo físico. Este cambio notable en la economía mundial aporta consigo una revolución paralela en la naturaleza de la actividad bélica.

Nuestro propósito no consiste por eso en moralizar acerca del carácter odioso de la guerra. Es posible que algunos lectores confundan la ausencia de moralización con la falta de identificación con las víctimas de la guerra. Eso sería suponer que los gritos de dolor y de rabia bastan para prevenir la violencia. Es indudable que se oyen en el mundo muchos gritos de dolor y de rabia. Si éstos fueran suficientes para lograr la paz, nuestros problemas habrían concluido. Lo que se echa de menos no son más expresiones emotivas, sino un entendimiento nuevo de las relaciones entre la guerra y una sociedad que experimenta un rápido cambio.

En nuestra opinión, este nuevo atisbo podría proporcionar una base mejor para la acción de la comunidad mundial. Nada de una brigada de intervención rápida *a posteriori*, sino una acción preventiva, con conciencia de futuro, fundada en el conocimiento de la forma que pueden asumir las contiendas del mañana. No brindamos aquí panacea alguna. Lo que ofrecemos, en cambio, es una nueva manera de reflexionar sobre la guerra. Y lo que, a nuestro juicio, puede ser una modesta contribución a la paz, porque una revolución en la actividad bélica exige también una revolución en la actividad a favor de la paz.

Las antiguerras deben parangonarse con las guerras que pretenden evitar.

PRIMERA PARTE

CONFLICTO

I. ENCUENTRO INESPERADO

La pista comenzó con una inesperada llamada telefónica, una reunión nocturna en un motel próximo a Washington y un general del Ejército de Estados Unidos en traje de paisano. Nosotros no le conocíamos e ignorábamos por qué quería vernos; por entonces, no teníamos ninguna intención de escribir estas páginas.

A las siete y media de la tarde del 12 de abril de 1982, un hombre delgado, de baja estatura y cejas negras, salió del ascensor del Quality Inn, cerca del Pentágono, y acudió a saludarnos. Don Morelli[1], nacido en Pensilvania en el seno de una familia de inmigrantes italianos, había estudiado en West Point y había mandado tropas en combate en el delta del Mekong, en Vietnam. Pero pronto descubrimos que la batalla más importante de su vida aún no había sobrevenido.

Se ha denunciado con frecuencia que los jefes militares dedican su tiempo a prepararse para librar de nuevo la última guerra. Aquella noche aprendimos de Don Morelli que cabe lanzar la misma acusación contra los intelectuales, los políticos y los disidentes que afirman hablar en pro de la paz. La realidad es que se halla anticuado buena parte de lo que ahora se dice o escribe públicamente acerca de la guerra y de la paz. Está concebido según categorías de la guerra fría y, peor aún, congelado en la postura mental de la época de las chimeneas.

Don Morelli comenzó su conversación con la noticia de que un grupo de generales norteamericanos se interesaba por la lectura de nuestro libro *La tercera ola*, publicado en 1980. La obra afirmaba que la revolución agrícola de diez mil años atrás lanzó la primera ola de cambio transformador en la historia humana; que la revolución industrial de hace trescientos años desencadenó una segunda ola y que hoy en día experimentamos el impacto de una tercera[2].

Cada una de estas olas trajo consigo un nuevo tipo de civilización. En la actualidad, apuntaba nuestro libro, nos encontramos en el proceso de inventar una civilización de la tercera ola con una economía, unas formas de familia, unos medios de comunicación y una política propios.

Sin embargo, aquella obra no dice casi nada sobre la guerra. ¿Por qué entonces, inquirimos, se había indicado a nuestros generales que la estudiaran?

De la fuerza bruta a la fuerza mental

La razón, explicó Morelli, era que las mismas fuerzas que transforman nuestra economía y nuestra sociedad estaban también a punto de transformar la guerra. Casi ignorado del mundo exterior, se había constituido un grupo para diseñar los revolucionarios aspectos militares del futuro.

Nos dijo que este equipo, encabezado por su jefe, un general de Kansas llamado Donn A. Starry, se hallaba dispuesto a reconsiderar la guerra en términos de la «tercera ola», a adiestrar a los soldados en pensar y combatir de un modo nuevo, y a definir las armas que precisarían. La tarea de Morelli era la «doctrina». En efecto, su misión consistía en formular una doctrina militar para el mundo de la tercera ola.

Hablamos durante horas. Charlamos de todo, desde videojuegos a la descentralización empresarial, desde las fronteras de la tecnología a la filosofía del tiempo. Todo esto y más, afirmó, correspondía a la reconsideración de la guerra.

Tras la cena, Morelli nos condujo a su habitación, donde había preparado dos proyectores de diapositivas. Se trataba de la misma presentación que había efectuado ante George Bush, entonces vicepresidente de Estados Unidos. Las horas transcurrieron velozmente mientras contemplábamos diapositivas y le formulábamos pregunta tras pregunta.

En aquella época, vale la pena recordarlo, aún faltaban casi diez años para que el término de «bomba inteligente» se convirtiera en parte del vocabulario mundial. Los militares de Estados Unidos estaban todavía desmoralizados por su derrota en Vietnam. Pero la mente de Morelli se hallaba en el futuro, no en el pasado y lo que contemplamos en aquella habitación fue una visión previa y sorprendente de lo que todo el mundo seguiría atónito diez años más tarde a través de la CNN durante la guerra del Golfo.

De hecho, lo que veíamos apuntaba a direcciones incluso hoy no entendidas por el gran público, a una transformación del poder militar que sólo se podrá comprender cuando desarrollemos, en los próximos capítulos, el notable paralelismo entre la naciente economía del futuro y la naturaleza rápidamente mutable de la propia guerra, cada una de las cuales acelera el cambio en la otra.

Dicho simplemente: en el paso de la economía de la fuerza bruta a la de la fuerza mental[3] necesitamos inventar también lo que sólo puede denominarse «guerra de la fuerza mental». Don Morelli nos abrumó con ideas sorprendentes: ¿El más grave problema militar norteamericano? Permitir que la tecnología determine la estrategia en vez de que sea la estrategia la que fije la tecnología. ¿El cambio más importante en la actividad bélica desde Vietnam? Las armas teledirigidas con precisión. ¿El problema más serio de las democracias respecto a términos militares? Los ejércitos democráticos no pueden ganar guerras sin apoyo popular, sin hallarse respaldados por un consenso. Pero actualmente es posible que las crisis se presenten con mayor rapidez que la que se requiere para lograr un consenso. ¿Cabe evitar la guerra nuclear? Sí, mas no de un modo ortodoxo. ¿Por qué le interesaban los pasajes que habíamos escrito acerca de la filosofía del tiempo? Porque los militares tenían que pasar de una orientación hacia el espacio a una orientación hacia el tiempo. Morelli desveló entonces su asombrosa categoría intelectual.

Los psiquiatras denominan «filtración» a las pocas palabras formuladas por un paciente tras una sesión terapéutica. Y afirman que aquélla es a menudo más importante que toda la hora de psicoanálisis. Ya en la puerta, y mientras tratábamos de interpretar lo que habíamos escuchado, Morelli lanzó su propia bomba personal. «Tengo 49 años –nos confió– y estoy muriéndome de cáncer.»

Luego, de una manera tan deliberada que revelaba un prolongado y atento examen de sí mismo, Morelli añadió: «Consideraré cumplida mi misión en la vida si la nueva doctrina que les he esbozado esta noche llega a ser puesta en práctica por Estados Unidos y nuestros aliados.»

Para bien o para mal –y quizá para ambas cosas– la misión de la vida de Morelli se ha realizado sobradamente.

Más allá de la caricatura

Esa primera reunión condujo a otras en Washington y en Fort Monroe, Virginia. El Don Morelli que acabamos conociendo no encajaba en el estereotipo del soldado. Los intelectuales en especial han tendido a caracterizar a los militares como brutales o simplemente estúpidos. Enseguida vienen a la mente las caricaturas políticas que presentan a generales de pecho ancho, rebosantes de medallas y bandas, y con rostros desprovistos de inteligencia. No hay más que recordar la satírica canción de Gilbert y Sullivan *I am the very model of a modern major-general* o al primer lord del Almirantazgo en *H. M. S. Pinafore*, quien afirmaba: «¡Creía ser tan poca cosa, pero me premiaron / Poniéndome al frente de la flota de Su Majestad!»

Sea cual fuere la base real que tales imágenes caricaturizadas puedan haber tenido o que quizá tengan en otros países, no se aplican a Don Morelli ni a los militares que luego conocimos. Él era en realidad un intelectual que vestía de uniforme (a veces). Una personalidad con ascendiente, a quien atraía el mundo de las ideas. Este hombre singular irradiaba cordialidad y parecía buscar en los demás no sus defectos sino su nobleza; tenía siempre un gran sentido del humor y eran inagotables sus bromas italianas. Por entonces, Morelli estaba estudiando pintura al óleo con otro militar al que, a cambio, él le enseñaba a jugar al ajedrez. Le gustaba tanto la música clásica como la de Stan Getz, cantaba de un modo horrible, y leía de todo, desde ciencia ficción a obras históricas y biografías. Otro general norteamericano a quien conocimos más tarde le llamaba «nuestro italiano del Renacimiento».

Don Morelli era un hombre serio en el asunto más serio de todos y lo sabía; pero resultaba divertido estar con él. Estaba muriéndose y, sin embargo, rebosaba vitalidad.

La última vez que le vimos fue emocionante. Nos invitó a Fort Monroe para presentarnos a quien le sustituiría. El motivo era harto evidente. Aquel día de febrero de 1984, tras una comida que había preparado Patti, su esposa, y que compartimos con varios militares en uniforme de campaña, Morelli acudió a despedirnos hasta el coche. Cuando nos quedamos a solas con él, nos dijo: «Los médicos me dan entre dos y seis meses de vida y el Ejército quiere retirarme. Estoy muy satisfecho de haberles conocido –declaró– y lamento que no tengamos la oportunidad de intimar aún más.» Le respondimos que también nosotros apreciábamos el tiempo que habíamos pasado con él. Tras esto, abrió la puerta del coche que había enviado a recogernos y saludó con la mano mientras un sargento nos conducía fuera de allí.

Aquellos encuentros, primero con Don Morelli y luego con Donn Starry y otros, nos llevaron, en definitiva, a un nuevo entendimiento del papel desempeñado en las actividades humanas por el más espectacular, trágico y trascendente de los procesos sociales: la guerra.

Si la guerra era algo demasiado importante para ser confiada a los generales, ahora es demasiado importante para que se quede en manos de ignorantes, tanto uniformados como de paisano. Lo mismo se aplica, con mayor fuerza aun, a la antiguerra.

II. EL FINAL DEL ÉXTASIS

Si preguntáramos a unos adultos instruidos qué guerras se han producido desde que terminó la Segunda Guerra Mundial, les costaría poco trabajo mencionar la de Corea (1950-1953), la de Vietnam (1957-1975), las guerras árabe-israelíes (1967, 1973 y 1982), la del Golfo Pérsico (1990-1991) y quizá varias más.

Sin embargo, serían pocos los que sabrían que, desde que surgió la «paz» en 1945, el mundo ha conocido entre 150 y 160 contiendas armadas y conflictos civiles. O que en este proceso perecieron unos 7.200.000 soldados, sin tener en cuenta a los heridos, los torturados o los mutilados. Tampoco se incluyen en esta cifra a los civiles sacrificados en un número muchísimo mayor, ni a los que perecieron tras los combates.

Irónicamente, en toda la Primera Guerra Mundial el número de soldados muertos fue sólo algo superior, cerca de 8.400.000. Esto significa sorprendentemente que, en términos de muertes en combate e incluso admitiendo un amplio margen de error, el mundo ha librado desde 1945 casi el equivalente de la Primera Guerra Mundial[1].

Si se suman las muertes de civiles, el total llega a las astronómicas cifras de 33 a 40 millones, sin contar tampoco a las víctimas de heridas, violaciones, desplazamientos, enfermedades y empobrecimiento.

Los hombres se han matado con armas blancas y de fuego, bombas, gases y por diversos otros medios en Burundi y Bolivia, en Chipre y Sri Lanka, en Madagascar y Marruecos. En la actualidad, la ONU cuenta con casi doscientos miembros, y se han librado guerras en más de sesenta de los países que constituyen esta organización. Sólo en 1990, el SIPRI (Instituto Internacional de Estocolmo para la Investigación sobre la Paz) señaló la existencia de 31 conflictos armados.

De hecho, durante las 2.340 semanas transcurridas entre 1945 y 1990, la Tierra disfrutó únicamente de tres en las que verdaderamente no hubo guerra[2]. Así pues, denominar era de la «posguerra» a los años que median entre 1945 y el presente es combinar la tragedia con la ironía.

Si se examina retrospectivamente toda esta horrenda brutalidad, se puede descubrir una trama específica.

Una prima de un billón de dólares

Hoy en día resulta claro que el equilibrio nuclear entre Estados Unidos y la Unión Soviética durante las últimas décadas sirvió realmente para estabilizar el mundo a partir de los años cincuenta. Los países se encontraban integrados en dos campos muy definidos, y cada uno sabía más o menos dónde encajaba en el sistema global. A partir de la década de los sesenta, una guerra directa entre las superpotencias nucleares hubiera supuesto una «segura destrucción mutua». La consecuencia fue que mientras podían estallar guerras en Vietnam, Irán/Irak, Camboya, Angola, Etiopía o en regiones incluso más remotas del Tercer Mundo, no se libraban en el territorio de las grandes potencias ni resultaban cruciales para la existencia económica de éstas.

En los últimos tiempos los gastos militares han alcanzado cada año casi un billón de dólares, principalmente asumidos por las superpotencias y sus aliados. Cabe concebir estas vastas sumas como la «prima del seguro» abonada por los grandes para mantener la guerra fuera de sus propias fronteras.

Las dos superpotencias, Estados Unidos y la antigua Unión Soviética alentaron claramente ciertas contiendas de sus clientes, delegados, satélites o aliados, proporcionándoles armas, ayuda y munición ideológica; pero la mayoría de las veces actuaron también como supergendarmes estabilizadores: reprimieron conflictos entre los suyos, mediaron en las disputas locales o las moderaron y, en general, mantuvieron su campo en orden en razón de los peligros de una escalada nuclear ilimitada.

En 1983, en una obra titulada *Previews and premises*, nosotros señalamos que algún día nuestros hijos «contemplarían retrospectivamente la gran pugna mundial entre capitalismo y socialismo con cierta condescendencia, como ahora consideramos el conflicto entre güelfos y gibelinos» durante los siglos XIII y XIV. El término «guerra fría» posee ya una curiosa connotación. La Unión Soviética es desde 1991 un recuerdo de lo que fue y se ha desplomado al mismo tiempo la estructura militar bilateral impuesta al mundo por las dos superpotencias nucleares. Lo que ha seguido después ha sido extraordinario.

Esclavitud y duelo

La primera reacción ante esta ruptura del marco de la guerra fría constituyó un caso grave de éxtasis colectivo.

Durante casi medio siglo había resonado el tictac del reloj del juicio final y el mundo contuvo su aliento. Así pues, resulta muy comprensible el júbilo insensato que acompañó al final de la guerra fría, simbolizado en el derrumbamiento del muro de Berlín. Políticos habitualmente mesurados entonaron odas a la nueva era de paz que supuestamente sobrevenía. Los grandes santones escribieron acerca de «la emergencia de la paz». Y esa paz nos brindaba grandes dividendos. Las democracias, en particular, jamás volverían a combatir entre sí. Algunos pensadores llegaron incluso a aventurar la noción de que la guerra pronto se reuniría con la esclavitud y el duelo en el museo de los irracionalismos arrumbados.

No fue ésta la primera explosión de optimismo desbocado.

«Nada podría haber parecido tan obvio a las gentes de comienzos del siglo XX –escribió H. G. Wells en 1914– como la rapidez con que se tornaba imposible la guerra.» Pero, ¡ay!, no fue tan obvio para los millones que poco después perecieron en las trincheras de la Primera Guerra Mundial, «la guerra que acabaría con todas las guerras».

Una vez concluida esa contienda, los pronósticos voluntaristas colmaron una vez más la atmósfera de la diplomacia y en 1922 las entonces grandes potencias acordaron solemnemente hundir muchos de sus buques de guerra[3] para frenar una carrera de armamentos.

En 1928 Henry Ford anunció que «las gentes son ya demasiado inteligentes para librar otra gran guerra». En 1932 el entusiasmo por el desarme indujo al presidente norteamericano Herbert Hoover a hablar de la necesidad de reducir «la abrumadora carga de los armamentos que ahora gravita sobre los asalariados del mundo». Su objetivo, dijo, era «lograr la prohibición de todos los carros de combate, las armas químicas, los grandes cañones móviles... y los aviones de bombardeo».

Siete años más tarde estalló la Segunda Guerra Mundial, la más destructiva de la historia. Cuando en 1945 concluyó aquella contienda con los horrores de Hiroshima y Nagasaki, se creó la ONU y una vez más el mundo se meció en la ilusión de que tenía ante sí una paz definitiva... hasta que comenzaron la guerra fría y el estancamiento nuclear.

La competición impulsa el gatillo

Tras la implosión soviética, resonaron de nuevo las predicciones de una paz definitiva y se puso súbitamente de moda una nueva teoría (en realidad vieja aunque presentada bajo otra apariencia). Un coro creciente de intelectuales occidentales, sobre todo norteamericanos, empezaron a decir que la conformación del mañana estaría determinada esencialmente por el enfrentamiento económico y no por el militar.

En fecha tan temprana como 1986 y en *The rise of the trad-*

ing state, Richard Rosecrance, del Centro de Relaciones Internacionales de la Universidad de California en Los Angeles, declaró que las naciones estaban volviéndose tan económicamente interdependientes[4] que menguaría su tendencia a luchar entre sí. El comercio, y no la fuerza militar, era la vía hacia la supremacía mundial. En 1987 Paul Kennedy contrapuso de manera similar la fuerza económica y la militar en *The rise and fall of the great powers.* Kennedy subrayó los peligros de una «hipertrofia militar».

Luego el estratega Edward Luttwak comenzó a señalar la posibilidad de que lo militar redujera su significado en una nueva era de «geoeconomía»[5]. C. Fred Bergsten, director del Instituto de Economía Internacional de Washington, repitió la canción, afirmando la «primacía» de las cuestiones económicas sobre las de seguridad en el nuevo sistema global. El economista Lester Thurow sumó su voz al coro: «Constituye un paso adelante sustituir una confrontación militar por un enfrentamiento económico.» En adelante la auténtica competición entre los países giraría en torno de quién fuese capaz de fabricar los mejores productos, elevar los niveles de vida y desarrollar la «fuerza laboral mejor instruida y más diestra».

Se empleó la teoría geoeconómica en calidad de munición que contribuyera a la elección de Clinton como presidente de Estados Unidos. De ser cierta, arguyeron quienes la postulaban, sería posible reducir el presupuesto militar y financiar programas sociales muy necesarios sin incrementar el gran déficit norteamericano. Mejor todavía, una Administración de Clinton podría centrar el interés de Estados Unidos en sus problemas internos (su predecesor, denunciaba Clinton, había dedicado demasiada atención a los exteriores). Por añadidura, si el auténtico campo de batalla del futuro iba a ser la economía global, Estados Unidos precisaba de un Consejo de Seguridad Económica para librar una guerra de este carácter.

Los actuales titulares ensangrentados han acallado al coro de roedores. La geoeconomía comenzó a resultar cada vez menos convincente a medida que la violencia estallaba a nuestro entorno. Parece que los líderes políticos nacionales no son contables. Como en el pasado y antes de lanzarse a la guerra, los belicistas no se limitan a calcular las ventajas y los inconvenientes económicos; estiman, por el contrario, sus posibilidades de conseguir, aumentar o conservar el poder político.

Incluso cuando penetra en la imagen un minucioso cálculo económico, la mayoría de las veces resulta erróneo y equívoco y se halla mezclado con otros factores. Han surgido guerras por irracionalidad, un cálculo falso, xenofobia, fanatismo, extremismo religioso y simplemente por mala suerte cuando todos y cada uno de los indicadores económicos «racionales» apuntaban que la paz hubiera sido una política preferible para todos.

Peor aún, la guerra geoeconómica no reemplaza al conflicto militar. Con demasiada frecuencia constituye un preludio o tal vez una provocación de la auténtica contienda, como sucedió con la rivalidad económica entre Estados Unidos y Japón que en 1941 condujo al ataque nipón sobre Pearl Harbor. Al menos en aquel caso, la competición impulsó el gatillo.

Por alentador que pueda ser, el razonamiento geoeconómico resulta inadecuado por dos razones aún más fundamentales: es demasiado simple y está anticuado: simple, porque trata de explicar el poder mundial sólo en términos de dos factores, el económico y el militar; anticuado, porque desdeña el creciente papel de los conocimientos –incluyendo la ciencia, la tecnología, la cultura, la religión y los valores– que constituyen hoy en día el meollo de los recursos de toda economía avanzada así como de la eficacia militar. La teoría ignora, en consecuencia, el que puede ser el factor más crucial de toda potencia mundial del siglo XXI. La humanidad no está penetrando en la era geoeconómica, sino en la de la geoinformación.

No es sorprendente por todas estas razones que cada vez se oiga hablar menos de esta averiada teoría de la geoeconomía.

Y tras la última oleada de éxtasis colectivo sobrevino la resaca matinal. El mundo pareció a punto de estallar en una erupción de «guerras locales». Pero incluso ahora persiste un peligroso equívoco: la noción ampliamente difundida de que las guerras del futuro, como las del medio siglo anterior, continuarán confinadas a pequeños países de regiones más o menos remotas.

Declaración típica al respecto es la de un personaje como el subsecretario de Defensa de Estados Unidos: «Hemos logrado en Norteamérica, Europa occidental y Japón una "zona de paz"[6] de la que cabe decir que en su seno la guerra es verdaderamente impensable.» Que se lo pregunten a los ciudadanos de Sarajevo.

Tal vez porque resulta demasiado horrible su contemplación, todavía se tiende a desestimar la posibilidad de que estallen guerras dentro del territorio de las mismas grandes potencias o de que se produzcan conflictos locales que arrastren a éstas contra su voluntad. Sin embargo, la verdad aterradora es que puede estar llegando a su fin la era del homicidio marginado, cuando todas las contiendas eran libradas por pequeños Estados en lugares lejanos. De ser así, habrá que revisar los supuestos estratégicos más básicos.

III. CHOQUE DE CIVILIZACIONES

Con un sorprendente retraso se ha empezado a caer en la cuenta de que la civilización[1] industrial está concluyendo. Este descubrimiento –ya evidente cuando en *El «shock» del futuro* (1970) nos referimos a la «crisis general del industrialismo»– aporta consigo la amenaza de más, y no de menos, contiendas de un nuevo cuño.

Muchos utilizan actualmente el término «posmoderno» para describir lo que viene tras la modernidad. Pero cuando a comienzos de la década de los ochenta nosotros hablamos de esto con Don Morelli y Donn Starry, aludíamos por el contrario a las diferencias entre los ejércitos de la primera ola, o agraria; de la segunda ola, o industrial, y, ahora, los de la tercera ola.

Como no es posible que en nuestra sociedad se produzcan cambios masivos sin conflicto, nosotros creemos que la metáfora de la historia como «olas» de cambio es más dinámica y reveladora que hablar de una transición al «posmodernismo». Las olas son dinámicas. Cuando chocan entre sí, se desencadenan poderosas corrientes transversales. Cuando se estrellan las olas de la historia, se enfrentan civilizaciones enteras. Y esto arroja luz sobre buena parte de lo que en el mundo de hoy parece carente de sentido o aleatorio.

De hecho, una vez que se entiende la teoría del conflicto de olas se hace evidente que el mayor desplazamiento de poder que comienza a operarse actualmente en el planeta no es entre el Este y el Oeste o entre el Norte y el Sur, ni entre grupos religiosos o étnicos diferentes. El cambio económico y estratégico más profundo de todos es la próxima división del mundo en tres civilizaciones distintas, diferentes y potencialmente enfrentadas.

Como vimos, la civilización de la primera ola se halla inevitablemente ligada a la tierra. Fueran cuales fuesen las formas locales que pudo haber cobrado, la lengua que hablaran sus gentes, su religión o su sistema de creencias, constituía un producto de la revolución agrícola. Incluso hoy en día hay multitudes que viven en sociedades premodernas y agrarias, arañando un suelo implacable, como hace siglos lo hicieron sus antepasados.

Se discuten los orígenes de la civilización de la segunda ola. Algunos historiadores remontan sus raíces al Renacimiento o incluso antes. Pero la vida no cambió fundamentalmente para gran número de personas hasta hace unos trescientos años, hablando en términos aproximados. Fue cuando surgió la ciencia newtoniana, cuando se comenzó a emplear la máquina de vapor y empezaron a proliferar las primeras fábricas en Gran Bretaña, Francia e Italia. Los campesinos comenzaron a desplazarse entonces a las ciudades. Aparecieron ideas nuevas y audaces: la del progreso; la curiosa doctrina de los derechos individuales; la noción rousseauniana de un contrato social; la secularización; la separación de la Iglesia y del Estado, y la idea nueva de que los gobernantes deberían ser elegidos por el pueblo y no ostentar el poder por derecho divino.

Muchos de estos cambios fueron impulsados por un nuevo modo de crear riqueza, la producción fabril. Y antes de que transcurriera mucho tiempo se integraron para formar un *sistema* de numerosos elementos diferentes: la producción en serie, el consumo masivo, la educación universal y los medios de comunicación; ligados todos y atendidos por instituciones especializadas: escuelas, empresas y partidos políticos. Hasta la estructura familiar abandonó la amplia agrupación de estilo agrario, que reunía a varias generaciones, por la pequeña familia nuclear, típica de las sociedades industriales[2].

La vida tuvo que parecer caótica a quienes experimentaron realmente tantos cambios. Sin embargo, todas las transformaciones se hallaban en verdad estrechamente interrelacionadas: constituían simplemente etapas hacia el desarrollo pleno de lo que hoy se llama modernidad, la sociedad industrial de masas, la civilización de la segunda ola.

Esta nueva civilización penetró rugiente en Europa occidental, tropezando con resistencias a cada paso.

El patrón de los conflictos

En cada país que se industrializaba estallaron duras pugnas, a menudo sangrientas, entre los grupos industriales y comerciales de la segunda ola y los terratenientes de la primera, con mucha frecuencia aliados a la Iglesia (a su vez gran propietaria rústica). Masas de campesinos se vieron empujadas a abandonar los campos para proporcionar obreros a los nuevos «talleres satánicos» y a las fábricas que se multiplicaron por el paisaje.

Estallaron huelgas y revueltas, insurrecciones civiles, disputas fronterizas y levantamientos nacionalistas cuando la guerra entre los intereses de la primera y la segunda ola se convirtió en el patrón de los conflictos, la tensión central de la que se derivaban otros enfrentamientos. Este esquema se repitió casi en todos los países en vías de industrialización. En Estados Unidos fue necesaria una terrible guerra civil para que los intereses industriales y comerciales del norte vencieran a las minorías agrarias del sur. Sólo unos pocos años después sobrevino en Japón la revolución Meiji y una vez más los modernizadores de la segunda ola se impusieron a los tradicionalistas de la primera.

La difusión de la civilización de la segunda ola, con su modo extraño y nuevo de producir riqueza, desestabilizó también las relaciones entre los países, creando vacíos y desplazamientos de poder. La industrialización condujo a la expansión de los mercados nacionales y a la ideología aneja del nacionalismo. Guerras de unificación nacional barrieron Alemania, Italia y otros países. Las tasas desiguales de desarrollo, la competencia por los mercados, la aplicación de las técnicas industriales a la producción de armamentos, alteraron los anteriores equilibrios de poder y contribuyeron a que surgieran guerras que desgarraron a Europa y a sus vecinos hacia la mitad y en la última parte del siglo XIX.

De hecho, el centro de gravedad del sistema mundial de poder comenzó a emigrar hacia la Europa industrializada y a apartarse del Imperio otomano y de la Rusia feudal de los zares. La civilización moderna, el producto de la segunda gran ola de cambio, arraigó con mayor rapidez en las costas septentrionales de la gran cuenca atlántica.

Una vez industrializadas, las potencias atlánticas necesitaron mercados y materias primas baratas de regiones remotas. Las potencias avanzadas de la segunda ola libraron así guerras de conquista colonial y llegaron a dominar en Asia y África a los demás países y unidades tribales de la primera ola.

Así, justamente cuando las minorías industrializadoras vencían en la lucha por el poder dentro de sus propios países, ganaron también la lucha más amplia por el poder mundial.

Un mundo bisecado

Se trataba del mismo patrón de conflictos –potencias industriales de la segunda ola frente a potencias agrarias de la primera–, pero esta vez en una escala global en vez de doméstica. Y fue esta pugna la que básicamente determinó la conformación del mundo hasta hace muy poco tiempo: dispuso el marco dentro del cual se desarrollaron la mayoría de las guerras.

Prosiguieron, como se habían sucedido durante milenios, las contiendas tribales y territoriales entre diferentes grupos primitivos y agrícolas; pero éstas revestían una importancia limitada y a menudo simplemente debilitaban a ambos bandos, convirtiéndolos en presa fácil para las fuerzas colonizadoras de la civilización industrial. Esto sucedió, por ejemplo, en Sudáfrica, cuando Cecil Rhodes y sus agentes armados se apoderaron de vastos territorios de grupos tribales y agrarios que se afanaban en pelear entre ellos con armas primitivas. Además y en todas partes del mundo, numerosas guerras, aparentemente no relacionadas, constituían en realidad expresiones del conflicto global principal no entre países en pugna sino entre civilizaciones que competían.

Sin embargo, las guerras mayores y más sangrientas de la era industrial fueron intraindustriales, contiendas que enfrentaron a naciones de la segunda ola como Alemania y Gran Bretaña, porque cada una de ellas aspiraba al dominio global mientras por todo el mundo mantenía en un puesto subordinado a poblaciones de la primera ola.

El resultado último fue una división clara. La era industrial bisecó el mundo en una civilización dominante y dominadora de la segunda ola e infinidad de colonias hoscas pero subordinadas de la primera ola. La mayoría de nosotros hemos nacido en este mundo, dividido entre civilizaciones de la primera y de la segunda ola. Y resultaba perfectamente claro quién ostentaba el poder.

Un mundo trisecado

En la actualidad, el alineamiento de las civilizaciones del mundo es diferente. La humanidad se dirige cada vez más deprisa hacia una estructura de poder totalmente distinta que creará un mundo dividido no en dos sino en tres civilizaciones tajantemente separadas, en contraste y competencia: la primera, simbolizada por la azada, la segunda por la cadena de montaje y la tercera por el ordenador.

El término «civilización» puede parecer pretencioso, sobre todo a oídos norteamericanos, pero ningún otro es suficientemente amplio para abarcar materias tan variadas como la tecnología, la vida familiar, la religión, la cultura, la política, las actividades empresariales, la jerarquía, la hegemonía, los valores, la moral sexual y la epistemología. En cada una de estas dimensiones sociales se están operando cambios rápidos y radicales.

Cuando se presenta una nueva civilización, afecta tanto a lo fundamental como a lo trivial. Así, hoy en día se ve un número enorme de cosas que resultaban inconcebibles, inaccesibles o socialmente inadmisibles en el pasado: desde trasplantes de corazón a *frisbees* y concesiones de yogur; de preservativos y consultores a lentes de contacto; de paseos por el espacio a cartuchos de videojuegos; de Judíos por Jesús al movimiento religioso New Age; de la cirugía del láser a la CNN; del integrismo ecológico a la teoría del caos.

Si se sustituyen todos estos elementos sociales, tecnológicos y culturales por otros nuevos, se creará no simplemente una transición sino una transformación, no sólo una sociedad sino los comienzos, al menos, de una civilización nueva por completo.

Pero introducir en el planeta una nueva civilización y esperar luego paz y tranquilidad significa el colmo de la ingenuidad estratégica. Cada civilización posee sus propias exigencias económicas (y, en consecuencia, políticas y militares).

En el mundo trisecado el sector de la primera ola proporciona los recursos agrícolas y mineros, el sector de la segunda ola suministra mano de obra barata y se encarga de la producción en serie, y un sector de la tercera ola en rápida expansión se eleva hasta un predominio basado en los nuevos modos de crear y explotar conocimientos.

Las naciones de la tercera ola venden al mundo información e innovación, gestión, cultura y cultura popular, tecnología punta, programas informáticos, educación, adiestramiento, asistencia sanitaria y servicios financieros y de otro tipo. Uno de esos servicios puede muy bien consistir en una protección militar basada en el mando de fuerzas superiores de la tercera ola. (Esto es en efecto lo que las naciones de tecnología avanzada proporcionaron a Kuwait y Arabia Saudí durante la guerra del Golfo.)

Aislamiento[3] de los pobres

En la tercera ola, la producción en serie de las economías de base mental (a la que casi podía considerarse como el signo distintivo de la sociedad industrial) es ya una forma anticuada. La producción desmasificada –cantidades escasas de productos muy específicos– constituye la clave manufacturera. Proliferan los servicios. Bienes intangibles como la información se convierten en el recurso crucial. Quedan desempleados los trabajadores carentes de instrucción o de formación. Los gigantes del antiguo estilo industrial se desploman por su propio peso; empresas como General Motors y Bethlehem Steel, que dominaron en la época de la producción en cadena, se enfrentan a la destrucción. Menguan los sindicatos en el sector de la producción en serie. Los medios de comunicación se desmasifican paralelamente a la producción y se marchitan las grandes cadenas de televisión a medida que proliferan nuevos canales. También se desmasifica el sistema familiar; la familia nuclear, antaño el modelo moderno, se convierte en forma minoritaria mientras se multiplican los hogares de un solo progenitor, las parejas de matrimonios subsiguientes, las familias sin hijos y quienes viven solos.

Se pasa de una cultura donde los niveles se hallaban claramente definidos y jerarquizados a otra donde giran en un torbellino ideas, imágenes y símbolos, y los individuos toman elementos aislados con los que constituyen su propio mosaico. Se ponen en tela de juicio o se ignoran los valores existentes.

Cambia por eso toda la estructura de la sociedad. La homogeneidad de la sociedad de la segunda ola se ve reemplazada por la heterogeneidad de la civilización de la tercera.

Por otra parte, la complejidad misma del nuevo sistema requiere un intercambio cada vez mayor de información entre sus unidades: empresas, entidades oficiales, hospitales, asociaciones, otras instituciones y los individuos como tales. Esto crea una necesidad voraz de ordenadores, telecomunicaciones digitales, redes y nuevos medios de información.

Simultáneamente, se aceleran el ritmo del cambio tecnológico, las transacciones y la vida cotidiana. De hecho, las economías de la tercera ola operan a velocidades tan aceleradas que apenas pueden mantenerse a ese ritmo sus abastecedores premodernos. Además, como la información reemplaza en creciente medida a las materias primas, la mano de obra y otros recursos, los países de la tercera ola se vuelven menos dependientes de sus asociados de la primera o de la segunda ola, excepto en lo que se refiere a los mercados. Cada vez existen más intercambios comerciales entre las economías de la tercera ola. Su tecnología, muy basada en la capitalización de conocimientos, asumirá con el tiempo muchas tareas realizadas en estos momentos por países de mano de obra barata y las realizará más deprisa, mejor y a un menor coste.

Dicho de otra manera, estos cambios amenazan con cortar muchos de los actuales vínculos económicos entre las economías ricas y las pobres.

El aislamiento completo es, sin embargo, imposible, puesto que no cabe impedir que la contaminación, las enfermedades y la inmigración crucen las fronteras de los países de la tercera ola. Ni pueden sobrevivir las naciones ricas si las pobres libran contra ellas una guerra ecológica, manipulando su medio ambiente de tal modo que dañen el sistema ecológico del planeta. Por estas razones seguirán creciendo las tensiones entre la civilización de la tercera ola y las otras dos formas más antiguas de civilización, y la nueva pugnará por establecer una hegemonía mundial de la misma manera que hicieron en siglos anteriores los modernizadores con respecto a las sociedades premodernas de la primera ola.

El fenómeno de la sopa de ganso

Una vez entendido el concepto del choque de civilizaciones, es más fácil comprender muchos fenómenos aparentemente extraños: los desbocados nacionalismos actuales, por ejemplo.

El nacionalismo es la ideología de la nación-Estado, que constituye un producto de la revolución industrial. Así, cuando sociedades de la primera ola o agraria tratan de iniciar o de completar su industrialización, exigen los arreos de la nacionalidad. Ex repúblicas soviéticas como Ucrania, Estonia o Georgia insisten impetuosamente en la autodeterminación y demandan los signos que ayer correspondían a la modernidad, las banderas, los ejércitos y las monedas que definían a la nación-Estado durante la era de la segunda ola o industrial.

Para muchos de los que viven en el mundo de la tecnología avanzada resulta difícil comprender las motivaciones del ultranacionalismo. Su patriotismo desorbitado les recuerda la nación de Freedonia en *Sopa de ganso,* la película de los hermanos Marx, que satirizaba la noción de una superioridad nacional a través de la guerra entre dos naciones imaginarias.

En contraste, a los nacionalistas les resulta incomprensible que algunos países permitan a otros inmiscuirse en su independencia, supuestamente sacrosanta. Pero la «globalización» empresarial y financiera exigida por las economías en vanguardia de la tercera ola perforan la «soberanía» nacional, tan cara a los nuevos nacionalistas.

Poetas del globalismo

A medida que las economías son transformadas por la tercera ola se ven obligadas a ceder parte de su soberanía y a aceptar crecientes y mutuas intrusiones económicas y culturales. Estados Unidos insiste en que Japón reestructure su sistema de distribución al por menor (amenazando así con eliminar toda una clase social de pequeños comerciantes junto con la estructura cultural y familiar que representan). A su vez Japón pide que Estados Unidos incremente su ahorro, proyecte a largo plazo y reestructure su sistema de educación. En el pasado, este tipo de demandas habrían parecido invasiones inaceptables en la soberanía nacional de los países respectivos.

Así que mientras que poetas e intelectuales de regiones económicamente atrasadas escriben himnos nacionales, los poetas e intelectuales de los países de la tercera ola cantan las virtudes de un mundo «sin fronteras». Las colisiones resultantes, reflejo de las agudas diferencias entre las necesidades de dos civilizaciones radicalmente diferentes, podrían suscitar en los próximos años un derramamiento de sangre de la peor especie.

Si la nueva división del mundo de dos a tres partes hoy no parece obvia es simplemente porque aún no ha concluido la transición de las economías de la fuerza bruta de la segunda ola a las economías de la fuerza mental de la tercera.

Incluso en Estados Unidos, Japón y Europa, todavía no ha terminado la batalla doméstica por el control entre las elites de la tercera y de la segunda ola. Subsisten instituciones y sectores importantes de producción de la segunda ola y aún se aferran al poder grupos políticos de presión de la civilización industrial. Un ejemplo perfecto al respecto es el de Estados Unidos durante los últimos días de la Administración de Bush, cuando el Congreso aprobó una legislación sobre «infraestructuras» que asignaba 150.000 millones de dólares al mejoramiento de la antigua red de carreteras, autovías y puentes de la segunda ola, pero sólo mil millones para contribuir al establecimiento en el país de una red electrónica de superordenadores, parte de la infraestructura de la tercera ola. Pese a su apoyo al sistema de alta velocidad, la Administración de Clinton apenas ha modificado esta proporción.

La mezcla de elementos de la segunda y de la tercera ola proporciona a cada país de tecnología avanzada su propia «formación» característica. Pero las trayectorias resultan claras. La carrera competitiva global será ganada por los países que terminen su transformación de la tercera ola con el volumen mínimo de dislocación e intranquilidad internas.

Mientras tanto, el cambio histórico de un mundo bisecado a otro trisecado puede desencadenar en el planeta las más graves pugnas por el poder cuando cada país trate de situarse dentro de la triple estructura de fuerzas. La trisección determina el contexto en el que a partir de ahora se librarán la mayoría de las guerras. Y esas contiendas serán diferentes de lo que la mayor parte de nosotros imagina.

SEGUNDA PARTE

TRAYECTORIA

IV. LA PREMISA REVOLUCIONARIA

Pese a todo el conservadurismo de las instituciones militares, siempre ha habido innovadores que han clamado por un cambio revolucionario. Don Morelli y los demás soldados encargados de concebir cómo debe combatir un ejército en el mundo de mañana formaban parte de una larga tradición militar. De hecho, los historiadores han llenado las estanterías de las bibliotecas con libros acerca de «revoluciones en la actividad bélica».

Con demasiada frecuencia, empero, el término se ha aplicado con una generosidad excesiva. Se dice, por ejemplo, que hubo una revolución en la guerra cuando Alejandro Magno[1] derrotó a los persas, combinando «la infantería de Occidente con la caballería de Oriente». Alternativamente, la palabra «revolución» se aplica a menudo a cambios tecnológicos, la introducción de la pólvora negra, por ejemplo, o la del avión o el submarino.

Estos hechos produjeron ciertamente hondas alteraciones en la actividad bélica, y ejercieron desde luego un enorme impacto en la historia subsiguiente: constituyeron lo que puede denominarse subrevoluciones. Básicamente, las innovaciones tecnológicas añadieron nuevos elementos o crearon combinaciones diferentes de elementos antiguos dentro de un «juego» existente, pero una verdadera revolución va más allá: cambia el propio juego, incluyendo sus reglas, sus medios, el volumen y la organización de los «equipos», su adiestramiento, doctrina, tácticas y simplemente todo lo demás. Y no en un «equipo» sino en muchos simultáneamente. Lo que es aún más importante, una verdadera revolución cambia la relación del juego con la propia sociedad.

Conforme a esta medida exigente, sólo dos veces en la historia se han registrado auténticas revoluciones militares y existen razones sólidas para creer que la tercera revolución –la que ahora comienza– será la más profunda de todas. Porque sólo en las últimas décadas han alcanzado sus últimos límites algunos de los parámetros claves de la guerra: el alcance, la mortalidad y la velocidad.

Por lo general, ganaban los ejércitos capaces de llegar más lejos, con más fuerza y mayor rapidez, mientras que perdían los de alcance más limitado, peor armados y más lentos. Por esta razón buena parte del esfuerzo creativo humano ha estado consagrado a incrementar el radio de acción, aumentar la potencia de fuego y acelerar la velocidad de las armas y de los ejércitos.

Una convergencia mortal

Veamos el alcance[2]. A lo largo de la historia quienes hacían la guerra trataban de extender su radio de acción. En su relato sobre la guerra en el siglo IV a. C., el historiador Diodoro de Sicilia refirió que el general griego Ifícrates[3], quien combatía a los egipcios en beneficio de los persas, «prolongó la longitud de las lanzas y casi dobló la de las espadas», ampliando con ello el alcance de estas armas.

Máquinas antiguas como las catapultas y las balistas eran capaces de lanzar un pedrusco de 45 kilos a una distancia de 320 metros. La ballesta, ya empleada en China quinientos años a. C. y común en Europa hacia el año 1100, proporcionaba al soldado un arma con la que poder combatir desde una distancia aparentemente considerable. (Tan horrible era esta arma que en 1139 el papa Inocencio II[4] trató de prohibir su uso.) En los siglos XIV y

XV las flechas lograron un alcance máximo de unos 350 metros. Pese a todas las experimentaciones con las saetas a lo largo del tiempo, el máximo radio de acción de una flecha, conseguido en el siglo XIX por los turcos, no superó los seiscientos metros. Y en el combate auténtico las armas conseguían en raras ocasiones su alcance máximo.

En 1942, Alexander de Seversky, en su visionaria obra *Victory through air power,* apremió a Estados Unidos a construir aviones capaces de recorrer una distancia de 9.650 kilómetros[5], lo que entonces parecía imposible. Hoy en día –al margen del potencial de las armas espaciales– apenas existe un punto del planeta que no pueda ser en teoría alcanzado por misiles balísticos intercontinentales, portaaviones, submarinos, bombarderos de largo radio de acción reabastecidos en vuelo o por una combinación de estos y de otros sistemas bélicos. A todos los fines prácticos, la ampliación del radio de acción ha alcanzado sus límites terrestres.

Con la velocidad sucede lo mismo que con el alcance. En 1991 el Departamento de Defensa de Estados Unidos dio a conocer su láser[6] químico Alpha, capaz de producir una potencia de un millón de vatios, como parte del desarrollo de un sistema antimisiles. Apuntado correctamente, el láser puede alcanzar un misil enemigo a la velocidad de la luz, presumiblemente la mayor posible.

Y lo mismo pasa con la letalidad: desde el comienzo de la revolución industrial hasta el momento presente, la pura capacidad de matar de las armas convencionales ha aumentado en cinco órdenes de magnitud. Esto significa que el actual armamento no nuclear es como promedio cien mil veces más mortal que el existente cuando las máquinas de vapor y las fábricas empezaron a cambiar nuestro mundo. Por lo que se refiere a las armas nucleares, basta con considerar las consecuencias de cien o mil Chernóbil para apreciar la terrible amenaza que suponen. Sólo durante este medio siglo se han convertido en materia de un debate serio las posibilidades de una catástrofe planetaria.

En suma, en nuestro tiempo convergen explosivamente tres líneas distintas de la evolución militar. El alcance, la velocidad y la mortalidad han llegado a sus límites extremos aproximadamente en el mismo momento de la historia, el actual medio siglo. Aunque sólo fuera por eso, este factor justificaría el término de «revolución en la guerra».

Tras la última etapa

Pero esto no es todo. Porque en 1957, tan sólo doce años después de la fabricación de la primera arma nuclear, saltó al cielo el Sputnik, la primera nave espacial, abriendo a las operaciones militares una región enteramente nueva. El espacio ha transformado ya las acciones militares terrestres en términos de vigilancia, comunicaciones, navegación, meteorología y cien cosas más. Ningún progreso anterior, desde el primer empleo del mar o del aire para la acción bélica, puede compararse con este acontecimiento por sus consecuencias a largo plazo.

Unos cuantos años después, al anunciar el empeño de Estados Unidos en llevar un hombre a la Luna, el presidente John F. Kennedy[7] declaraba que si bien «nadie es capaz de predecir con certeza cuál será la significación última del dominio del espacio», puede que el espacio «tenga la clave de nuestro futuro en la Tierra».

Estos cambios cualitativos y desde luego fantásticos en la naturaleza de la guerra y de lo militar han surgido en el breve período de treinta o cuarenta años, en el mismo momento en que iniciaba su decadencia terminal la civilización dominante en la Tierra, la sociedad de la segunda ola o industrial. Sobrevinieron al final de la era industrial y aproximadamente en el tiempo en que comenzaba a cobrar forma un nuevo tipo de economía y de sociedad. Cuando todavía hay naciones en proceso de industrialización está surgiendo en Estados Unidos, Europa y la región del Pacífico asiático una civilización de la tercera ola o postindustrial.

Y esto contribuye a explicar por qué la revolución militar que nos aguarda será mucho más honda de lo que hasta ahora han imaginado la mayoría de los comentaristas. Una revolución militar, en su sentido más completo, sólo se produce cuando nace una nueva civilización que desafía a la antigua, cuando se transforma toda una sociedad, obligando a sus fuerzas armadas a cambiar simultáneamente en cada nivel, desde la tecnología y la cultura a la organización, la estrategia, la táctica, el adiestramiento, la doctrina y la logística. Cuando esto sucede, se modifica la relación de lo militar con lo económico y con la sociedad y queda hecho añicos el equilibrio militar de poder en la Tierra.

Rara vez se ha producido en la historia una revolución de tal magnitud.

V. LA GUERRA DE LA PRIMERA OLA

A lo largo de la historia, el modo en que los varones y las mujeres hacen la guerra ha constituido un reflejo del modo en que trabajan.

Pese a la romántica creencia de que la vida en las primeras comunidades tribales era armoniosa y pacífica, se sucedían ciertamente choques violentos entre grupos preagrícolas, nómadas y pastoriles. En su libro *The evolution of war*, Maurice R. Davie se refirió a la «incesante hostilidad entre tantas tribus primitivas»[1]. Esos pequeños grupos luchaban para vengar muertes, raptar mujeres o acceder a unas piezas de caza ricas en proteínas. Pero la violencia no es sinónima de guerra y sólo más tarde cobró este conflicto el verdadero carácter de guerra como tal, un choque sangriento entre estados organizados.

Cuando la revolución agrícola lanzó la primera gran ola de cambio en la historia humana, condujo gradualmente a la formación de las primeras sociedades premodernas. Dio paso a asentamientos permanentes y a muchas otras innovaciones sociales y políticas. Entre éstas fue la guerra con seguridad una de las más importantes.

La agricultura se convirtió en matriz de la guerra por dos razones. Permitía a las comunidades producir y almacenar un excedente económico por el que valía la pena combatir. Y apresuró el desarrollo del Estado. Ambas circunstancias proporcionaron de consuno las condiciones previas de lo que hoy denominamos actividad bélica.

Desde luego no todas las contiendas premodernas tuvieron fines económicos. La literatura sobre las causas de la guerra la atribuye a todo, desde el fanatismo religioso a una innata agresividad de la especie. Mas, en palabras del difunto Kenneth Boulding, distinguido economista y activista de la paz, la guerra es «completamente distinta del simple bandidaje, de la algara y de la violencia casual... Requiere... un excedente de víveres agrícolas recogidos en un lugar y puestos a disposición de una sola autoridad»[2].

RITOS, MÚSICA Y FRIVOLIDAD

Este vínculo entre la guerra y el suelo resultaba perfectamente claro a los estrategas y guerreros del pasado. El gran señor Shang preparó en la antigua China[3] un manual para estadistas, tal como haría Maquiavelo 1.800 años después. Allí declara Shang: «Para su paz, el país depende de la agricultura y de la guerra.»

Shang sirvió al Estado de la dinastía Ch'in desde el 359 al 338 a. C. En su manual político-militar advierte una y otra vez al gobernante que mantenga en la ignorancia al pueblo, que proscriba ritos, música y cualquier frivolidad que pueda apartar sus mentes de la labranza y de la guerra. «Si quien administra un país es capaz de desarrollar al máximo la capacidad de la tierra y lograr que el pueblo combata hasta la muerte, acrecerá al unísono fama y beneficios.»

Cuando la población sea escasa, Shang apremia al gobernante a estimular la inmigración de soldados de los señores feudales vecinos. «Promételes diez años libres del servicio militar y ponles a trabajar en la tierra, permitiendo así que la población existente libre la guerra.»

Las prescripciones de Shang acerca del mantenimiento de la disciplina militar poseen el sabor de su pensamiento. «En el combate cinco hombres constituyen una escuadra; si uno muere, los otros cuatro serán decapitados.» Por otra parte, a los oficiales victoriosos se les premiará con grano, esclavos o incluso «una población contribuyente de trescientas familias».

Shang fue aproximadamente contemporáneo de Sun-tzu, cuyo *Arte de la guerra* se convirtió en una obra clásica de la literatura militar. Samuel B. Griffith escribe en su introducción a una reciente edición de ese texto: «Durante la primavera y el otoño los ejércitos eran reducidos, se hallaban ineficazmente organizados, por lo común mal mandados, equipados y adiestrados y se les avituallaba de manera fortuita. Muchas campañas concluían en un desastre sólo porque las tropas no podían encontrar nada que comer. Los conflictos solían zanjarse en un día. Claro está que se registraban asedios de ciudades y que a veces los ejércitos se mantenían en armas durante períodos prolongados. Pero no eran habituales tales operaciones.»

Una ocupación de temporada

Siglos más tarde y al otro lado del mundo, las cosas no eran muy diferentes en la antigua Grecia por lo que a los víveres y a la agricultura se refería. La producción de las sociedades agrarias era tan baja y tan reducidos los excedentes alimentarios que simplemente en la labranza se necesitaba más del 90 por ciento de toda la mano de obra. La partida de un hijo para el servicio militar podía significar en su familia una catástrofe económica. De esta manera, según el historiador Philip M. Taylor, cuando los griegos combatían entre sí la guerra era «una ocupación de temporada, librada por soldados voluntarios que procedían sobre todo de predios que no requerían atención durante los meses invernales»[4].

Volver pronto a la hacienda resultaba esencial. «Las exigencias de la tríada de la agricultura griega, el olivo, la viña y el cereal, dejaban apenas un mes o dos durante los cuales esos pequeños agricultores podían hallar tiempo para combatir», escribe el erudito clásico Victor Hanson en *The western way of war.*

En ocasiones se ordenaba a los soldados griegos que, cuando

se presentaran a cumplir sus obligaciones militares, trajesen víveres para tres días. Después tenían que vivir de lo que encontraban. Según el historiador John Keegan, en las guerras entre las ciudades-Estado, «el peor daño que una población podía inferir a otra, tras matar a sus ciudadanos-soldados en el campo de batalla, era devastar su agricultura». El hecho seguiría siendo el mismo siglos más tarde, mucho tiempo después de que las ciudades-Estado griegas hubieran sido engullidas por la historia. En todas las sociedades de la primera ola la actividad bélica se concentraba en la agricultura.

Como sucede con cualquier generalización histórica, existen excepciones notables a la idea de que los ejércitos de la primera ola se hallaban mal organizados, equipados y mandados. Nadie consideraría a las legiones romanas en su apogeo como una fuerza improvisada y mal organizada. Pero el comentario de Griffith acerca del carácter variopinto de los ejércitos de la época de Sun-tzu puede aplicarse también a gran parte de la historia humana y a otras regiones del mundo.

Esto era sobre todo cierto en las sociedades agrarias descentralizadas de predominio feudal. Allí el rey tenía que recurrir generalmente a sus nobles con el fin de complementar sus fuerzas para cualquier campaña importante. Pero el apoyo de éstos solía estar estrictamente limitado. En su estudio magistral *Oriental despotism*, el historiador Karl A. Wittfogel escribe: «El soberano de un país feudal no poseía un monopolio de la acción militar. Por regla general, sólo podía movilizar a sus vasallos durante un período limitado, al principio quizá por tres meses y más tarde por cuarenta días, mientras que los titulares de los feudos pequeños a menudo servían nada más que veinte o diez días e incluso menos.»[5]

Más aún, el vasallo no entregaba habitualmente al soberano todas sus fuerzas sino tan sólo una fracción. Con frecuencia ésta ni siquiera estaba obligada a seguir luchando por el rey si la guerra la llevaba fuera del país. En suma, el monarca únicamente ejercía pleno control de sus propias tropas. El resto de sus fuerzas era por lo común un centón de unidades temporales de destreza, equipo y lealtad dudosos.

Un señor feudal europeo que fuese atacado, escribe Richard Shelly Hartigan en una historia del paisano en la actividad bélica, «sólo podía imponer a sus vasallos unas obligaciones militares hasta que el invasor fuese rechazado; pero un señor que acometiera una guerra ofensiva únicamente conseguiría mantener a sus hombres en campaña durante cuarenta días de cada año...»[6]. Como a los griegos y chinos de la Antigüedad, se les necesitaba en la labranza.

Ausencia de salarios

Por añadidura, en la mayoría de los ejércitos de la primera ola, la paga del soldado era irregular, por lo común en especies más que en metálico (aún se hallaba en sus inicios el sistema monetario). No infrecuentemente, como en la antigua China, los generales victoriosos eran remunerados con tierras, recurso crucial de la economía agraria. Claro está que los oficiales salían mucho mejor librados que los soldados rasos. En su descripción del ejército romano, el historiador Tácito menciona a un soldado, quejoso de que, tras toda una vida de «golpes, heridas, duros inviernos, pestíferos estíos, una guerra horrible o una paz miserable»[7], un humilde legionario reciba al ser licenciado poco más que una parcela encharcada o un monte en algún lugar. En la España medieval y en Sudamérica incluso a comienzos del XIX los combatientes todavía recibían tierras en vez de una soldada.

Consecuentemente, las unidades militares de la primera ola variaban mucho en tamaño, capacidad, moral, calidad del mando y adiestramiento. Abundaban las dirigidas por mercenarios y hasta por cabecillas sediciosos. Como sucedía en la economía, las comunicaciones revestían un carácter primitivo y la mayoría de las órdenes eran orales en lugar de escritas. El ejército, como la propia economía, vivía de lo que daba la tierra.

Al igual que los aperos de labranza, las armas carecían de uniformidad. El trabajo manual agrario se correspondía con el combate cuerpo a cuerpo. Pese al empleo limitado de armas a distancia como hondas, ballestas, catapultas y los primitivos cañones, durante miles de años el modelo bélico básico supuso matar cara a cara y los soldados estaban provistos de armas, picas, espadas, hachas, lanzas y arietes, que dependían de la fuerza muscular humana y se hallaban concebidas para el combate cuerpo a cuerpo.

En el famoso tapiz de Bayeux, Guillermo el Conquistador aparece empuñando una clava, y en período tan tardío como el que va desde 1650 a 1700, hasta de los jefes militares superiores se esperaba la participación en la lucha a corta distancia. El historiador Martin Van Creveld advierte que Federico el Grande «fue probablemente el primer comandante en jefe al que se describe regularmente vistiendo un traje de paño en vez de una armadura»[8].

Es posible que las condiciones económicas y militares difiriesen en las que Wittfogel denominó «sociedades hidráulicas», donde la necesidad de grandes obras de regadío condujo a la movilización en masa de la mano de obra, a una burocratización temprana y a instituciones militares más formalizadas y permanentes. Aun así, el combate auténtico siguió siendo en buena medida un empeño personal cara a cara.

En resumen, las guerras de la primera ola llevaban la impronta inconfundible de las sociedades agrarias de la primera ola que las suscitaron, no sólo en sus condiciones tecnológicas sino también en organización, comunicación, logística, administración, estructuras de remuneración, estilos de mando y supuestos culturales.

A partir de la invención misma de la agricultura, cada revolución en el sistema de producción de riqueza desencadenó una revolución correspondiente en el sistema de hacer la guerra.

VI. LA GUERRA DE LA SEGUNDA OLA

La revolución industrial lanzó la segunda ola de cambio histórico. Esa «ola» transformó el modo de ganarse la vida de millones de personas. Y la contienda reflejó una vez más los cambios en la creación de riqueza y en el trabajo.

Del mismo modo que la producción en serie era el principio nuclear de la economía industrial, la destrucción masiva se convirtió en el principio nuclear de la actividad bélica de la era industrial. Sigue constituyendo el símbolo distintivo de la guerra de la segunda ola.

A partir de finales del siglo XVII, cuando se introdujo la máquina de vapor para bombear agua de las minas británicas, cuando Newton transformó la ciencia, Descartes reescribió la filosofía, las fábricas comenzaron a puntear el paisaje y en Occidente la producción industrial en serie empezó a reemplazar a una agricultura basada en el bracero, también la guerra se tornó progresivamente industrializada.

La producción en serie tuvo su paralelo en el reclutamiento masivo de ejércitos pagados por el Estado y leales a él y no al terrateniente local, al jefe de un clan o al cabecilla de una banda. El alistamiento no era nuevo, pero la idea de toda una nación en armas –*Aux armes, citoyens!*– fue un producto de la Revolución Francesa que aproximadamente coincidió con la crisis del antiguo régimen agrario y el ascenso político de una burguesía modernizadora.

Después de 1972, escribe el historiador de Yale, R. R. Palmer, una ola de innovación «revolucionó la actividad bélica, reemplazando la guerra "limitada" del antiguo régimen por la guerra "ilimitada" de tiempos subsiguientes... Hasta la Revolución Francesa la guerra era esencialmente un choque entre dirigentes. Después este acontecimiento se convirtió cada vez más en un choque entre pueblos»[1]. Se convirtió también en medida creciente en un choque entre ejércitos formados por la conscripción.

Bayonetas y desmotadoras de algodón

En Estados Unidos el alistamiento forzoso no se impuso (en ambos bandos) hasta 1862-1863, durante la guerra civil, cuando el Norte que se industrializaba derrotó al Sur agrario. Medio mundo más allá y de modo similar, la introducción del reclutamiento en Japón se produjo poco después de 1868, cuando la revolución Meiji colocó al país en la vía hacia la industrialización[2]. El samurai, guerrero feudal, fue reemplazado por el recluta. Tras cada guerra, aliviadas las tensiones y reducidos los presupuestos, los ejércitos podían volver a ser una vez más de voluntarios, pero en las crisis era común el alistamiento en masa.

Los cambios más espectaculares en la guerra sobrevinieron a partir del nuevo armamento uniforme, obra de los métodos de producción en serie. En 1798, en los nuevos Estados Unidos, el inventor de la desmotadora de algodón, Eli Whitney, solicitó un contrato oficial para «acometer la fabricación de diez a quince mil equipos de armamento», constituido cada uno por un mosquete, una bayoneta, una baqueta, sacatrapos y destornillador. Whitney ofreció también fabricar cajas de cartuchos, pistolas y otros artículos, empleando «máquinas para forjar, tornear, revestir, perforar, vaciar, pulir, etc.»[3].

Era una propuesta sorprendente para su tiempo. «¡Diez o

quince mil equipos de armamento!», escriben los historiadores Jeanette Mirsky y Allan Nevins, representaban «una idea tan fantástica e improbable como la aviación antes de Kitty Hawk».

La guerra aceleró el propio proceso de industrialización, difundiendo, por ejemplo, el principio de las piezas intercambiables. Pronto se puso en práctica esta innovación industrial básica para la producción de todo, desde armas personales a las poleas empleadas en los buques de guerra propulsados a vela. Parte de la primitiva mecanización del Japón preindustrial tuvo también como destinataria la producción de armas.

El otro principio industrial clave –la estandarización– fue asimismo aplicado pronto no sólo a las propias armas, sino también al adiestramiento, la organización y la doctrina militares.

La transformación industrial de la guerra fue así más allá de la tecnología. Los ejércitos temporales e improvisados que mandaban nobles quedaron reemplazados por ejércitos permanentes dirigidos por oficiales profesionales adiestrados en academias militares. Los franceses crearon el sistema del Estado Mayor con el fin de dar a sus oficiales una preparación formal para ocupar puestos superiores de mando. En 1875 Japón creó su propia academia tras estudiar la francesa. En 1881 Estados Unidos estableció en Fort Leavenworth, Kansas, la Escuela de Aplicación de Infantería y Caballería.

Fuego de memorandos

La división del trabajo en la industria se reprodujo en el terreno militar con la aparición de nuevas ramas especializadas. Al igual que en el mundo empresarial, creció la burocracia. En los ejércitos se desarrollaron los estados mayores. A muchos fines, las órdenes escritas reemplazaron a las orales. Proliferaron los memorandos, tanto en el mundo económico como en el campo de batalla.

En todas partes se puso a la orden del día una racionalización de estilo industrial. Y Meirion y Susie Harris escriben así en *Soldiers of the sun*, su impresionante historia del ejército imperial japonés: «La década de los ochenta del pasado siglo fue la de los años en que el ejército evolucionó y se afirmó como institución profesional, capaz de reunir información, formular una política, planificar y dirigir operaciones y reclutar, adiestrar, equipar, transportar y administrar una fuerza armada moderna.»[4]

La «era de las máquinas» dio a luz la ametralladora, la guerra mecanizada y un tipo enteramente nuevo de potencia de fuego que a su vez condujo inevitablemente, como veremos, a nuevos tipos de táctica. La industrialización determinó el mejoramiento de las carreteras, los puertos, el suministro de energía y las comunicaciones. Proporcionó a la moderna nación-Estado medios más eficaces para el cobro de impuestos. Todas estas evoluciones ampliaron considerablemente la escala de potenciales operaciones militares.

Cuando irrumpió en la sociedad la segunda ola, las instituciones de la primera quedaron socavadas y fueron eliminadas. Apareció un sistema social que vinculaba la producción en serie, la educación universal, los medios de comunicación, el consumo y los espectáculos de masas con armas de destrucción cada vez más masiva.

La muerte en la cadena de montaje

Apoyándose en su base industrial[5] para el logro de la victoria en la Segunda Guerra Mundial, Estados Unidos no sólo envió a la contienda a quince millones de hombres sino que fabricó en serie casi seis millones de fusiles y ametralladoras, más de trescientos mil aviones, cien mil carros de combate y vehículos blindados, setenta y una mil unidades navales y cuarenta y un mil millones de cartuchos.

La Segunda Guerra Mundial reveló el terrible potencial de la industrialización de la muerte. Los nazis asesinaron a seis millones de judíos en un auténtico estilo fabril, creando las que fueron en efecto cadenas de montaje para la muerte. La propia contienda condujo a la matanza de quince millones de soldados de todos los países y de casi el doble de civiles.

De este modo, e incluso antes de que las bombas atómicas aniquilasen Hiroshima y Nagasaki, la guerra alcanzó en destrucción masiva niveles sin parangón. El 9 de marzo de 1945, por ejemplo, 334 bombarderos norteamericanos B-29 se lanzaron contra Tokio en un solo ataque que destruyó 267.171 edificios y mató a 84.000 civiles (e hirió a cuarenta mil más), arrasando más de cuarenta kilómetros cuadrados de la ciudad[6]. Bombardeos masivos afectaron también a Coventry, en Inglaterra, y a Dresde en Alemania, por no mencionar aglomeraciones urbanas más pequeñas de toda Europa.

A diferencia de Sun-tzu, quien sostenía que el general más afortunado era el que lograba sus fines sin combatir o con pérdidas mínimas, Karl von Clausewitz (1780-1831), padre de la estrategia moderna, enseñaba una lección diferente. Aunque en escritos posteriores formuló numerosas puntualizaciones y hasta llegó a contradecirse, su afirmación de que «la guerra es un acto de violencia llevada a sus límites extremos» se reflejó a través de las contiendas de la era industrial.

Más allá de lo absoluto

Clausewitz hablaba de «guerra absoluta». Esto no bastó, sin embargo, a algunos de los teóricos ulteriores. Así, tras la Primera Guerra Mundial, el general alemán Erich Ludendorff formuló el concepto de «guerra total»[7], que superaba al de Clausewitz. Éste consideraba la guerra como una prolongación de la política y lo militar como su instrumento. Ludendorff afirmó que para que la guerra fuese total, el propio orden político tenía que estar subordinado al militar. Después los teóricos nazis ampliaron todavía más las nociones de Ludendorff sobre guerra total, negando la realidad de la propia paz, e insistieron en que ésta era simplemente un período de preparación bélica, «la guerra entre guerras».

En su sentido más amplio, la guerra total había de librarse política, económica, cultural y propagandísticamente, y toda la sociedad tenía que convertirse en una sola «maquinaria bélica».

Suponía la racionalización del estilo industrial llevada a sus últimas consecuencias.

El resultado militar de tales teorías era el logro de una destrucción máxima. Como escribió B. H. Liddell Hart en su historia del pensamiento estratégico: «Durante más de un siglo el canon fundamental de la doctrina militar ha establecido que "la destrucción de las principales fuerzas del enemigo en el campo de batalla" constituye el único y verdadero propósito de la guerra. Esto se aceptaba universalmente, figuraba en todos los manuales militares y se enseñaba en todos los colegios de los estados mayores... Una regla tan absoluta habría sorprendido a los grandes jefes y a los profesores de la teoría bélica de tiempos anteriores al siglo XIX.»

Pero aquellos tiempos aún eran en buena medida preindustriales. Los conceptos de guerra total y de destrucción en masa fueron adoptados generalmente tras la revolución industrial porque encajaban en el *ethos* de una sociedad de masas, la civilización de la segunda ola.

En la práctica, la guerra total enturbió o eliminó por completo la distinción entre objetivos militares y civiles. Como todo contribuía supuestamente a un esfuerzo bélico total, todo era un objetivo legítimo, desde depósitos de armas a barrios obreros, desde polvorines a imprentas.

Curtis Le May, el general que dirigió el ataque sobre Tokio y más tarde fue jefe del Comando Aéreo Estratégico de Estados Unidos, era el perfecto apóstol de la teoría de la destrucción en masa. Si sobrevenía la guerra, insistía, no había tiempo para establecer prioridades en los objetivos ni tecnología para precisar el blanco. «Según Le May –escribe Fred Kaplan en *The wizard of Armageddon*–, la demolición completa constituía la única manera de ganar una guerra... todo lo que importaba en un bombardeo estratégico era que fuese masivo.» En manos de Le May estaban los bombarderos nucleares de Estados Unidos.

Hacia la década de los sesenta, frente a frente en Alemania las fuerzas soviéticas y de la OTAN, se añadieron al arsenal de las superpotencias «pequeñas» armas nucleares para el campo de batalla. Los planes bélicos concebían el empleo de estas armas y el despliegue de «vastas formaciones de carros de combate» que, en una concluyente guerra de desgaste, avanzarían sobre una «alfombra nuclear y química».

Desde luego y a todo lo largo de toda la guerra fría que siguió a la Segunda Guerra Mundial, lo concluyente en el poder de destrucción en masa, las armas nucleares, dominó la relación entre las dos superpotencias.

Contrafigura mortal

Cuando la civilización industrial alcanzó su apogeo en el período que siguió a la Segunda Guerra Mundial, la destrucción en masa llegó a desempeñar en la doctrina militar el mismo papel crucial que la producción en serie en la economía. Fue la contrafigura mortal de la producción en serie.

Pero a finales de la década de los setenta y a principios de la de los ochenta comenzó a soplar una fresca brisa cuando las tecnologías, ideas y formas sociales de la tercera ola empezaron a desafiar a la sociedad de masas de la segunda ola. Como hemos visto, un pequeño grupo de reflexión de militares y el Congreso de Estados Unidos vio claro que algo fallaba fundamentalmente en la doctrina militar norteamericana. En la carrera por ampliar el radio de acción, la velocidad y la mortalidad de las armas ya se habían alcanzado, conforme a todos los fines prácticos, los topes últimos. La pugna contra el poder soviético había quedado en tablas por lo que se refiere a las armas nucleares y las demenciales amenazas de una «seguridad de destrucción mutua». ¿Existía algún modo de derrotar a la agresión soviética sin bombas atómicas?

El desarrollo de la contienda moderna –la guerra de la época industrial– había llegado a su contradicción última. Se requería una auténtica revolución en el pensamiento militar, una revolución que fuese un reflejo de las nuevas fuerzas económicas y tecnológicas desencadenadas por la tercera ola de cambio.

VII. EL COMBATE AEROTERRESTRE

Donn Starry[1] es un hombre alto y seco, de cabellos y ojos grises, que usa gafas de montura de acero y habla con una serena autoridad. Disfruta con la carpintería y pintando su casa veraniega en las solitarias montañas de Colorado. Ha catalogado meticulosamente los cuatro mil volúmenes de su biblioteca. Una vez al año, su esposa Letty y él se dirigen a Canadá para asistir al Festival de Shakespeare en Stratford. Tiene la apariencia de un rector universitario –lo fue por algún tiempo–, aunque no de una universidad convencional.

Starry encabezó el ejercicio intelectual que contribuyó a alzar al Ejército de Estados Unidos del negro agujero de desmoralización en que estuvo sumido tras la guerra de Vietnam hasta el apogeo de su rendimiento en la guerra del Golfo. Ayudó eficazmente a reestructurar una de las instituciones más grandes, burocratizadas y recalcitrantes del mundo, tarea que muy pocos capitanes de industria habían sido capaces de realizar con organizaciones menos pesadas y complejas.

De hecho, aunque casi todo el mundo lo ignore, la sombra de Starry se cernió sobre Saddam Hussein, el dictador iraquí, durante toda la guerra del Golfo. Porque fueron Donn Starry y Don Morelli quienes, como hemos señalado, empezaron a reflexionar, una década antes de que comenzase esa contienda, acerca de la guerra de la tercera ola.

Starry era un hijo de la gran depresión de los años treinta. Su padre trabajó durante algún tiempo en una tienda de muebles y en el periódico de una muy empobrecida comunidad rural de Kansas. Pero era además oficial de la Guardia Nacional de Kansas y, en su lugar natal, Donn se convirtió en mascota de esos soldados de fin de semana.

Hacia 1943 las llamas de la Segunda Guerra Mundial se extendían por todo el planeta y Donn, dispuesto a luchar, se alistó en el Ejército de Estados Unidos. Mas un sargento primero que conocía a los soldados, consideró casi de inmediato que tenía madera de oficial. Puso ante Starry un montón de libros que había seleccionado y le dijo que se encerrase durante tres semanas en una habitación y los leyera. «Starry –le anunció el sargento–, vas a presentarte al examen de ingreso en West Point.»

Cuando Donn Starry le replicó que lo que él deseaba era ir al frente, su sargento contestó: «Voy a decirte algo. Esta guerra no durará eternamente. Pertenezco a este ejército desde la Primera Guerra Mundial y siempre precisará de buenos oficiales. Ahora no servirías para eso, no eres más que un piojoso paisano. Pero quiero que vayas allá y estudies.»

Corría el año 1948 cuando Starry salió de la Academia Militar del Ejército como segundo teniente. La guerra había quedado atrás y él era un joven oficial en un Ejército en plena desmovilización.

Starry ascendió de un modo normal desde jefe de sección y de compañía a oficial de la plana mayor de batallón. Experto en blindados, sirvió durante la guerra de Corea como oficial de información en el Estado Mayor del VIII Ejército. Cuando en los años sesenta se intensificó la intervención de Estados Unidos en la guerra de Vietnam, Starry formó parte de una unidad del Ejército consagrada al análisis de las unidades mecanizadas y blindadas y de sus funciones.

Más tarde, ya coronel, mandó en 1970 el famoso XI Regimiento de Caballería Acorazada durante la incursión de Estados Unidos en Camboya. Allí, en una escaramuza en una pista de aterrizaje próxima a Snuol, fue herido por una granada de Vietnam del Norte.

El desastre norteamericano en Vietnam, y sobre todo el escarnio público a las fuerzas de Estados Unidos que regresaban a un país terriblemente dividido, exasperó a muchos oficiales y veteranos. Se acusó a los militares de drogadicción, corrupción y atrocidades. A hombres que habían luchado heroicamente se les llamaba «asesinos de niños». ¿Cómo era posible que el ejército tecnológicamente más adelantado del mundo, el que en realidad había vencido a los soldados de Vietnam del Norte en muchos enfrentamientos convencionales, hubiese sido derrotado de manera tan ignominiosa por los combatientes mal vestidos y equipados de una nación comunista del Tercer Mundo?

El trauma de la jungla

Como General Motors o IBM, los militares norteamericanos se hallaban casi perfectamente organizados para un mundo de la segunda ola. Al igual que estas empresas, sus fuerzas armadas estaban concebidas para operaciones concentradas, masivas y lineales, dispuestas de arriba abajo (la guerra de Vietnam desde luego fue dirigida hasta en sus mínimos detalles desde la Casa Blanca y a veces el propio presidente seleccionaba personalmente los objetivos de los bombardeos). Muy burocratizadas, se encontraban desgarradas por pugnas jurisdiccionales y rivalidades intestinas. Actuaron bien cuando Vietnam del Norte lanzó operaciones en gran escala de la segunda ola. Pero estaban mal preparadas para la lucha de guerrillas en la jungla, actividad bélica esencialmente de la primera ola.

Lo que Starry denomina «la desdichada experiencia del Ejército en Vietnam» tuvo, empero, un efecto positivo. Determinó una introspección más honda y sincera que la que practican las grandes empresas. El trauma de Vietnam, según Starry, «se hallaba tan profundamente arraigado en las mentes de todos que resultaba muy aceptable hacer algo nuevo y diferente».

La crisis era aun peor si se examina el equilibrio militar en Europa. Mientras Norteamérica se enfangaba en Vietnam, los soviéticos habían empleado una década para modernizar sus carros de combate y sus cohetes, para perfeccionar su doctrina y fortalecer sus efectivos militares en Europa. ¿Cuáles serían las posibilidades de las fuerzas de Estados Unidos contra el Ejército Rojo soviético si no habían sido capaces de vencer al de Vietnam del Norte?

La guerra fría seguía siendo el factor dominante de la vida internacional. En tanto Estados Unidos acababa de sufrir una derrota humillante, la Unión Soviética no revelaba todavía signos de su desintegración futura. En Moscú permanecían aún en el poder Leonidas Bréznev y el Partido Comunista. Las fuerzas militares soviéticas constituían un inmenso gorila desencadenado.

El genio embotellado

Como los ejércitos convencionales soviéticos y del bloque oriental eran tan grandes y sus carros de combate superaban en número a los de Occidente, los planificadores de la OTAN no conseguían ver el modo de que sus fuerzas, mucho más reducidas, pudieran responder a un ataque del Ejército Rojo contra Europa occidental sin recurrir a las armas nucleares. Todos los planes de la OTAN para la defensa de Alemania concebían desde luego el empleo de armas nucleares nada menos que entre tres o diez días después de la ofensiva inicial soviética. Pero si utilizaban artefactos atómicos, destruirían buena parte de la Alemania occidental que la OTAN se había comprometido a defender.

Por añadidura, la amenaza omnipresente de la escalada desde las armas nucleares tácticas de corto alcance al choque atómico global mantenía encendidas por la noche las luces del Pentágono, del cuartel general de la OTAN en Bruselas y también del Kremlin.

Éste era el hondo dilema con que se enfrentó Donn Starry cuando en 1976 fue destinado a mandar el V Cuerpo de Ejército de Estados Unidos en Alemania, emplazado en el lugar más vulnerable de toda Europa. Allí, en la brecha de Fulda, cerca de la ciudad de Kassel, era donde probablemente atacarían primero los soviéticos si la guerra estallaba. En caso de contienda nuclear, bien pudiera comenzar en tal sitio. En suma, Starry se halló de repente en la vanguardia de Occidente frente a una masiva potencia soviética.

Para Donn Starry estaba claro el problema crucial: nadie debía abrir la botella de la que escapase el genio nuclear incontrolable. Por ese motivo Occidente tenía que hallar un modo de defenderse contra la abrumadora superioridad numérica de los soviéticos sin emplear sus armas nucleares. Cuando llegó a Alemania, Starry ya estaba convencido de que era posible una victoria no nuclear. Pero no basada en la doctrina tradicional.

Pasaje para Tel Aviv

Lo que había convencido a Starry fue un conflicto breve y salvaje librado tres años antes. Porque 3.200 kilómetros al este de la frontera de Alemania occidental, entre Israel y Siria, en las descarnadas colinas a las que llamaban Altos del Golán, se había vivido una de las grandes batallas históricas de carros de combate. Durante las siguientes décadas los oficiales de blindados de todo el mundo estudiarían este choque.

Comenzó el día del Yom Kippur[2], el 6 de octubre de 1973, cuando los ejércitos de Egipto y Siria atacaron súbitamente a Israel. En 1967 los israelíes habían barrido a los árabes en la guerra de los Seis Días, eliminando en tierra a sus Fuerzas Aéreas antes de que pudiesen despegar. Pero en 1973 las unidades árabes se hallaban mejor equipadas, mejor adiestradas y seguras de que podían derrotar a los israelíes de una vez por todas. ¿Y por qué no?

Las fuerzas sirias atacaron por el norte. Cinco divisiones que integraban más de 45.000 soldados, apoyadas por más de 1.400 carros de combate y mil morteros y piezas de artillería cruzaron la frontera israelí. Entre sus efectivos contaban con los T62, los carros soviéticos más perfeccionados.

Enfrente tenían dos débiles brigadas israelíes, la VII en el sector septentrional y la CLXXXVIII en el sur, seis mil hombres en total con sólo 170 carros de combate y sesenta piezas de artillería. Pese a esta notoria disparidad, el triunfo fue de los israelíes, no de los sirios.

Dos meses y medio después, a comienzos de enero de 1974, Starry y un grupo de oficiales de blindados fueron invitados por los británicos a visitar algunas de sus instalaciones de adiestramiento. Letty, la esposa de Starry, le acompañó. Disfrutaban juntos de sus horas libres en Inglaterra cuando de repente llegó una llamada del general Creighton Abrams, jefe del Estado Mayor del Ejército: «Mañana por la mañana se le presentará un oficial con todos los papeles necesarios. Envíe a casa a su esposa y a sus ayudantes. Llévese consigo a un hombre. Irá a Israel.»

Tras haber dedicado la mejor parte de su vida al estudio de la guerra de blindados, Starry estaba resuelto a averiguar lo que había sucedido exactamente en los Altos del Golán.

Pronto se vio ante interminables filas de carros de combate y transportes blindados de personal sirios destruidos y quemados. Recorrió palmo a palmo el campo de batalla del Golán. Se reunió repetidas veces con todos los jefes israelíes más importantes, Moshe *Mussa* Peled, Avigdor Kahalani, Benny Peled y otros jefes de batallón y revivió cada segundo del choque.

Sorpresa en Kuneitra

La guerra comenzó a las 13.58 del 6 de octubre. Veinticuatro horas más tarde, habían quedado barridos los hombres de la CLXXXVIII Brigada, atacada en el sector meridional por dos divisiones sirias. El 90 por ciento de los oficiales estaban muertos o heridos y en su avance los sirios habían llegado a diez minutos del río Jordán y del mar de Galilea. Los defensores parecían aplastados y los sirios casi habían rebasado el puesto de mando divisionario de los israelíes.

Mientras tanto y en la mitad septentrional de los Altos del Golán, quinientos carros de combate de las fuerzas sirias atacaban con igual ímpetu a la VII Brigada, que, con los cien tanques de guerra de que disponía, consiguió destruir literalmente centenares de los carros de combate y vehículos blindados sirios durante los cuatro días que duró la batalla, cuando su contingente se quedó reducido a sólo siete tanques de guerra. En aquel momento, con escasez de municiones y a punto de retirarse, la VII Brigada recibió trece carros de combate que tras ser averiados, fueron reparados apresuradamente y enviados de nuevo a la lucha. Parte de los soldados eran heridos que se habían escapado de los hospitales para volver a la contienda. En una de las más heroicas batallas de la historia de Israel, la VII Brigada lanzó un desesperado contraataque por sorpresa y para asombro de los propios israelíes, los sirios se retiraron agotados.

La acción audaz y aparentemente sin futuro de la VII Brigada en el sector septentrional ha quedado conmemorada en un relato de primera mano titulado *The heights of courage,* escrito por Avigdor Kahalani, que fue jefe de batallón en la heroica unidad israelí, con prólogo de Donn Starry.

Pero la batalla realmente crucial se desarrolló en el sector meridional. Y fue este choque el que cambió el pensamiento de Starry acerca de la guerra.

La resistencia feroz de la VII Brigada en el norte permitió ganar el tiempo suficiente para que llegasen refuerzos al sur. Por el sudoeste se aproximó una división mandada por el general Dan Laner. Una segunda, al mando del general Moshe «Mussa» Peled, realizó un avance paralelo a unos quince kilómetros al sur de la fuerza de Laner. Estas unidades, que contaban entonces con el apoyo de las Fuerzas Aéreas israelíes, se dispusieron a constituir una pinza en torno a una concentración de fuerzas sirias a unos cuantos kilómetros al sur de Kuneitra.

Starry interrogó minuciosamente a los jefes israelíes sobre cada detalle del combate. Supo que, en cierto momento, habían debatido qué hacer con los refuerzos al mando de «Mussa» Peled. Lo obvio parecía ser fortalecer los puntos más débiles y proseguir la defensa. Pero Peled disentía. Tal paso, afirmó, conduciría a un mayor desgaste y con el tiempo a la derrota. En vez de eso, Peled –apoyado por el general Chaim Bar-lev, ex jefe del Estado Mayor y por entonces principal consejero militar de la primera ministra Golda Meir– decidió emplear sus refuerzos para atacar. En plena derrota general, se ordenó una táctica ofensiva y en lugar de dirigirse contra el sector principal de las fuerzas sirias, se pensó atacarlas desde una dirección inesperada.

Aunque Peled perdió a muchos hombres, su ataque por el ala izquierda de los sirios los sorprendió y desequilibró. Con el avance de Laner se cerró la pinza. El resultado no fue simplemente una sorpresa sino un descalabro. Significó que gran parte de las unidades sirias de apoyo no pudieron llegar a intervenir.

«A mediodía del miércoles 10 de octubre –escribió Chaim Herzog en *The arab-israeli wars*–, casi exactamente cuatro días después de la irrupción de unos 1.400 carros de combate sirios a través de la Línea Púrpura* en un ataque masivo contra Israel, no quedaba al oeste de esa demarcación ni un solo carro de combate sirio en condiciones de combatir.»

Los israelíes se reagruparon muy pronto, penetraron en Siria y casi llegaron hasta su capital, Damasco. Tras de sí, escribió Herzog, «dejaron ardiendo y humeando a lo largo de sus ejes previos de avance el orgullo del Ejército sirio ... Las armas y el equipo más modernos que había suministrado la Unión Soviética a un ejército extranjero punteaban las colinas onduladas de los Altos del Golán, testimonio de una de las mayores batallas de tanques de guerra de la historia, librada en condiciones de una disparidad casi increíble».

Cuando los sirios aceptaron el alto el fuego propuesto por la ONU que puso fin a la guerra, habían perdido 1.300 carros de combate (de los que 867 cayeron en manos de los israelíes). Murieron unos 3.500 sirios y fueron capturados 370. Todos los tanques israelíes resultaron alcanzados en uno u otro momento, pero muchos pudieron ser reparados rápidamente y volvieron al combate; sólo cerca de un centenar quedaron destruidos por completo. Los israelíes perdieron 772 hombres y 65 cayeron en poder de los sirios.

Para Starry, la lección principal fue que las «proporciones de partida» no determinan el resultado. «Tanto da quien tenga menos y quien tenga más.» Dicho de otro modo, de nada les

* La línea de alto el fuego que separaba a Israel de Siria desde la guerra de los Seis Días en 1967.

sirvió a los sirios contar con escalón tras escalón de unidades de apoyo.

La otra lección indudable fue la de que ganará quien lleve la iniciativa «lo mismo si dispone de menos fuerzas que el adversario como si tiene más, si ataca o se defiende». Hasta un ejército pequeño estratégicamente a la defensiva es capaz, como demostraron los israelíes, de asumir la iniciativa.

Estas ideas no eran nuevas. Pero desafiaban directamente la doctrina entonces convencional. El antiguo supuesto, arraigado en las maniobras y en los ejercicios de adiestramiento, sostenía que si los soviéticos llegaban a atacar en Alemania, las tropas de la OTAN se retirarían, combatiendo para demorar su avance, y luego pasarían a la ofensiva hasta hacerles retroceder. De fracasar, recurrirían a las armas nucleares.

Era un error, juzgó Starry. «Comprendí que teníamos que emprender una acción retardatoria y destructiva que afectase profundamente al área de combate del enemigo. Era preciso impedir el avance ordenado de sus escalones de apoyo. No haría falta aniquilarlos. Sería magnífico si lo conseguíamos. Pero todo lo que en realidad había que hacer era impedir que entrasen en combate para que no arrollasen a los defensores.»

Defensa activa

Y éste fue el razonamiento de Starry: ¿Por qué no podían ser detenidas las masas de unidades soviéticas y de Europa oriental por fuerzas aliadas más reducidas y sin emplear armas nucleares cuando masas de unidades sirias equipadas por los soviéticos y que aplicaban una doctrina soviética habían sido detenidas por fuerzas israelíes numéricamente inferiores que las envolvieron, pese a la debilidad de sus efectivos? De hecho, cabía también aplicar estas lecciones a otras partes del mundo en donde diversos países constituían grandes ejércitos convencionales basados en la vieja doctrina de que vence la pura masa.

Convencido por el desastre de Vietnam de que necesitaba desesperadamente un cambio, el Ejército de Estados Unidos había creado en 1973 el TRADOC, Mando de Adiestramiento y Doctrina, bajo la dirección del general William E. DePuy. Apenas conocido del público, el TRADOC estableció el mayor sistema educativo del mundo no comunista. Opera el equivalente de muchas universidades para oficiales, junto con centenares (literalmente) de centros de adiestramiento. Dedica gran atención a cosas como la teoría del aprendizaje y las tecnologías de formación avanzada. Pero también proporciona buena parte del soporte teórico de la concepción bélica del ejército. Y uno o dos años después de su creación comenzó a surgir en el seno del TRADOC un fermento intelectual post-Vietnam.

En 1976, por el tiempo en que Starry fue destinado a Alemania, el TRADOC formuló una nueva doctrina militar denominada Defensa Activa. Aprovechando en parte la experiencia israelí y en parte también aportaciones del propio Starry, postulaba una «profundización» del campo de batalla, atacar no sólo al primer escalón de cualquier fuerza soviética invasora sino además al siguiente de tropas de apoyo mediante el empleo de armas de tecnología avanzada con mayor alcance.

Por lo que a Starry concernía, esta doctrina constituía un paso en la dirección adecuada. Pero el segundo escalón de un Ejército Rojo a la ofensiva no era el único problema. ¿Qué pasaría después con el tercero, el cuarto y los siguientes escalones? Eran muchísimos más los soldados soviéticos que los sirios. La Defensa Activa no llegaba a ser una nueva concepción de las operaciones bélicas.

Cambio en el Pentágono[3]

La necesidad de una concepción nueva y más profunda obsesionaba todavía a Starry cuando en 1977 fue ascendido y se le confió la dirección del TRADOC.

Donn Starry cuidó siempre de justipreciar la doctrina de la Defensa Activa y al general DePuy, con cuyas opiniones dice ahora que coincidía casi enteramente. Pero entonces existía una fuerte discrepancia entre los dos a propósito de la ofensiva y la defensa. Starry llegó a la conclusión de que lo que se precisaba no era simplemente un cambio cuantitativo, sino reelaborar partiendo de su propia base la doctrina del Ejército de Estados Unidos.

Además, y mientras los militares debatían estas cuestiones, la sociedad norteamericana a la que pertenecían estaba experimentando un profundo cambio. Surgían nuevas ideas y posibilidades. La economía de Norteamérica comenzó decididamente a alejarse de la producción en serie del viejo estilo para orientarse hacia la producción desmasificada; cuando empezó a tomar forma un sistema de la tercera ola por lo que se refiere a la creación de riqueza, el Ejército de Estados Unidos inició un desarrollo paralelo. Aunque no lo advirtiera el mundo exterior, se daban los primeros pasos para formular una teoría de la guerra de la tercera ola.

El afán de Starry por forzar esa nueva concepción le empujó a enfrentarse con algunos de los supuestos claves de la guerra de la segunda ola. Le obligó a asumir el papel de un revolucionario doctrinal, desencadenando un proceso todavía en desarrollo y que cobra nuevas direcciones.

Pero cambiar cualquier doctrina militar es como tratar de detener a un blindado mediante el lanzamiento de buñuelos. La militar, como cualquier otra gran burocracia moderna, se resiste a las innovaciones, sobre todo si el cambio implica la depreciación de ciertas unidades y la necesidad de aprender determinadas destrezas y de superar rivalidades entre las armas.

Definir una nueva doctrina, obtener para este empeño el apoyo de las fuerzas armadas y de los políticos y aplicarla luego realmente con tropas adiestradas y tecnologías adecuadas constituye una tarea tremenda. Un solo hombre, general o no, no soñaría en llevarla a cabo. Exigiría toda una campaña en la que las ideas fuesen balas.

La campaña comenzó con los soldados intelectuales que, alentados por Starry, empezaron a redactar trabajos que verían la luz en los equivalentes militares de las publicaciones científicas. En un proceso largo y complejo, los analistas –versión militar de los críticos literarios– desmenuzaron los diversos textos y propuestas.

En este esfuerzo cobró una importancia clave un nuevo estudio de la vieja obsesión por la pura masa. Ponerla en tela de juicio significaba oponerse no simplemente a una idea sino a todos los puestos de trabajo, carreras profesionales, tácticas, tecnologías y relaciones industriales basados en esta concepción. Suponía revisar y posiblemente cambiar toda la estructura bélica del Ejército, es decir el tamaño, la composición y el número de sus unidades. Y significaba tener que hacerlo cuando la doctrina soviética formal seguía denominándose «Impulso masivo y combate terrestre continuo». Discutir la idea de la masa no constituía sólo una bofetada a la doctrina militar; chocaba con el *ethos* de la sociedad industrial de masas.

La aparición de un nuevo concepto de actividad bélica no cristalizó hasta finales de la década de los setenta y comienzos de los ochenta. En aquel período Starry leyó mucho y no simplemente sobre materias militares, sino también acerca de las nuevas fuerzas sociales y económicas que nos empujaban más allá de la modernidad.

«El Ejército –nos dijo en 1982 durante nuestra primera reunión– resulta muy difícil de cambiar. Después de todo es... una institución de la segunda ola. Se trata de una fábrica. La idea era que nuestras fábricas producirían más y más armas. El Ejército haría pasar a sus hombres por un centro de adiestramiento. Entonces reuniría hombres y armas y ganaríamos guerras. Todo este enfoque es de la segunda ola. Necesitamos trasladarlo al mundo de la tercera ola.»

Para llevar a cabo esta misión, Starry precisaba el apoyo de sus superiores. Lo obtuvo del general E. C. Meyer, jefe entonces del Estado Mayor del Ejército; de su predecesor en el TRADOC, Bill DePuy; del general Abrams, y de otros. Estos hombres le aseguraron que no considerarían deslealtad un desacuerdo. Afectados todavía por el trauma de Vietnam, ellos también comprendían que resultaba esencial un nuevo modo de pensar.

Asimismo Starry necesitaba en su grupo militares extremadamente preparados, soldados intelectuales. Y procedió a llevarles a la sede del TRADOC en Fort Monroe, Virginia. Por añadidura, el general William R. Richardson y unos cuantos coroneles –Richmond Henriques, Huba Wass de Czege y L. D. Holder– trabajaron para Starry en Fort Leavenworth, Kansas, ayudándole a definir los problemas y a determinar las implicaciones de cualquier cambio doctrinal.

Starry también adoptó medidas para promover el desarrollo de la doctrina, relegada a menudo en el pasado a un rango secundario. Y creó al efecto el nuevo puesto de subjefe del Estado Mayor para la Doctrina. Un día entró en su despacho Don Morelli. Y casi al punto el general de brigada Morelli fue puesto al frente del nuevo departamento de formulación doctrinal.

Starry, Morelli y un pequeño grupo de militares –James Merryman, Jack Woodmansee y Carl Vuono, junto con un civil, el doctor Joe Braddock (cuya firma consultora, Braddock, Dunn y MacDonald o BDM, trabajaba para la Agencia de Defensa Nuclear)– constituyeron en el TRADOC un equipo independiente de reflexión.

Mientras forjaban sus ideas acerca de armas, organización, logística, electrónica, actividad bélica, la amenaza de las armas nucleares y la importancia de la maniobra frente a la guerra de posiciones, Starry y Morelli viajaron incesantemente, exponiendo sus conceptos ante audiencias de militares en Estados Unidos, Gran Bretaña y Alemania. Las preguntas y las críticas aguzaron sus mentes.

Entretanto, en el país surgieron problemas internos en el ejército. Las Fuerzas Aéreas carecían de una contrafigura exacta del TRADOC. El equivalente más próximo era el TAC, el Mando Aéreo Táctico, en la base de las Fuerzas Aéreas en Langley, a tan sólo quince minutos de Fort Monroe (una de las razones por las que se instaló allí el TRADOC).

La insistencia de Starry en la «batalla profunda» o «campo de combate ampliado» significaba que la lucha no tendría simplemente lugar en el «frente», sino asimismo más allá, en la retaguardia del enemigo, donde se encontrarían los escalones subsiguientes. Era necesario impedir el movimiento de hombres, abastecimientos e información para que los escalones posteriores no pudiesen apoyar a las tropas invasoras.

Se requerirían ataques aéreos en profundidad para inutilizar los puestos de mando del adversario, las líneas logísticas, las vías de comunicación y las defensas aéreas. Esto exigiría a su vez una estrecha integración de las fuerzas aéreas y terrestres. Pero en las Fuerzas Aéreas había quienes consideraban con suspicacia estas cuestiones. Les parecía (y aún quedan oficiales con esa opinión) que el Ejército estaba penetrando en el terreno de las Fuerzas Aéreas y trataba de asumir la interdicción, responsabilidad tradicional de las Fuerzas Aéreas.

Fue el jefe del TAC, Bill Creech, quien convenció a sus superiores de que el desarrollo doctrinal para un nuevo tipo de combate no era cuestión de intrusión. Un equipo de oficiales de las Fuerzas Aéreas comenzó pronto a trabajar diariamente con los hombres del TRADOC, para tratar de establecer las relaciones adecuadas entre actividades aéreas y terrestres.

Pero mientras desarrollaba la doctrina, Starry también tuvo que responder a preguntas acerca de su aplicación. ¿Qué clase de oficiales y de soldados se necesitarían en el futuro? ¿Y qué tecnologías precisarían?

El TRADOC no sólo tuvo que encargarse de formular una doctrina y un adiestramiento nuevos para un ejército de un estilo distinto, sino de determinar el tipo de armas y de tecnología que precisarían las fuerzas terrestres del futuro. En consecuencia el TRADOC contribuyó a definir los requisitos de los carros de combate M-1 Abrams, de los helicópteros Apache, del vehículo de combate Bradley y de los cohetes Patriot, armas que entonces aún no habían entrado en fase de producción. De manera semejante y durante 1978-1979, el TRADOC incubó J-STARS, el tan alabado sistema de radar aéreo que durante la Tormenta del Desierto proporcionó información sobre objetivos a las bases terrestres. El MLRS o sistema de lanzamiento múltiple de cohetes y el ATACMS (sistema de misiles tácticos del Ejército) figuraron entre las armas que, con años de antelación, el TRADOC había determinado que se necesitarían para aplicar su nueva doctrina de combate.

Y por fin, tras esta inmensa actividad, el 25 de marzo de 1981 surgió la primera formulación oficial de la nueva doctrina concentrada en el futuro. Fue un folleto fotocopiado con tapas de color verde camuflaje, titulado *The airland battle and corps 86, TRADOC, Pamphlet 525-5.* Se trataba de un documento preliminar que empleó Morelli (quien había acuñado el término de «combate aeroterrestre») en su copioso programa de documentación. Éste había trascendido ya los límites de lo militar para llegar a miembros del Congreso, funcionarios de la Casa Blanca, el vicepresidente e incluso –como ya indicamos– a nosotros, un par de intelectuales decididamente no militares.

Hoy en día el concepto de combate aeroterrestre es bien conocido y se ha visto sometido a análisis, críticas y ataques no sólo de políticos y de tradicionalistas de las fuerzas armadas norteamericanas, sino además de muchos que en las naciones europeas de la OTAN lo consideraron meramente una prueba del espíritu «agresivo» de Estados Unidos y no como un medio de evitar la guerra nuclear.

La doctrina Starry-Morelli fue finalmente incorporada al *Manual de campo (FM) 100-5 (operaciones)* el 20 de agosto de 1982, unos cuatro meses después de nuestro primer contacto con Morelli. Se convirtió, tal como él deseaba, en la base para cambios doctrinales semejantes o paralelos en los ejércitos de Europa occidental integrados en la OTAN. Insistía en una estrecha coordinación aeroterrestre, ataques en profundidad para impedir que los escalones primero, segundo y subsiguientes llegasen al campo de batalla y –de manera más significativa– en el empleo de nuevas tecnologías para alcanzar objetivos previamente asignados a las armas nucleares. De este modo, redujo las probabilidades de un enfrentamiento atómico.

Destacando la lección que Starry aprendió en los Altos del Golán, el nuevo manual apremió a oficiales y soldados a asumir la iniciativa, a pasar a la ofensiva táctica u operacionalmente incluso cuando desde el punto estratégico se hallasen a la defensiva. Hasta en el caso de que un enemigo potente hubiera logrado efectuar una penetración, como los sirios al principio, los contraataques por sorpresa deberían concentrarse en sus sectores débiles, en vez de arremeter de frente contra el punto decisivo de la ruptura. Finalmente, la nueva doctrina recalcaba la necesidad de una calidad humana superior, no sólo en lo que se refería a las dotes de mando y al adiestramiento sino al incremento de las capacidades de cada soldado.

La doctrina del combate aeroterrestre ha sido desde entonces actualizada, perfeccionada y rebautizada. Mientras que el combate aeroterrestre se orientaba al quebrantamiento de los escalones posteriores del enemigo, una versión ulterior titulada *Operaciones aeroterrestres* dicta acciones previas para impedir en primer lugar que se formen los escalones posteriores. El trabajo sobre operaciones aeroterrestres comenzó en 1987. Se convirtió en doctrina oficial el 1 de agosto de 1991, un año después de que Saddam Hussein sorprendió al mundo con su invasión de Kuwait.

Insistía en la capacidad de proyectar una potencia a larga distancia y gran velocidad. Ponía de relieve la necesidad de operaciones conjuntas de todo el ejército y de intervenciones combinadas con fuerzas aliadas. Exigía un «ámbito mayor para la iniciativa» y «confiar más en soldados de calidad».

Como el tiempo era la primera de sus preocupaciones, postulaba la sincronización de ataques simultáneos y un «control de ejecución en tiempo, real». Los jefes debían «supervisar el ritmo de los combates». Y por fin, se tornaba absolutamente crucial el conocimiento, es decir, una información y una comunicación mejores.

En estos días los cambios en la escena mundial son tan acelerados que cada uno o dos años se requieren unas revisiones doctrinales que antes se realizaban con intervalos de cuarenta o cincuenta años.

Así el 14 de junio de 1993[4] apareció la última revisión del *Manual de campo (FM) 100-5*. «Recientes experiencias nos proporcionan un atisbo de nuevos métodos bélicos», declara el sumario ejecutivo de la novísima doctrina. «Corresponden al final de la guerra de la era industrial y al comienzo de la guerra en la era de la información.»

Esta última versión insiste más en la mutabilidad, la capacidad militar para pasar rápidamente de un tipo a otro de conflicto. Desplaza su foco de la escena europea al ámbito mundial y de la concepción del despliegue avanzado –es decir, fuerzas con bases próximas a las potenciales zonas conflictivas– a la idea de unos efectivos basados en Estados Unidos que puedan acudir velozmente a cualquier punto del planeta. Reemplaza la preocupación por la amenaza de una guerra global contra los soviéticos por su interés en las contingencias regionales. Por añadidura, la nueva doctrina presta atención a las que denomina «operaciones distintas de la guerra», entre las que incluye el auxilio en caso de catástrofes, los disturbios civiles, el mantenimiento del orden y las actividades contra el tráfico de drogas.

Explica minuciosamente que el Ejército de Estados Unidos es responsable ante el pueblo norteamericano que «espera victorias rápidas y aborrece las bajas innecesarias» y que «se reserva el derecho de reconsiderar su apoyo cuando no se cumpla una de estas condiciones».

Se trata de una edición meditada y oportuna (como trabajo intelectual mereció la atención del suplemento literario de *The New York Times*). Refleja algunos de los cambios espectaculares operados en la situación global desde que fue redactado el *Combate aeroterrestre* y llega pues mucho más allá. Pero, como en el caso de ediciones anteriores, su ADN sigue estando en la doctrina Starry-Morelli, primera tentativa deliberada de los militares norteamericanos por adaptarse a la tercera ola de cambio.

Para entender todo lo que sigue tenemos que examinar el impacto de este trabajo en una guerra que fue reflejo pavoroso de la aparición de una nueva forma de economía, el revolucionario sistema de creación de riqueza en la tercera ola.

VIII. NUESTRO MODO DE CREAR RIQUEZA...

En 1956 Nikita Kruschev, el rechoncho hombre fuerte de la Unión Soviética, profirió su famosa fanfarronada: «Os enterraremos.» Lo que pretendía decir era que en los próximos años el comunismo aventajaría económicamente al capitalismo. Desde luego la baladronada llevaba consigo la amenaza de una derrota militar y resonó en todo el mundo.

Sin embargo, eran pocos los que en aquella época llegaban siquiera a sospechar la manera en que una revolución en el sistema occidental de creación de riqueza transformaría el equilibrio militar mundial y la naturaleza de la propia guerra.

Lo que Kruschev (como la mayoría de los norteamericanos) ignoraba era que 1956 fue también el primer año en que los empleados administrativos y de servicios superaron en Estados Unidos a los obreros fabriles, primer indicio de que comenzaba a desaparecer la economía de chimeneas de la segunda ola y de que nacía una nueva economía de la tercera ola.

Antes de que transcurriera mucho tiempo unos cuantos economistas con visión de futuro comenzaron a determinar el desarrollo de una economía norteamericana de conocimientos intensivos y a tratar de predecir su impacto a largo plazo. En fecha tan temprana como el año 1961 IBM solicitó de una consultora un informe sobre las consecuencias sociales y organizativas que a la larga tendría la automatización administrativa (muchas de sus conclusiones son todavía válidas). En 1962 el economista Fritz Machlup publicó su obra precursora *The production and distribution of knowledge in the United States*.

En 1968, AT&T, entonces la mayor empresa privada del mundo, encargó un estudio que le ayudara a redefinir su misión. En 1972, una década antes de que fuera desintegrada por el gobierno de Estados Unidos, recibió el informe, un documento herético en que se apremiaba a la firma a reestructurarse drásticamente y a fragmentarse.

El informe esbozaba los modos en que una gigantesca burocracia de carácter industrial de la segunda ola podía transformarse en una organización ágil y maniobrable. Pero AT&T retuvo el estudio durante tres años antes de permitir que circulase entre los altos directivos. La mayoría de las grandes empresas norteamericanas no habían empezado todavía a pensar más allá de una reorganización por incremento. Parecía exagerada la noción de que necesitarían una operación quirúrgica radical para sobrevivir en la naciente economía basada en el saber. Pero la tercera ola lanzó pronto a muchas de las mayores compañías del mundo a la más dolorosa de las reestructuraciones que habían experimentado.

Así, aproximadamente en el marco temporal en que Starry y los suyos comenzaban a remodelar el pensamiento militar de Estados Unidos, muchas de las gigantescas empresas norteamericanas empezaron también a reflexionar, buscando nuevas misiones y estructuras organizativas. Cuando cambió el método mismo de crear riqueza surgió una racha de nuevas doctrinas de la gestión.

Para entender las extraordinarias transformaciones bélicas que se han producido desde entonces y predecir los cambios aún más espectaculares que nos esperan, tenemos que examinar diez rasgos claves de la nueva economía de la tercera ola[1].

1. *Factores de producción*

Mientras que la tierra, el trabajo, las materias primas y el capital eran los principales «factores de producción» en la pasada economía de la segunda ola, el conocimiento –definido aquí en términos generales como datos, información, imágenes, símbolos, cultura, ideología y valores– es el recurso crucial de la economía de la tercera ola. Antaño motivo de burla, esta idea se ha convertido ya en un axioma. Pero sus consecuencias son aún poco comprendidas.

Contando con los datos, la información y/o conocimientos adecuados, es posible reducir todas las demás aportaciones empleadas para la creación de riqueza. Las oportunas aportaciones de conocimiento pueden menguar las exigencias de mano de obra, disminuir los inventarios, ahorrar energía y materias primas y reducir el tiempo, el espacio y el dinero precisos para la producción.

Una herramienta cortadora gobernada por ordenador y que opere con una precisión exquisita gasta menos paño o acero que la máquina cortadora preinteligente a la que reemplaza. Prensas automatizadas «inteligentes» que impriman y encuadernen libros utilizan menos papel que las máquinas de fuerza bruta a las que sustituyen. Unos controles inteligentes ahorran energía, regulando la temperatura en los edificios de oficinas. Sistemas electrónicos de datos que conecten a los fabricantes con sus clientes reducen la cantidad de artículos –desde condensadores a paños de algodón– que es preciso mantener en el inventario.

De este modo el conocimiento, empleado adecuadamente, puede convertirse en el sustituto último de otras aportaciones. A los economistas y contables convencionales todavía les cuesta trabajo admitir esta idea, porque es difícil de cuantificar, pero el conocimiento es ahora el más polifacético e importante de todos los factores de la producción, tanto si puede ser medido como si no es posible determinarlo.

Lo que hace que la economía de la tercera ola sea verdaderamente revolucionaria es el hecho de que mientras cabe considerar como recursos finitos a la tierra, la mano de obra, las materias primas y quizá incluso al capital, el conocimiento es a todos los fines inagotable. A diferencia de un alto horno o de una cadena de montaje, el conocimiento puede ser empleado al mismo tiempo por dos empresas. Y serán capaces de utilizarlo para generar todavía más conocimiento.

2. *Valores intangibles*

En tanto que el valor de una empresa de la segunda ola puede medirse en términos de sus bienes sólidos como edificios, máquinas, producción almacenada e inventario, el valor de las firmas prósperas de la tercera ola radica en su capacidad para adquirir, generar, distribuir y aplicar estratégica y operativamente unos conocimientos.

El valor real de empresas como Compaq o Kodak, Hitachi o Siemens depende más de las ideas, percepciones e información en las mentes de sus asalariados y en los bancos de datos y patentes controlados por estas compañías que en los camiones, cadenas de montaje y otros bienes físicos que puedan poseer. Así el propio capital se halla ahora basado en intangibles.

3. *Desmasificación*

La producción en serie, característica definidora de la economía de la segunda ola, se torna cada vez más obsoleta a medida que las empresas instalan sistemas de información intensiva y a menudo medios robotizados de fabricación capaces de variaciones múltiples y baratas, e incluso de la personalización. El resultado revolucionario es, en efecto, la desmasificación de la producción en serie.

El desplazamiento hacia tecnologías flexibles promueve la diversidad y satisface el deseo del cliente hasta el punto de que unos almacenes Wal-Mart pueden ofrecer al comprador casi 110.000 productos[2] en diversos tipos, tamaños, modelos y colores entre los que elegir.

Pero Wal-Mart es un comercio de masas. En creciente medida el mercado de masas se desintegra en fragmentos diferenciados al divergir las necesidades de los clientes y permitir una mejor información que las empresas identifiquen y atiendan a los micromercados. Comercios y especialidades, *boutiques*, grandes almacenes, sistemas de teletienda, compras por ordenador, por correspondencia y otros recursos proporcionan una diversidad cada vez mayor de canales a través de los cuales los productores pueden distribuir sus mercancías a clientes de un mercado progresivamente más desmasificado.

Mientras tanto la publicidad se orienta hacia segmentos cada vez más reducidos del mercado, a los que llega a través de medios de comunicación paulatinamente más desmasificados. La fragmentación espectacular de las audiencias de masas ha quedado puesta de relieve por la crisis de las antaño grandes cadenas de televisión, ABC, CBS y NBC, en una época en que Tele-Comunications Inc. de Denver anuncia una red de fibra óptica capaz de proporcionar a los espectadores quinientos canales interactivos de televisión. Tales sistemas suponen que los vendedores podrán localizar a los compradores con una precisión cada vez mayor. La desmasificación simultánea de la producción, la distribución y la comunicación revoluciona la economía y la aleja de la homogeneidad para conducirla a una extremada heterogeneidad.

4. *Trabajo*

La propia mano de obra se ha transformado. El trabajo muscular, poco calificado y esencialmente intercambiable, impulsó la segunda ola. La educación de masas de estilo fabril preparaba a los obreros para tareas rutinarias y repetitivas. En contraste, la tercera ola se presenta acompañada de una creciente imposibilidad de intercambio laboral a medida que aumentan vertiginosamente las destrezas requeridas.

La fuerza muscular es esencialmente fungible. Un obrero poco calificado que abandone su puesto o al que se despida puede ser reemplazado rápidamente y con pequeño coste. En cambio, los niveles crecientes de destrezas especializadas requeridas por la economía de la tercera ola hacen que sea más difícil y costoso hallar la persona precisa con la preparación adecuada.

Aunque pueda enfrentarse a la competencia de muchos otros trabajadores no calificados, un conserje despedido por una gran empresa relacionada con la defensa puede hallar un empleo de conserje en una escuela o en una compañía de seguros. En contraste, el ingeniero electrónico que ha pasado años construyendo satélites no tiene necesariamente los conocimientos prácticos que precisa una firma de ingeniería ambiental. Un ginecólogo no será capaz de practicar la cirugía del cerebro. La creciente especialización y los cambios rápidos en las destrezas requeridas reducen la intercambiabilidad del trabajo.

Con el avance de la economía se advierte un cambio ulterior en la proporción de «trabajo directo» y «trabajo indirecto». En términos tradicionales (que están perdiendo rápidamente su significado), los trabajadores directos o «productivos» son aquellos que realmente hacen el producto en la nave fabril. Logran un valor añadido; y de todos los demás se dice que son «no productivos» o que tan sólo realizan una contribución «indirecta». Estas distinciones se desdibujan ahora a medida que declina, incluso en la nave fabril, la proporción entre trabajadores de la producción y administrativos, técnicos y profesionales. El trabajo «indirecto» origina al menos tanto valor, si no más, que el «directo».

5. *Innovación*

Tras la recuperación de las economías de Japón y de Europa después de la Segunda Guerra Mundial, las firmas norteamericanas se enfrentan con el intenso fuego de la competencia. Hacen falta innovaciones continuas para competir: nuevas ideas para productos, tecnologías, procesos, mercadotecnia y financiación. Cada mes entran en los supermercados de Estados Unidos alrededor de mil productos nuevos. Incluso antes de que el ordenador del modelo 486 haya reemplazado al del 386, ya está en camino el nuevo chip del 586. Así, las firmas inteligentes estimulan a sus empleados a tomar la iniciativa, a ofrecer nuevas ideas y, si es necesario, a «prescindir del reglamento de régimen interno».

6. *Escala*

Las unidades laborales menguan. En vez de miles de obreros que entren por la misma puerta de la fábrica –clásica imagen de la economía de las chimeneas–, la escala de operaciones se ha miniaturizado junto con la de muchos de los productos.

Las amplias masas de obreros que realizaban de manera parecida el trabajo muscular han sido sustituidas por equipos laborales pequeños y diferenciados. Las grandes empresas se empequeñecen; las firmas menores se multiplican. IBM[3], con 370.000 asalariados, se ve mortalmente aguijoneada por pequeños fabricantes de todo el mundo. Para sobrevivir, despide a muchos de sus empleados y se fragmenta en trece unidades económicas, diferentes y más reducidas.

Según el sistema de la tercera ola, pesa a menudo más el despilfarro de la complejidad que el ahorro de la escala. Cuanto más complicada sea una empresa, menos podrá predecir la mano izquierda lo que hará a continuación la derecha. Las cosas caen por las grietas. Proliferan los problemas que pueden superar a cualquiera de los presuntos beneficios de la pura masa. Está cada vez más anticuada la vieja idea de que cuanto mayor, tanto mejor.

7. *Organización*

En la lucha por adaptarse a los rápidos cambios, las compañías se apresuran a desmantelar sus estructuras burocráticas de la segunda ola. Las empresas de la era industrial poseían organigramas típicamente similares: eran piramidales, monolíticas y burocráticas. Los mercados, las tecnologías y las necesidades del consumidor de hoy cambian tan velozmente y ejercen tan diversas presiones sobre una firma que la uniformidad burocrática está condenada a muerte. Lo que se busca en la actualidad son formas completamente nuevas de organización. La «reingeniería», por ejemplo, término de moda en la gestión, trata de reestructurar la empresa alrededor de procesos y no de mercados o de especialidades parceladas.

Estructuras relativamente uniformes dan paso a organizaciones matrices, equipos de proyectos específicos, centros de beneficios, así como a una creciente diversidad de alianzas estratégicas, *joint ventures* («riesgo compartido») y consorcios, muchos de los cuales superan las fronteras nacionales. Como los mercados cambian constantemente, la posición es menos importante que la flexibilidad y la maniobra.

8. *Integración de sistemas*

La complicación creciente de la economía exige una integración y una gestión más complejas. Como caso no atípico, Nabisco[4], una empresa alimentaria, tiene que expedir quinientos pedidos diarios de literalmente centenares de miles de productos diferentes que han de enviar 49 fábricas y trece centros de producción y, al mismo tiempo, tomar en consideración treinta mil acuerdos distintos de promoción de ventas con sus clientes.

Gobernar tal complejidad exige nuevas formas de dirección y un grado extremadamente elevado de integración sistémica. Eso a su vez requiere enviar a través de la organización volúmenes cada vez mayores de información.

9. *Infraestructura*

Para mantener integrado el conjunto –seguir a todos los componentes y productos, sincronizar las entregas, lograr que ingenieros y especialistas de mercadotecnia se hallen informados de los planes de cada uno, alertar al personal de investigación y desarrollo acerca de las necesidades manufactureras y sobre todo proporcionar a la gestión una imagen coherente de lo que sucede–, se gastan miles de millones en redes electrónicas que unen ordenadores, bases de datos y otras tecnologías de la información.

Esta vasta estructura electrónica de información, frecuentemente basada en satélites, enlaza a empresas enteras, vinculándolas a menudo también con ordenadores y redes de abastecedores y clientes. Otras redes unen redes. Para los próximos veinticinco años Japón ha destinado 250.000 millones de dólares al desarrollo de redes mejores y más rápidas. Cuando Gore[5], vicepresidente de Estados Unidos, era todavía senador propugnó una legislación para asignar mil millones de dólares durante cinco años como ayuda a la iniciación de una Red Nacional de Investigación y Educación, destinada a ser para la información lo que las autopistas fueron para los coches. Este tipo de vías electrónicas constituyen la infraestructura esencial de la economía de la tercera ola.

10. Aceleración

Todos estos cambios aceleran aún más el ritmo de operaciones y transacciones. El ahorro de la velocidad sustituye al ahorro de la escala. La competencia es tan intensa y tan altas las velocidades exigidas que el antiguo proverbio «el tiempo es oro» se actualiza progresivamente en «cada intervalo de tiempo vale más que el que le precedió».

El tiempo se convierte en una variable crítica, como se refleja en las entregas «al momento» y en la presión por reducir las DIP o «decisiones en proceso». La ingeniería lenta, en secuencias de etapa en etapa, es reemplazada por la «ingeniería simultánea». Las empresas se entregan a una «competencia basada en el tiempo». Du Wayne Peterson, alto ejecutivo de Merrill Lynch, expresa con estas palabras la nueva urgencia: «El dinero se mueve a la velocidad de la luz. La información tiene que ir más deprisa.» Esta aceleración aproxima cada vez más al tiempo real a las empresas de la tercera ola.

Considerados conjuntamente, estos diez rasgos de la economía de la tercera ola contribuyen, entre muchos otros, al cambio monumental en el modo de crear riqueza. La conversión de Estados Unidos, Japón y Europa al nuevo sistema, si bien no terminada, representa la transformación singular más importante en la economía global desde la multiplicación de las fábricas por obra de la revolución industrial.

Esta alteración histórica, que cobró velocidad entre principios y mediados de la década de los setenta, estaba ya muy avanzada cuando se inició la de los noventa. Durante este período la propia actividad bélica empezó a transformarse simultáneamente. La guerra de la segunda ola, como la economía de esa era, se precipita hacia la obsolescencia.

IX. LA GUERRA DE LA TERCERA OLA

Durante 1991, en los cielos nocturnos y en las arenas del desierto de Oriente Próximo, ocurrió algo que el mundo no había visto desde hacía trescientos años: la aparición de una nueva forma de guerra que reflejaba nítidamente un sistema innovador de creación de riqueza. Una vez más se pudo constatar que una y otro se hallan inextricablemente relacionados.

Las sociedades tecnológicamente más avanzadas del mundo actual poseen economías de dos niveles: en parte basadas en la declinante producción en serie de la segunda ola y en parte en las tecnologías y servicios de la tercera. Ninguna de las naciones de tecnología punta, ni siquiera Japón, ha completado la transición al nuevo sistema económico.

Hasta las economías más adelantadas –Europa, Japón y Estados Unidos– siguen divididas aún entre el trabajo muscular en declive y el trabajo mental en auge. Esta dualidad se reflejó agudamente en la manera en que se libró la guerra del Golfo de 1990-1991.

Sea como fuere el modo en que la historia evalúe el conflicto en términos de moral, economía y geopolítica, la auténtica forma en que se libró la contienda tuvo –y todavía tiene– profundas consecuencias para los ejércitos y los países de todo el mundo.

Lo que no se ha entendido con demasiada claridad, ni siquiera ahora, es que Estados Unidos y sus aliados libraron al mismo tiempo dos guerras muy distintas contra el iraquí Saddam Hussein. Más exactamente, aplicaron dos formatos bélicos, uno de la segunda ola y otro de la tercera. La efusión de sangre en el Golfo comenzó el 2 de agosto de 1990, cuando Saddam Hussein atacó Kuwait y no, como se ha dicho a menudo, el 17 de enero de 1991, cuando la coalición encabezada por Estados Unidos replicó a Bagdad. Saddam fue el primero en verter sangre.

En los meses que siguieron, mientras Estados Unidos y la coalición de la ONU debatían cómo responder, Saddam se jactó de que los aliados acabarían destrozados en la «Madre de todas las batallas». Su afirmación fue recogida por los mentores de los medios de comunicación y los políticos de occidente, que predijeron grandes pérdidas aliadas, de hasta treinta mil muertos según algunos[1]. Hubo incluso analistas militares que coincidieron en estas apreciaciones.

Tecnofobia

Algunos de los que se oponían a la guerra lanzaron simultáneamente en los medios de comunicación occidentales una especie de campaña contra la propia tecnología avanzada. La prensa mundial pronto les hizo eco con una retórica tecnofóbica. Los helicópteros de Estados Unidos serían derribados por las tormentas de arena. Las lentes de visión nocturna no funcionarían. Las armas contracarro Dragon y TOW resultarían inútiles frente a los «blindados iraquíes de fabricación soviética». El carro de combate M-1 se revelaría ineficaz y se averiaría frecuentemente. «¿Es un espejismo nuestra tecnología militar avanzada?» se preguntaba *The New York Times*[2].

Un relevante columnista militar rechazó por completo la idea de que la tecnología pudiera decidir el resultado de la guerra. Eso, informó a sus lectores, era un «mito» y los norteamericanos erraban profundamente al otorgar más importancia al material que a los efectivos humanos.

Algunos «reformadores militares» del Congreso, repitiendo una cantilena familiar, tacharon al armamento avanzado de ser «demasiado complejo para funcionar». Afirmaron, como habían dicho durante años, que lo que Estados Unidos precisaba eran masas de aviones, carros de combate y cohetes más simples en vez de un número menor de armas más complicadas.

Todo esto se sumó al temor creciente del público a las grandes pérdidas aliadas. Al fin y al cabo Saddam contaba con un ejército de un millón de hombres, adoctrinado y abastecido por los soviéticos. A diferencia de las fuerzas aliadas, había sido puesto a prueba en combate en la reciente guerra de ocho años contra Irán. Había dispuesto además de seis meses para situarse en posición, construir fortines, parapetos y trincheras y montar mortíferos campos de minas. Se predijo que los iraquíes incendiarían zanjas repletas de petróleo y crearían una barrera de llamas impenetrable. En apoyo de sus tropas de primera línea, los iraquíes habían desplegado de forma masiva escalón tras escalón de soldados y blindados (como los sirios ante los Altos del Golán o los soviéticos en Europa central). Si las tropas terrestres aliadas se decidían a atacar, quedarían diezmadas.

Saddam Hussein sólo tenía que esperar a que Norteamérica se desmoralizase políticamente cuando contemplara por la televisión las imágenes de los numerosísimos féretros que llegarían a los cementerios militares de Estados Unidos. La firmeza política de este país se desplomaría. Y Saddam podría quedarse con Kuwait o al menos con sus ricas regiones petrolíferas.

Pero esto presuponía que la guerra del Golfo sería una contienda típica de la era industrial. Aunque las ideas básicas del *Combate aeroterrestre* (y sus revisiones ulteriores) eran ya moneda corriente en los círculos militares de todo el mundo, Saddam, pese a su pretendida pericia militar, parecía ignorarlas por completo. Jamás entendió que una forma enteramente nueva de guerra estaba a punto de cambiar toda la naturaleza de la actividad bélica.

La guerra dual comenzó con los primeros ataques aéreos aliados.

Desde el principio hubo dos campañas aéreas, aunque se hallaban integradas y pocos las concibieron por separado. Una empleó los métodos familiares del estilo de la moderna guerra de desgaste, es decir de la segunda ola. Flotas de aviones de treinta años atrás bombardearon implacablemente a los iraquíes en sus fortines. Del mismo modo que en contiendas anteriores, dejaron caer bombas «estúpidas» que causaban una amplia destrucción, creaban el caos y desmoralizaban tanto a las tropas iraquíes de primera línea como a los escalones de apoyo de la Guardia Republicana. El general Schwarzkopf, jefe de la coalición, estaba «preparando el campo de batalla», como decían sus servicios de prensa, mientras medio millón de soldados aliados se disponían a atacar el frente iraquí.

Después de la guerra los autores hablaron en París con el general retirado Pierre Gallois. Tras haber servido en las fuerzas aéreas francesas y haber sido luego ayudante del comandante supremo de la OTAN como responsable de estudios estratégicos, Gallois visitó Irak inmediatamente después de los combates. «Recorrí 2.500 kilómetros en un vehículo de tracción a las cuatro ruedas –nos dijo– y en las aldeas todo había quedado destruido. Encontramos fragmentos de bombas con la fecha de 1968, excedentes de la guerra de Vietnam. Éste era el mismo tipo de bombardeo que yo había realizado durante la Segunda Guerra Mundial.»[3]

Ambos bandos entendían muy bien esa mortífera forma de actividad bélica. Era una matanza industrializada y jamás sabremos cuántos soldados y civiles iraquíes murieron en ella.

Pero desde el primer día se libró también un tipo radicalmente diferente de guerra. El mundo se quedó asombrado desde el mismo comienzo ante las inolvidables imágenes en televisión de los misiles Tomahawk y las bombas guiadas por láser que buscaban y alcanzaban objetivos de Bagdad con una sorprendente precisión: el cuartel general de las Fuerzas Aéreas iraquíes, el Centro de los Servicios de Información, el Ministerio del Interior (sede de la policía de Saddam), el edificio del Parlamento y el de su partido Ba'ath.

En razón de su capacidad para burlar la detección en áreas muy peligrosas y lanzar bombas guiadas con precisión, los cazabombarderos nocturnos F-117A[4] fueron los únicos aviones que atacaron objetivos del centro urbano de Bagdad. Se concentraron en los bien protegidos puestos de mando de la defensa aérea y de las fuerzas terrestres y en las instalaciones de control. Realizaron sólo un 2 por ciento del total de salidas, pero suyo fue el ataque al 40 por ciento de los objetivos estratégicos fijados. Y, a pesar de las sombrías predicciones, todos retornaron indemnes.

Durante los siguientes días del conflicto, la televisión destacó esta nueva forma de actividad bélica. Los misiles doblaban virtualmente las esquinas y penetraban por ventanas localizadas de antemano en los fortines donde se guarecían carros de combate y soldados iraquíes. La guerra aparecía en nuestras pantallas de televisión como la veían en los monitores electrónicos los pilotos y los soldados que la libraban.

El resultado fue una imagen muy aséptica de la contienda, una forma aparentemente incruenta de combate en palmario contraste con lo que había ofrecido la televisión durante la guerra de Vietnam, haciendo llegar a cada cuarto de estar de Norteamérica miembros desgajados, cráneos aplastados y bebés víctimas del napalm.

Pero en Irak se desarrolló una guerra con armas de la segunda ola concebidas para lograr una destrucción masiva. Muy poco de esta contienda apareció en las pantallas de televisión de todo el mundo; la otra batalla se libró con armas de la tercera ola concebidas para lograr una precisión absoluta, una destrucción individualizada y un «daño colateral» mínimo. Ésta fue la que se mostró.

Muchos de los sistemas bélicos claves empleados por Estados Unidos habían sido construidos, como vimos, para cumplir los requisitos definidos por el TRADOC de Starry en la década precedente. Pero la impronta de este hombre, que se hallaba ya retirado cuando estalló la guerra, y la de Morelli, que llevaba muerto casi diez años, fue aún más evidente en el modo en que se emplearon tales armas.

Por ejemplo y desde el comienzo, la guerra del Golfo reflejó su pensamiento acerca de la «batalla en profundidad», la «interdicción» y la importancia de las armas inteligentes y de la información.

El punto accidental

Durante la Primera Guerra Mundial se enfrentaron millones de soldados en las fortificaciones excavadas en el suelo de Francia. Rebosantes de barro y de ratas y hediondas de la basura y la gangrena, estas trincheras lineales se extendían kilómetros y kilómetros por los campos, tras una maraña de alambradas. A veces y durante meses, ejércitos enteros permanecían allí agazapados, temerosos de alzar la cabeza por encima del nivel del terreno. Cuando se ordenaba un ataque, los soldados saltaban de sus trincheras y se enfrentaban con un huracán de fuego de artillería y de armas de menor calibre. Pero la mayor parte del tiempo se quedaban inmovilizados en aquellos lugares mientras las enfermedades y el tedio se extendían por sus filas.

Nadie tenía que preguntar dónde estaba el «frente». Y lo mismo sucedió casi ochenta años después con los soldados iraquíes en sus fortines del desierto. Excepto que el frente ya no era el sitio donde se desarrollaba la batalla principal. Tal como postulaba precisamente la doctrina del *Combate aeroterrestre*, los aliados ahondaron la batalla en todas las dimensiones: distancia, altura y tiempo. El frente se hallaba entonces en la retaguardia, en los flancos y por encima. Con doce, veinticuatro y setenta y dos horas de antelación se planeaban las acciones, cronológicamente coreografiadas por así decirlo.

Se utilizaron ataques aéreos y terrestres de largo alcance para bloquear o impedir los movimientos de las fuerzas de apoyo del enemigo, exactamente como los Aliados lo hicieron en Alemania en previsión de un ataque soviético. La forma embrionaria de contienda de la tercera ola que casi diez años antes nos esbozó Morelli en la habitación de un hotel de Crystal City, cerca del Pentágono, ya no era una cuestión teórica. Cuando las imágenes de la guerra del Golfo aparecieron en las pantallas de televisión de todo el mundo, nos quedamos sin aliento al comprobar que lo que Morelli y luego Starry nos habían revelado a comienzos de los años ochenta comenzaba a desarrollarse en la vida real de los noventa.

Destruir las instalaciones de mando del enemigo. Privarle de sus comunicaciones para impedir que la información fluya en uno u otro sentido por la cadena de mando. Asumir la iniciativa. Atacar en profundidad. Evitar que entren en acción los escalones de apoyo del adversario. Integrar las operaciones aéreas, terrestres y marítimas. Sincronizar las operaciones combinadas. Rehuir el ataque frontal a los sectores sólidos del enemigo. Y sobre todo saber lo que el adversario hace e impedir que conozca lo que estamos haciendo. Todo ello hacía pensar mucho en el *Combate aeroterrestre* y en sus sucesivas actualizaciones.

Claro está que la guerra del Golfo fue en muchos aspectos más allá del *Combate aeroterrestre.* La fuerza aérea desempeñó el papel principal en vez de su tradicional misión de apoyo. Tan espectacular pareció este cambio que muchos llegaron a la conclusión de que la fuerza aérea había hecho realidad por fin las reivindicaciones de pioneros como el italiano Giulio Douhet (1869-1930), el norteamericano Billy Mitchell (1879-1936) y el británico Hugh Trenchard (1873-1956).

Irak constituyó, sin embargo, la primera aplicación en gran escala de la doctrina actualizada del *Combate aeroterrestre.* Se ha dicho que al general Schwarzkopf, el jefe supremo aliado, le desagrada el término de combate aeroterrestre. De ser así, resulta quizá comprensible. Porque Schwarzkopf actuó como un brillante intérprete. Pero en nada mengua su mérito el hecho de que Starry y Morelli fueran los autores que, una década antes, escribieron fuera de la escena el guión de la victoria de la coalición.

La doctrina militar prosigue cambiando los ejércitos en todo el mundo. Pero si escuchamos atentamente, estén las palabras en chino o en italiano, en francés o en ruso, los temas centrales son los del *Combate aeroterrestre* y las *Operaciones aeroterrestres.*

Cuando conocimos a Don Morelli, él ya comprendía que los

cambios que se operaban en la economía y en la sociedad afectaban también a lo militar. El conocimiento, como hemos visto, se convertía en la clave de la producción de valor económico. Lo que Starry y Morelli hicieron, sin decirlo expresamente, fue situar también el conocimiento en el centro de la actividad bélica. Así la guerra de la tercera ola, como vimos en la del Golfo, compartió muchas de las características de la economía avanzada.

Si comparamos los nuevos rasgos de la guerra con los de la nueva economía, el paralelismo es inconfundible.

1. *Factores de destrucción*

Del mismo modo que nadie subestimaría la importancia que en la producción tienen, por ejemplo, las materias primas o la mano de obra, sería absurdo ignorar los elementos materiales en la capacidad de destrucción. Ni tampoco hubo un tiempo en que el conocimiento careciera de importancia en la guerra.

Sin embargo, está operándose una revolución que sitúa el conocimiento, bajo formas diversas, en el meollo del poder militar. Tanto en la producción como en la destrucción, el conocimiento reduce la exigencia de otras aportaciones.

La guerra del Golfo, escribe Alan D. Campen, «fue una contienda en la que unos gramos de silicio en un ordenador pudieron haber tenido más efecto que una tonelada de uranio»[5]. Campen debe saberlo. Es un coronel retirado de las Fuerzas Aéreas y dirigió la Política de Mando y Control en el Departamento de Defensa de Estados Unidos. Trabaja en la actualidad en la Asociación de Comunicaciones y Electrónica de las Fuerzas Armadas y es autor/editor de *The first information war*, una colección muy valiosa de documentos técnicos sobre la guerra del Golfo de la que están tomados algunos de los datos que figuran a continuación.

Allí declara: «El conocimiento llegó a rivalizar en importancia con las armas y la táctica, prestando crédito a la idea de que es posible doblegar a un enemigo principalmente a través de la destrucción y el quebrantamiento de los medios de mando y control.»

La informatización denota el auge en la guerra del componente del conocimiento. Según Campen, «virtualmente cualquier aspecto bélico se halla ahora automatizado y exige la capacidad de transmitir grandes cantidades de datos en formas muy diferentes». Y hacia el final de la Tormenta del Desierto había en la zona de guerra más de tres mil ordenadores conectados con otros en Estados Unidos.

En la televisión el público veía los aviones, los cañones y los carros de combate, pero no el flujo invisible e intangible de la información, los datos y los conocimientos que hoy se requieren incluso para las funciones militares más triviales. Campen señala: «La mayoría de las funciones de base se hallan automatizadas en determinadas bases de las Fuerzas Aéreas. Las funciones de avituallamiento y mantenimiento son dirigidas de forma rutinaria por ordenadores desde el área de servicio del aeródromo.»

«En los niveles superiores de mando –escribe el comandante T. J. Gibson, un especialista informático militar–, los ordenadores determinan y analizan las formaciones y fuerzas del enemigo, se simulan las acciones posibles con programas que emplean la inteligencia artificial, y la información logística y de personal queda compilada y precisada en papel continuo.»[6]

En el Golfo volaron dos de las más potentes armas de información, AWACS y J-STARS[7]. Un Boeing 707 repleto de ordenadores, equipo de comunicación, radar y detectores, el AWACS (Prevención Aérea y Sistema de Control) exploraba los cielos en 360 grados para detectar aeronaves o cohetes enemigos y enviaba datos de localización a los aviones de intercepción y a las unidades terrestres.

Como contrapartida, el J-STARS o sistema conjunto de radar de vigilancia y ataque al objetivo exploraba el suelo. Fue concebido para contribuir a la detección, quebrantamiento y destrucción de los escalones subsiguientes de una fuerza terrestre enemiga, precisamente la tarea que le fijó Starry.

Quitándose su gorra azul galoneada ante el papel desempeñado por el TRADOC en el desarrollo del J-STARS y de otros sistemas claves empleados en el Golfo, Thomas S. Swalm, general de división de las Fuerzas Aéreas norteamericanas, afirma que el J-STARS proporcionó a los jefes de las unidades terrestres «una imagen de cada movimiento enemigo cuando se producía en un radio de acción de 250 kilómetros» y en cualquier condición meteorológica.

Dos aviones J-STARS realizaron un total de 49 salidas, identificaron más de un millar de objetivos, incluyendo convoyes, carros de combate, camiones blindados de transporte de soldados y piezas de artillería y controlaron a 750 cazas. Dice Swalm: «Los aviones dirigidos por el J-STARS lograron en el hallazgo de objetivos durante la primera pasada una proporción de éxitos del 90 por ciento.»[8]

Al mismo tiempo que las fuerzas de la coalición se afanaban en recoger, analizar y distribuir información, se ocupaban también activamente en destruir la capacidad de información y de comunicación del enemigo. El último documento enviado por el Pentágono al Congreso sobre el desarrollo de la guerra del Golfo, el llamado Informe COW (de conducción de la contienda), señala que los primeros ataques se concentraron contra «torres repetidoras de microondas, centrales telefónicas, salas de control, nódulos de fibra óptica y puentes portadores de cables coaxiales». Así fue posible silenciar u obligar «al mando iraquí a emplear sistemas complementarios vulnerables a una detección con la que se obtuvieron informaciones valiosas». Estos ataques se simultanearon con golpes directos a los propios puestos de mando militar y político de Saddam, concebidos para aniquilar o aislar a los jefes iraquíes de sus tropas en el campo de batalla.

La tarea, dicho de otro modo, consistía en quebrantar el cerebro y el sistema nervioso de la fuerza militar iraquí. Si alguna parte de la guerra fue «quirúrgica», se trató, por así decirlo, de neurocirugía.

A medida que se difunde esta manera de ver las cosas, se comienza a reconocer en todo el mundo que una economía de fuerza mental, como las de Estados Unidos, Japón y Europa, supone un estamento militar de base mental. Desde luego, como pronto veremos, hasta los países de baja tecnología se apresuran a incrementar los sectores de conocimiento intensivo de sus fuerzas armadas.

Quizá haya sido la marroquí Fátima Mernissi, socióloga y feminista muy inteligente, quien mejor ha expresado la peculiaridad del nuevo pensamiento. Crítica apasionada desde el punto de vista del islam del papel jugado por Estados Unidos en la guerra del Golfo, Mernissi ha observado: «La supremacía de Occidente no se debe tanto a su material bélico como al hecho de que sus bases militares sean laboratorios y sus soldados, cerebros, ejércitos de investigadores e ingenieros.»[9]

Puede que llegue el día en que haya más soldados con ordenadores que empuñando armas. El Departamento de Defensa de Estados Unidos abrió una vía en esta dirección cuando en 1993 las Fuerzas Aéreas firmaron un contrato para la adquisición de trescientos mil ordenadores personales.

En suma, el conocimiento es hoy en día el recurso crucial de la capacidad de destrucción, del mismo modo que lo es de la productividad.

2. *Valores intangibles*

Si, como recalcaban Starry y Morelli, asumir la iniciativa y disponer de información y comunicación mejores, de soldados más preparados y motivados, cuenta más que el puro número de éstos, entonces es posible que el equilibrio militar esté más determinado por factores intangibles difíciles de cuantificar que por aquellos habituales y tan fáciles de estimar a que estaban acostumbrados los generales de la segunda ola.

Como en el caso de los métodos anticuados de contabilidad empresarial, la literatura militar rebosa de fórmulas complejas y cuantitativas que tratan de comparar fuerzas en términos de su número y de su material. El Instituto Internacional de Estudios Estratégicos constituye una de las fuentes mejores y más autorizadas de datos militares. Su anuario, *The Military Balance*, es escudriñado concienzudamente por los planificadores militares y los medios de comunicación de todo el mundo. Proporciona una información detallada acerca de cuántos hombres, carros de combate, helicópteros, vehículos, aviones, cohetes o submarinos tiene cada uno de los ejércitos del mundo. Nosotros mismos lo hemos utilizado con profusión. Pero brinda escasos indicios sobre los intangibles cada vez más importantes. Quizá nos diga en el futuro el grado de informatización o la capacidad de comunicación de que disfruta cada fuerza militar.

En la guerra, del mismo modo que en las empresas, las maneras de medir el «valor» se han quedado retrasadas respecto de las nuevas realidades.

3. *Desmasificación*

Cuando en 1982 conocimos a Don Morelli, observó que nuestro libro *La tercera ola* había introducido el concepto de «desmasificación».

«Pero –nos dijo– se les pasó por alto algo muy importante.» Toda esa desmasificación en la economía y en la sociedad iba a producirse también en el sector militar. «Nos desplazamos –declaró Morelli en frase memorable– hacia la desmasificación de la DES-trucción en paralelo con la desmasificación de la PRO-ducción.»

Si la desmasificación en la industria de la confección significa emplear un láser gobernado por ordenador para cortar cada una de las prendas, en el campo de batalla supone utilizar un láser para localizar un objetivo específico.

La industria farmacéutica diseña un anticuerpo monoclónico que puede identificar un antígeno patógeno, penetrar a través de un lugar concreto de recepción y destruirlo. La industria de la defensa diseña un cohete «crucero» que puede identificar un fortín iraquí, penetrar por su puerta y destruirlo. Las herramientas inteligentes en la economía producen armas inteligentes para la guerra.

Las tecnologías avanzadas fracasan a veces en la economía civil. Lo mismo cabe decir, desde luego, de las armas avanzadas en el campo de batalla, incluyendo el notable pero controvertido cohete Patriot. Hasta el Tomahawk se mostró menos que perfecto durante la guerra y posteriormente en el ataque lanzado en 1993 por orden del presidente Clinton contra la sede de los servicios iraquíes de información. Pero de modo habitual los fabricantes de armas exageran la capacidad de sus productos. La dirección general del cambio resulta clara e indiscutible. El objetivo final es una precisión y una selección cada vez mayores.

Basadas en la misma base microelectrónica que la de la economía civil, las armas inteligentes pueden detectar sonidos, calor, emisiones de radar y otras señales electrónicas, encauzar hacia potentes programas analíticos los datos que lleguen, seleccionar la «firma» identificadora de un objetivo específico y destruirlo. Localizar y exterminar.

Para apreciar hasta qué punto resultan asombrosas estas nuevas capacidades basta con echar una breve mirada al pasado. En 1881, por ejemplo, una flota británica disparó tres mil granadas contra fortines egipcios en torno de Alejandría. Sólo diez dieron en el blanco.

En época tan reciente como la de la guerra del Vietnam, los pilotos norteamericanos efectuaron ochocientas salidas y perdieron diez aviones en su fallido intento de destruir el puente de Thanh Hoa. Más tarde cuatro F-4 dotados de las primeras bombas inteligentes llevaron a cabo la misión en una sola pasada.

En Vietnam la tripulación de un carro de combate M-60 tenía que poner el blindado a cubierto, detenerlo y apuntar antes de que pudiese disparar. A unos dos mil metros de distancia y de noche, la probabilidad de alcanzar un objetivo era, según el experto en blindados Ralph Hallenbeck, «casi nula». Hoy en día la tripulación de un M-1 puede disparar sin detenerse. Los visores nocturnos, el láser y los ordenadores que corrigen automáticamente los efectos del calor, el viento y otras variables garantizan que acertará en el blanco nueve de cada diez veces.

En la actualidad un solo F-117, que realice una única salida y lance una bomba, puede conseguir lo que durante la Segunda Guerra Mundial exigía que bombarderos B-17 efectuaran 4.500 salidas y lanzasen nueve mil bombas o 965 salidas y 190 bombas durante la guerra del Vietnam.

«Lo que hace funcionar todo esto –declara James F. Digby, un experto de Rand Corporation en armas de precisión– son medios bélicos basados en la información en vez del volumen de fuego. Se reduce así considerablemente el tonelaje de explosivos que hay que transportar.» Sus palabras recuerdan las de ejecutivos que emplean ordenadores para menguar el consumo de materias primas y miniaturizar productos, reduciendo el inventario y los costes del transporte.

La destrucción masiva nos acompañará sin duda en todo el futuro que seamos capaces de predecir. Las armas operarán mal y seguirá habiendo errores mortales mientras haya guerras. Pero en las zonas de combate predominará cada vez más la destrucción desmasificada, hecha a la medida para reducir al mínimo el daño colateral, en paralelismo exacto con los cambios operados en la economía civil.

4. *Trabajo*

Hoy en día se acepta por lo general que la nueva economía «inteligente» exige trabajadores asimismo inteligentes. Al mismo tiempo que se declina el trabajo muscular, son cada vez más los obreros no calificados a quienes reemplazan menos trabajadores muy adiestrados y máquinas inteligentes.

Este proceso guarda también un perfecto paralelismo con lo que sucede en el terreno militar, donde las armas inteligentes requieren soldados inteligentes. Hombres escasamente instruidos pueden actuar valerosamente en el combate cuerpo a cuerpo típico de la guerra de la primera ola; son capaces de pelear y de vencer en las guerras de la segunda ola, pero constituyen en los ejércitos de la tercera ola una rémora semejante a la de los obreros no calificados en las industrias de la tercera ola.

Es una fantasía la idea de que la guerra del Golfo fue una contienda de alta tecnología en la que quedó eliminado del combate el elemento humano. Lo cierto es que las tropas enviadas por los aliados al Golfo constituyeron el ejército más instruido y técnicamente más experto que haya entrado nunca en combate. El TRADOC adiestró, desde luego, a muchos de esos soldados. Necesitó casi diez años para preparar a los militares norteamericanos al nuevo tipo de contienda basada en el combate aeroterrestre.

Hasta los ejércitos más avanzados cuentan en sus filas con *neanderthales* morales, como demostraron los abusos cometidos con mujeres durante la vergonzosa convención de Tailhook de la Marina norteamericana y los estallidos de violencia contra homosexuales que todavía se producen. Pero la alteración en la naturaleza de la guerra atribuye un valor creciente a la educación y a la pericia y menor a los anticuados valores militares del machismo y la fuerza bruta.

Los nuevos ejércitos necesitan soldados que utilicen sus cerebros, puedan abordar a una diversidad de pueblos y culturas, sean capaces de tolerar la ambigüedad, asumir la iniciativa, formular preguntas e incluso poner en tela de juicio la autoridad. «El eslogan de la década de los sesenta "Desconfía de la autoridad"[10] ha arraigado en el lugar más improbable», escribe Steven D. Stark en *Los Angeles Times*, refiriéndose al cambio de *ethos* entre los militares norteamericanos. Puede que la disposición a inquirir y a reflexionar se halle en las fuerzas armadas de Estados Unidos más extendida que en muchas empresas.

Desde luego la educación avanzada es hoy más común entre los militares que en los niveles empresariales superiores. Un reciente estudio del Centro de Dirección Creativa de Carolina del Norte ha revelado que mientras sólo el 19 por ciento de los ejecutivos norteamericanos tiene un título de posgraduado, nada menos que el 88 por ciento de los generales de brigada cuentan con una educación avanzada.[11]

En la actualidad los niveles de formación de los pilotos son superiores a los de cualquier otro período. En la Segunda Guerra Mundial era posible lanzar al combate a jóvenes que sólo hubiesen pasado unas cuantas horas en la cabina. Hoy en día tras cada piloto de un F-15 hay una formación que ha costado millones de dólares. Y su preparación lleva años, no días ni meses.[12]

En palabras de un oficial de las Fuerzas Aéreas de Estados Unidos: «Las armas son sólo tan inteligentes como quienes las utilizan.» El piloto de hoy no es un ejecutante aislado en la cabina. Forma parte de un sistema interactivo vasto y complejo respaldado por operadores de radar en aviones AWACS que le proporcionan un aviso previo de la aproximación del enemigo, por expertos en guerra electrónica y antielectrónica en tierra y en el aire, por oficiales de planificación e información, por analistas de datos y por personal de telecomunicaciones. En su cabina el piloto debe procesar vastas cantidades de datos y entender exactamente cómo encajar él en este gran sistema que cambia de un instante a otro.

Según dos coroneles de las Fuerzas Aéreas, Rosanne Bailey y Thomas Kearney: «El factor crítico que conduce al éxito en la explotación de la tecnología sigue siendo el elemento humano, como pusieron de relieve durante la Tormenta del Desierto los pilotos de cazas que utilizaron el misil AIM-7 aire-aire. Se ha quintuplicado el rendimiento de Vietnam... resultado directo de un adiestramiento muy mejorado, puesto de relieve por una formación especializada como la de las maniobras Red Flag y Top Gun, el uso de simuladores ultrarrealistas que aprovechan nuestra tecnología informática y, lo que es más importante, la correspondencia de la persona adecuada con el puesto preciso.»

El incremento del nivel educacional se manifiesta también en los escalones inferiores. Más del 98 por ciento de los soldados que constituyeron la fuerza de voluntarios en la época de la guerra del Golfo habían concluido la enseñanza secundaria, la proporción más alta en la historia. Pero muchos superaban con creces ese nivel de instrucción. La diferencia entre el recluta a disgusto de Vietnam y el soldado voluntario de la Tormenta del Desierto quedó simbolizada para nosotros cuando vimos durante la contienda a un reportero de la televisión dirigir su micrófono al rostro de un sargento negro que se hallaba ante un carro de combate. El reportero comentó:

«Parece, soldado, que va a haber una batalla terrestre. ¿Tienes miedo?» El joven sargento, muy seguro de sí mismo, le miró atentamente y replicó:

«¿Miedo? No. Tal vez un poco de recelo.»

La cuidadosa distinción y el vocabulario mismo dicen mucho sobre la calidad de las tropas. En palabras del coronel de Infantería de Marina, W. C. Gregson, representante militar en el

Consejo de Relaciones Exteriores, el soldado armado «no es una simple mula de carga de municiones ni el portador de un artefacto que lanza balas. Entiende las tácticas, tanto de la lucha mecanizada como del combate de infantería. Es experto en la capacidad operativa de los helicópteros y de los aviones, porque la mayoría de las veces será él quien los controle. Dirigir un avión significa comprender las armas antiaéreas. Es diestro en geometría y en navegación para orientar los morteros y la artillería... Está informado acerca de blindajes y contrablindajes, minas y contraminas y sus tácticas, el empleo de explosivos de demolición, ordenadores, vehículos a motor, trazadores de láser, visores de infrarrojos, equipos de comunicaciones por satélite y organización de avituallamientos y logística».[13] El combate de la tercera ola supone algo más que oprimir un gatillo.

La fuerza laboral y la bélica cambian simultáneamente. Los soldados negligentes son para la guerra de la tercera ola lo que los peones no calificados para la economía de la tercera ola, una especie en vías de extinción.

Hemos visto que cuando la economía avanza se produce un cambio en la proporción entre «trabajo directo» y «trabajo indirecto». En el terreno militar advertimos una progresión similar.

La terminología militar es un tanto diferente. Los soldados no hablan de directo o indirecto, sino de «diente» y «cola». Y la cola de la tercera ola es infinitamente más larga que antes. El general Pierre Gallois observa: «Estados Unidos envió al Golfo a medio millón de soldados y eran entre doscientos mil y trescientos mil los destinados al apoyo logístico. Pero, de hecho, la guerra fue ganada sólo por dos mil soldados. La cola ha cobrado inmensas proporciones.» Esa cola contó incluso con programadores informáticos, hombres y mujeres que estaban en Estados Unidos y algunos de los cuales manejaban sus ordenadores personales en sus propios hogares.

Una vez más lo que sucede en la economía se refleja en el terreno militar.

5. *Innovación*

Otra característica de la guerra del Golfo fue el alto nivel de iniciativa revelado tanto por militares como por civiles. «La red de ordenadores que transmitía información de todas las fuentes a los soldados norteamericanos a punto de cruzar el 24 de febrero de 1991 la frontera de Arabia Saudí –dice el coronel Alan Campen– ni siquiera existía el día en que Irak invadió Kuwait, apenas seis meses antes.»

Fue, explica, «improvisada ... por un grupo de innovadores que descubrieron cómo transgredir los reglamentos, burlar a la burocracia y explotar el material y los programas informáticos disponibles para conseguir que la tarea se hiciera rápidamente».

Y se integraron allí mismo sistemas vitales. «Cuando los técnicos descubrieron que no llegarían a tiempo algunos equipos informáticos y de comunicaciones ... urdieron redes gracias al empleo heterodoxo y no autorizado de *material de información* militar y civil.»

Abundan sobre el Golfo historias similares. En un grado infrecuente en los ejércitos, existía vía libre para la iniciativa, como sucede también en las empresas inteligentes y competitivas.

6. *Escala*

Paralelamente, cambia también la escala. Las limitaciones presupuestarias en muchos países, aunque de ningún modo en todos, obligan a los jefes militares a reducir el tamaño de sus fuerzas. Pero en la misma dirección actúan además otras presiones. Los especialistas militares han descubierto que las unidades más pequeñas –compañías «capaces y dispuestas» para la actividad bélica competitiva– pueden mejorar el rendimiento.

Se tiende a constituir sistemas bélicos de mayor potencia de fuego pero con dotaciones más reducidas. Una experiencia realizada a las órdenes del almirante norteamericano Paul Miller, comandante en jefe del Mando Atlántico, trata de «integrar a los soldados en formaciones más pequeñas y flexibles».

Hasta hace poco tiempo se consideraba que una división de diez mil a dieciocho mil soldados era la unidad mínima de combate capaz de operar por sí sola durante un determinado período. En el caso de Estados Unidos, esta división disponía típicamente de tres o cuatro brigadas, cada una de dos a cinco batallones, junto con varios elementos de apoyo y una plana mayor. Pero se acerca el día en que una brigada de capital intensivo de la tercera ola pueda ser capaz con cuatro mil-cinco mil soldados de hacer la tarea que desempeñaba en el pasado toda una división y en que unidades terrestres pequeñas y adecuadamente armadas realicen el trabajo de una brigada.

Como en la economía civil, menos personas con una tecnología inteligente pueden conseguir más que un gran número de individuos con las herramientas de la fuerza bruta del pasado.

7. *Organización*

Los cambios en la estructura organizativa de las fuerzas armadas guardan también un paralelismo con los del mundo empresarial. Al anunciar una reciente reorganización, Donald Rice, secretario del Aire de Estados Unidos, explicaba que un menor énfasis en las armas atómicas y la creciente necesidad de una respuesta flexible apuntan hacia una nueva estructura que promueva la autonomía del jefe local. «El mando de una base aérea tendrá una autoridad indiscutida sobre todos sus medios, desde cazas y meteorología hasta aviones para interferir el radar.» Como la empresa de la tercera ola, las fuerzas militares relajan su rígido control de arriba abajo.

Perry Smith, que como general de las Fuerzas Aéreas tuvo a su cargo la planificación a largo plazo, se convirtió en un personaje familiar para los televidentes de la CNN por sus comentarios e interpretaciones durante la guerra contra Irak. Según Smith: «Ahora que el Pentágono dispone de grandes medios de mando y comunicaciones que le aseguran el acceso instantáneo a nuestras fuerzas en todo el mundo, muchos consideraban que todas las contiendas serían controladas por el propio Pentágono... Mas en la guerra del Golfo ocurrió precisamente lo contrario.» Los jefes de las unidades de combate gozaron de una considerable autonomía. «El cuartel general apoyaba al jefe de una unidad, pero no se inmiscuía en los detalles.»[14]

Esta forma de proceder era opuesta a la que siguió Estados Unidos en la guerra de Vietnam, pero además contrastó marcadamente con la práctica soviética, que había empleado los nuevos sistemas C³I* para fortalecer la autoridad de arriba abajo según un sistema descrito como «mando avanzado desde la retaguardia»[15].

La mengua de la autoridad contrastó aún más con la manera en que Saddam Hussein mandaba sus fuerzas en campaña, cuyos jefes temían dar un solo paso sin contar con la aprobación superior. En el ejército de la tercera ola, exactamente igual que en la empresa de tercera ola, la autoridad decisiva desciende al nivel más bajo posible.

8. *Integración de sistemas*

La creciente complejidad militar presta un significado más relevante que nunca al término «integración».

En la guerra aérea del Golfo, los llamados «gestores» del espacio aéreo tenían que evitar «conflictos» en el cielo, es decir, asegurarse de que no hubiera colisiones entre aviones aliados. En la realización de esa tarea tuvieron que trazar miles de salidas de acuerdo con la correspondiente orden del día. Según

* En la jungla de los acrónimos militares, como sucede en cualquier jungla real, opera la evolución. Desde el principio la capacidad de mandar y controlar tropas fue un requisito previo de la guerra. Llegó a expresarse con la abreviatura C^2 (por comando y control). Cuando los ejércitos tuvieron que basarse en sistemas de comunicaciones para la transmisión de órdenes, C^2 se convirtió en C^3 (comando, control y comunicaciones).

Tras la integración de estos sistemas con la información, apareció el término C^3I. Y ahora, cuando la actividad de C^3I depende cada vez más de ordenadores, los términos *command, control, communications, computers* and *intelligence* (comando, control, comunicaciones, ordenadores e información) da paso a la abreviatura C^4I. No hay final a la vista.

Campen, estos vuelos a gran velocidad requirieron «122 rutas diferentes de reabastecimiento aéreo, 660 zonas de operaciones restringidas, 312 zonas reservadas a los cohetes, 78 corredores de ataque, 92 puntos de patrulla aérea y 36 áreas de adiestramiento, que sumaban más de 150.000 kilómetros». Estos desplazamientos tenían que hallarse además «cuidadosamente coordinados con los pasillos aéreos civiles de seis naciones independientes, los cuales debían ser cambiados de forma constante».

También fue ardua la logística de la guerra. Hasta el proceso de retirada de las fuerzas norteamericanas tras los combates constituyó una tarea monumental. El general William G. Pagonis[16] fue el responsable de la repatriación a Estados Unidos de medio millón de soldados. Pero la tarea comprendía también el lavado, preparación y transporte de más de cien mil camiones, *jeeps* y otros vehículos de ruedas, diez mil carros de combate y piezas de artillería y 1.900 helicópteros. Se transportaron más de cuarenta mil contenedores.

En fecha reciente y por vez primera, las grandes empresas de transportes han podido contar con ordenadores y satélites para seguir el desplazamiento de sus mercancías. Dice Pagonis, que no por casualidad tiene dos títulos de maestría en administración empresarial: «Ésta fue la primera guerra de la época moderna en que se llevó la cuenta de cada destornillador y de cada clavo.»

Lo que hizo todo esto factible no fueron sólo ordenadores, bases de datos y satélites, sino además la integración de los sistemas militares.

9. *Infraestructura*

En la tercera ola, una unidad militar al igual que una empresa exige una infraestructura vasta y ramificada. En su ausencia sería imposible la integración de sistemas. La guerra del Golfo conoció así la que se ha llamado «mayor movilización de comunicaciones en la historia militar».

A partir de unas capacidades regionales mínimas, se instaló velozmente una compleja serie de redes interconectadas. Éstas, según Larry K. Wentz, de la Mitre Corporation, dependían de 118 estaciones terrestres móviles[17] para comunicaciones vía satélite, complementadas con doce terminales comerciales de satélites, que empleaban unas 81 centrales para disponer de 329 circuitos audio y treinta de texto.

Se establecieron enlaces extremadamente complejos para unir numerosas bases de datos y redes de Estados Unidos con las de la zona bélica. En total, operaron diariamente hasta setecientas mil conferencias telefónicas[18] y 152.000 mensajes y emplearon treinta mi frecuencias de radio. Sólo la guerra aérea exigió cerca de treinta millones de llamadas telefónicas.

Sin este «sistema nervioso» la integración sistémica del esfuerzo habría resultado imposible y las bajas de la coalición hubieran sido muchísimo más elevadas.

10. Aceleración

El famoso giro del general Schwarzkopf en torno del extremo occidental de la línea principal de defensa de Saddam Hussein constituyó la aplicación clásica de una maniobra envolvente. Ese «envolvimiento» resultaba completamente previsible a cualquiera que se hubiera molestado en mirar un mapa, aunque se hicieron esfuerzos para que Saddam Hussein creyera en la inminencia de un ataque frontal.

Lo que no era clásico y sorprendió a los jefes iraquíes fue la velocidad con que se llevó a cabo el regate. Aparentemente nadie entre los suyos pensaba que las fuerzas terrestres aliadas pudiesen avanzar a velocidades históricamente tan elevadas. Este incremento en la velocidad de la actividad bélica (como el de las transacciones económicas) fue espoleado por ordenadores, telecomunicaciones y, significativamente, satélites.

Se registró también una velocidad sin precedentes en muchos otros aspectos de la guerra de la tercera ola (como la logística y la instalación de medios de comunicaciones). Pero, en contraste, se conocieron tras la lucha críticas y quejas de que la información táctica tardaba demasiado en llegar donde se necesitaba. Al comienzo de Escudo del Desierto, dice Alan Campen, «las demandas de datos actualizados sobre la situación en Kuwait y en Irak» amenazaron con superar la capacidad de los servicios de información del Ejército de Estados Unidos.

Afluía una considerable información de satélites y otras fuentes, pero el análisis era lento y, a falta de la capacidad adecuada de las comunicaciones, los mosaicos fotográficos que mostraban las posiciones terrestres iraquíes y la construcción de fortificaciones sólo arribaban al cabo de doce a catorce días a las unidades que los necesitaban. La documentación elaborada por los servicios militares de información y el Centro de Análisis de la Amenaza aún era llevada en mano a los diferentes cuerpos y divisiones de la zona bélica, vía helicóptero, camión e incluso a pie. Estas unidades se hallaban dispersas en una región equivalente por su superficie al sector oriental de Estados Unidos.

Cuando comenzó la campaña aérea, la demora había quedado reducida a trece horas, un gran progreso pero todavía insuficiente.

Al empezar la lucha se hallaban todavía en fase de desarrollo muchos de los sistemas empleados para recoger y procesar la información y algunos estaban aún en la etapa de prototipo cuando fueron enviados a Oriente Próximo.

Pero lo que importa en el campo de batalla no es necesariamente la velocidad absoluta, sino la velocidad en relación con el ritmo del enemigo. Y aquí resultaba, sin duda, superior la velocidad de los vencedores. (Irónicamente, las demoras de la información habrían sido menos perturbadoras si las fuerzas norteamericanas no se hubieran desplazado con tal rapidez.)

Pese a estos fallos, acertó la revista empresarial *Forbes* cuando escribió: «Norteamérica ganó la contienda militar ... del mismo modo que los japoneses están ganándonos en la guerra del comercio y la producción de tecnología avanzada: mediante el empleo de una estrategia competitiva de ciclo rápido y basada en el tiempo.»[19]

Claro está que una empresa y un ejército son cosas diferentes. A ningún director gerente se le pide que arriesgue su vida en la producción o que envíe a sus empleados a realizar una tarea peligrosa. Pero el modo en que creamos riqueza es desde luego el mismo en que libramos una guerra.

En la contienda del Golfo se emplearon dos estilos militares, el de la segunda ola y el de la tercera. Las fuerzas iraquíes, sobre todo después de haberse visto privadas de la mayor parte de sus equipos de radar y vigilancia, constituían una «máquina militar» convencional. Las máquinas son la fuerza bruta de la era de la segunda ola, potentes pero estúpidas. En contraste, la fuerza aliada no era una máquina, sino un sistema con retroinformación interna, comunicaciones y capacidad automática de adaptación muy superiores. En parte al menos, se trataba en realidad de un «sistema pensante» de la tercera ola.

Sólo tras entender plenamente este principio, podremos atisbar el futuro de la violencia armada y en consecuencia el tipo de esfuerzos antibelicistas que requerirá el mañana.

X. UNA COLISIÓN DE FORMAS BÉLICAS

Precisaremos brevemente lo que hasta ahora hemos visto en el contexto del pasado y del futuro.

No es nueva la idea de que cada civilización suscita una manera característica de librar una contienda. El propio teórico militar prusiano Clausewitz advirtió que «cada tiempo tiene sus propias formas peculiares de guerra ... Cada uno poseerá también por eso su propia teoría de la guerra». Clausewitz fue más allá. En vez de acometer un «estudio ansioso de detalles nimios», declaró, quienes deseen entender la guerra tienen que dirigir «una mirada atenta a los rasgos principales ... de cada determinada época»[1].

Pero en el momento en que Clausewitz escribía, relativamente al comienzo de la era industrial, sólo existían, como hemos visto, dos tipos básicos de civilización. Hoy en día, según advertimos, el mundo se desplaza desde un sistema de poder de dos niveles a otro de tres, con las economías agrícolas en el fondo, las de las chimeneas en el medio y las basadas en el saber, o de la tercera ola, en lo alto de la pirámide del poder global. En esta nueva estructura mundial también la guerra está trisecada.

Un resultado previsible de esta situación será una diversificación radical de los tipos de contiendas con que probablemente nos enfrentaremos en el futuro. Es un axioma militar que cada guerra resulta diferente. Pero pocos entienden cuán variadas serán las batallas del mañana y cómo complicará esa acrecida diversidad los esfuerzos futuros para mantener la paz.

Con el fin de conseguirlo, precisaremos de un vocabulario mejor para describir la forma de guerra que procede de una determinada manera de crear riqueza. Hace siglo y medio, Karl Marx habló de «diferentes modos de producción». Aquí podemos hablar de «diferentes sistemas de destrucción», característico cada uno de una determinada civilización. Cabe llamarlos, más simplemente, «formas bélicas».

Una vez que empecemos a pensar en términos de la interrelación de las diferentes formas bélicas, dispondremos de una herramienta útil y nueva para analizar tanto la historia como el futuro de la lucha.

Ametralladoras contra lanzas

En algunas guerras los dos bandos combaten esencialmente del mismo modo; ambos se basan en la misma forma bélica. Las contiendas entre dos o más reinos agrarios menudearon en la antigua China y en la Europa medieval. En 1870, por elegir otro ejemplo, combatieron Francia y Alemania. Ambos eran estados en vías de rápida industrialización y en etapas de desarrollo aproximadamente similares.

En otra clase de guerra se registra una ausencia espectacular de correspondencia entre formas bélicas. Así sucedió, por ejemplo, en las contiendas coloniales del siglo XIX. En la India y en África los europeos libraron guerras industrializadas contra sociedades agrarias y tribales. Los ejércitos de Europa empezaron a industrializarse en la época de las guerras napoleónicas. A finales del siglo XIX comenzaban ya a emplear ametralladoras[2] (sólo contra los no blancos).

Pero los vencedores no conquistaron vastos territorios coloniales simplemente por disponer de ametralladoras. Apoyados por unas sociedades que estaban efectuando la transición de la producción agrícola a la industrial, sus ejércitos de la segunda ola podían comunicarse a larga distancia más velozmente y mejor. Su adiestramiento era superior, se hallaban más sistemáticamente organizados y gozaban asimismo de muchas otras ventajas. Aportaron a los campos de batalla toda una nueva forma bélica, la de la segunda ola.

En Asia, a partir de marzo de 1919, los nacionalistas coreanos se rebelaron contra la dominación colonial japonesa. Evocando la década de los veinte, Kim Il Sung, el hombre que llegó a dictador de Corea del Norte, recuerda que se preguntaba «si nosotros ... podríamos derrotar a las tropas de un país imperialista que fabricaba carros de combate, cañones, buques de guerra, aviones y otras armas modernas, así como equipos pesados en sus cadenas de montaje».

En tales conflictos los adversarios no representaban simplemente países o culturas diferentes. Constituían civilizaciones distintas y diferentes sistemas de crear riqueza, uno basado en el arado y otro en la cadena de montaje. Sus respectivas fuerzas militares reflejaban ese choque de civilizaciones.

Una clase más compleja de guerras enfrenta a una sola forma bélica contra otra dual. Como vimos, esto es lo que sucedió en el conflicto del Golfo. Pero no fue la primera vez que un ejército empleó al mismo tiempo dos formas bélicas.

Samuray y soldado

Los europeos ya se habían apoderado de grandes pedazos de Asia cuando Japón inició su propio camino hacia la industrialización tras la Revolución Meiji en 1868. Resueltos a no ser la siguiente víctima del engrandecimiento europeo, los modernizadores de Japón decidieron industrializar no sólo la economía sino también su ejército.

No mucho después, en 1877, estalló la rebelión Satsuma[3]. Entonces los samurais hicieron frente con sus espadas al ejército del emperador. La guerra, según Meiron y Susie Harris, autores de *Soldiers of the Sun*, conoció el último caso de un combate singular entre samurais. Pero supuso asimismo un temprano empleo de la forma bélica industrial.

Aunque entre las fuerzas del emperador había algunos samurais de la primera ola, estaban en buena medida integradas por reclutas de la segunda ola, dotados de ametralladoras Gatling, morteros y fusiles. Aquí, como después en la guerra del Golfo, un bando se basó en una sola forma bélica mientras que el otro libró una guerra dual.

En una clase más de contiendas, entre las que se cuenta la Primera Guerra Mundial, descubrimos grandes alianzas en las que participaron, en uno o en ambos bandos, naciones de la primera y de la segunda ola.

Como es natural, dentro de cada una de estas clases, las propias contiendas reflejaron una inmensa variedad de tácticas, fuerzas, tecnologías y otros factores. Pero las diversificaciones corresponden más o menos a una u otra forma bélica.

Si el pasado estuvo ya caracterizado por una diversidad considerable, la incorporación de una forma bélica de la tercera ola incrementa el potencial de heterogeneidad en las contiendas que tendremos que prevenir o librar. El número de permutaciones posibles desde un punto de vista matemático se dispara combinatoriamente.

Ya sabemos que las antiguas formas de actividad bélica no desaparecen enteramente cuando surgen otras más nuevas. De la misma manera que la producción en serie de la segunda ola no se ha extinguido con la llegada de los productos individualizados de la tercera ola, así existen hoy tal vez unos veinte países con ejércitos regionalmente significativos de la segunda ola. Al menos algunos enviarán a sus infantes a morir en futuros conflictos. Trincheras, fortines soterrados, unidades masivas, asaltos frontales, todos los métodos y armas de la segunda ola seguirán siendo sin duda explotados mientras que armas de tecnología y precisión escasas y carros de combate y cañones «estúpidos» en vez de «inteligentes» sigan llenando los arsenales de estados pobres y violentos.

Para que las cosas sean aún más complicadas, algunas naciones de la primera y de la segunda ola tratan en la actualidad de adquirir material bélico de la tercera, desde sistemas de defensa aérea a cohetes de largo alcance.

Como en cualquier año se desarrollan en el planeta unas treinta guerras de diverso volumen, las próximas décadas podrían contemplar con facilidad de cincuenta a cien guerras de diferente magnitud, la extinción de algunas y el estallido de otras, a menos que colectivamente realicemos mucho mejor la tarea de preservar la paz y acabar con las carnicerías. Ese empeño se tornará aún más complejo a medida que prosiga la escalada en la diversidad de las contiendas.

En un extremo hay guerras civiles de pequeñas dimensiones y conflictos violentos en el mundo pobre o de baja tecnología, junto con erupciones intermitentes de terror, tráfico de drogas, sabotaje del medio ambiente y delitos semejantes. Pero, como hemos expuesto, las guerras pequeñas y esencialmente de la primera ola en la periferia del sistema mundial de poder no constituyen el único tipo que debemos temer. La desintegración ulterior de Rusia, por ejemplo, podría lanzar a diferentes regiones de tecnología media o a grupos étnicos a conflictos de la segunda ola en que se empleen fuerzas masivas, carros de combate e incluso armas nucleares tácticas.

Naciones de tecnología avanzada en trance de desarrollar una economía de fuerza mental pueden verse arrastradas a estos conflictos o arrojadas a una guerra como resultado de trastornos políticos internos. La violencia étnica y religiosa fuera de sus fronteras es susceptible de provocar una violencia paralela en el interior. No cabe excluir incluso la lucha entre dos naciones tecnológicamente avanzadas de la tercera ola. En el ambiente bullen esquemas de guerras comerciales que, estúpidamente manejados, podrían traducirse en una auténtica contienda entre dos grandes potencias económicas.

En suma, son posibles al menos una docena de tipos y combinaciones de formas bélicas, cada uno con una innumerable cantidad de variaciones. Y eso considerando contextos de sólo dos adversarios o alianzas simples.

La creciente heterogeneidad de la guerra hará mucho más difícil a cada país estimar la fuerza militar de sus vecinos, amigos o rivales. Tanto quienes planifican las guerras como los que las previenen se enfrentan con una complejidad y una incertidumbre sin precedentes. La hiperdiversidad prima también en la actividad bélica coaligada (y en los esfuerzos en coalición para evitar una contienda).

Si pensamos a su vez en grandes alianzas que engloben a naciones con muy diferentes niveles de desarrollo económico y militar, se multiplican los grados y las variedades, al igual que los potenciales de división del trabajo dentro de las coaliciones.

La diversidad ha alcanzado ya un nivel tan alto que ningún país es capaz de crear una fuerza militar omnicapaz. Hasta Estados Unidos reconoce la imposibilidad de financiar o librar todo género de guerras. Basándose en su experiencia en el Golfo, Washington afirma que cuando en el futuro surjan crisis tratará de crear, siempre que sea factible, coaliciones modulares en las que cada aliado participe en la división del trabajo, proporcionando fuerzas militares y tecnologías especializadas de que otros quizá carezcan. (Incidentalmente, este enfoque guarda un paralelismo con los esfuerzos de las grandes empresas mundiales por establecer «alianzas estratégicas» y «consorcios» para competir con eficacia.)

El paso de un sistema de poder global bisecado a otro trisecado y a una diversidad militar enormemente acrecida está obligando ya a ejércitos de todo el mundo a reelaborar sus doctrinas básicas. Nos hallamos así en un período de fermentación intelectual entre los autores militares. En la tercera ola, del mismo modo que la nueva civilización que ha surgido no ha asumido aún su madurez, la forma bélica tampoco ha logrado todavía su pleno desarrollo. El *Combate aeroterrestre* fue sólo el principio.

Lo que hasta ahora hemos visto es en realidad rudimentario. Creada por el trabajo de los generales Starry y Morelli, revisada y más tarde puesta a prueba en los campos de batalla de Irak, la forma bélica de la tercera ola está a punto de ser radicalmente ampliada y ahondada. En vez de impedirla, las frecuentes reducciones presupuestarias acelerarán esta profunda reconceptualización, ya que los ejércitos tratan de hacer más con menos. Una de las claves de esta reflexión será el concepto de formas bélicas y el modo en que se relacionan entre sí.

Una mirada a los cambios ya en marcha nos proporcionará

una imagen sorprendente de la naturaleza de la guerra y de la antiguerra en el umbral del siglo XXI. A menos que soldados y estadistas, diplomáticos y negociadores del control de armamentos comprendan lo que nos aguarda, es posible que nos veamos librando –o evitando– las guerras del pasado en vez de las del futuro.

TERCERA PARTE

EXPLORACIÓN

XI. GUERRAS AUTÓNOMAS

Todo lo que hemos visto hasta ahora es un simple preludio. Cambios aún más potentes están a punto de transformar tanto las guerras como las antiguerras, planteando interrogantes nuevos y extraños a quienes hacen la paz y a quienes la mantienen. Algunas de estas cuestiones rayarán en lo fantástico.

¿Cómo debe abordar el mundo los innumerables estallidos de «pequeñas guerras», ninguna de las cuales se parece a las demás? ¿Quién gobernará nuestro espacio exterior? ¿Podemos impedir o limitar luchas sangrientas libradas en campos de batalla repletos de «realidades virtuales», «inteligencia artificial» y armas autónomas que una vez programadas decidirán por sí mismas cuándo y a quién atacar? ¿Debe el mundo prohibir –o acoger– toda una nueva clase de armas concebidas para una guerra incruenta?

Una nueva forma bélica no surge en todas sus dimensiones del manual doctrinal de alguien, por excelente que sea. Ni tampoco procede de estudios acerca de una sola guerra, una vez concluida ésta. Como refleja la aparición de un sistema nuevo de creación de riqueza y, de hecho, de toda una nueva civilización, la forma bélica innovadora emerge y se desarrolla cuando éstos cobran existencia y cambian el mundo. Hoy podemos advertir la trayectoria de la propia guerra con el ensanchamiento y profundización de la forma bélica de la tercera ola.

Como ya hemos advertido, una economía de la tercera ola desafía el antiguo sistema industrial al fragmentar los mercados en sectores más pequeños y diferenciados. Surgen mercados autónomos seguidos por productos, financiación y bolsistas del mismo carácter. La publicidad autónoma llena los medios autónomos de comunicación como la televisión por cable.

Esta desmasificación de las economías avanzadas guarda un paralelismo con la desmasificación de amenazas en el mundo, tras haber sido reemplazado el gigantesco peligro singular de una contienda entre las superpotencias por una multitud de «amenazas autónomas».

El ex asesor científico de la Casa Blanca, G. A. Keyworth II lo expresa de un modo distinto, al advertir que el paso de una informática muy centralizada a la «repartida» entre «hordas de humildes ordenadores personales» guarda un paralelismo con el «ambiente amenazador» con que se enfrenta la comunidad global. En vez de un llamado «Imperio del mal», el mundo sufre hoy «amenazas por doquier»[1].

Los cambios en la tecnología y en la estructura económica se reflejan así también en la actividad bélica.

Risas en la esfera de la información

En algún lugar de la «esfera de la información» a donde van los sociólogos cuando mueren, ríe cínicamente un italiano llamado Gaetano Mosca.

¿Por qué tantas personas, se pregunta, supuestamente inteligentes –políticos, periodistas, expertos en política internacional, mentores de todos los tipos– se asombraron o sorprendieron al estallar la violencia por todo el mundo tras el final de la guerra fría?

«¿No se reavivará en pequeña escala, en disputas entre familias, clases y aldeas una gran contienda ya concluida?», escribió en 1939 en su libro *The ruling class**. Parece que Mosca no an-

* Título de la traducción inglesa de la cuarta edición de *Elementi di scienza politica*, obra publicada por vez primera en 1896. *(N. del T.)*

daba muy descaminado, aunque la guerra terminada haya sido fría en vez de caliente.

En la actualidad, contemplamos una diversidad estremecedora de luchas separatistas, violencia étnica y religiosa, golpes de Estado, disputas fronterizas, trastornos civiles y ataques terroristas que empujan a través de las fronteras nacionales a oleadas de inmigrantes agobiados por la pobreza y acosados por la guerra (y también a hordas de traficantes de drogas). En una economía global cada vez más conectada, muchos de estos conflictos aparentemente pequeños desencadenan intensos efectos secundarios en países vecinos (e incluso lejanos). Así la perspectiva de «muchas guerras pequeñas» obliga a los planificadores militares de numerosos ejércitos a reconsiderar las que denominan «operaciones especiales» o «fuerzas especiales», los guerreros autónomos del mañana.

De todas las unidades de los ejércitos actuales, las de fuerzas especiales u operaciones especiales son probablemente las más próximas, en comparación con cualquier otro sector militar, a librar la guerra de la primera ola. Su adiestramiento presta un énfasis especial a la fortaleza física, la cohesión del grupo –creación de estrechos lazos emocionales entre los miembros de cada unidad– junto con una extraordinaria pericia en el combate cuerpo a cuerpo. El tipo de contienda que libran es también el más dependiente de los intangibles del combate: información, motivación, confianza, ingenio, entrega emocional, moral e iniciativa individual.

Las fuerzas especiales –por lo general voluntarias– son en suma unidades selectas concebidas, como ha explicado un oficial, para operar «en áreas hostiles, defendidas, remotas o culturalmente delicadas». El término de «operaciones especiales»[2] abarca una amplia variedad de misiones, desde el avituallamiento a unos aldeanos tras una catástrofe al entrenamiento de soldados de un país amigo en el combate contra insurgentes. Las tropas de operaciones especiales pueden realizar incursiones clandestinas para obtener información, efectuar sabotajes, rescatar rehenes o asesinar a alguien. Es posible que emprendan acciones antiterroristas o contra el narcotráfico, que libren una guerra psicológica o que supervisen la observancia de un alto el fuego[3].

Puede que se constituyan en el nivel de batallón para un ataque de comandos, o en unidades integradas por un puñado de hombres. Estos soldados han de someterse a un largo adiestramiento. Apenas exagerando, dice un ex oficial de fuerzas especiales: «Cuesta diez años conseguir que un individuo sea verdaderamente operativo. De los dieciocho a los veintiocho progresa en la curva del aprendizaje.» De cada soldado que forme parte de un pequeño equipo se espera que domine múltiples destrezas, incluyendo el dominio de más de una lengua. Los soldados recibirán la preparación más diversa, desde el manejo de armas extranjeras a la prudencia en el trato con otras culturas.

En el número de mayo-junio de 1991 de la revista *Infantry* apareció un anuncio de reclutamiento de soldados «que operarían en todo el mundo tanto individualmente como en pequeños grupos». Los enterados sabían que ese anuncio era de la Fuerza Delta, el primer destacamento operativo de Fuerzas Especiales del Ejército norteamericano, concebido para misiones de rescate de rehenes. Pero la Fuerza Delta es sólo una de las unidades mejor conocidas del Mando de Operaciones Especiales del Ejército de Estados Unidos. La Marina tiene su propia fuerza de operaciones especiales. Y otro tanto sucede con las Fuerzas Aéreas.

Antes de que los F-117 atacasen por vez primera Bagdad, tres helicópteros Pave Low de la Brigada de Operaciones Especiales de las Fuerzas Aéreas precedieron, el 17 de enero de 1991, a nueve helicópteros de asalto en un ataque al otro lado de la frontera iraquí. Volando a nueve metros del suelo, destruyeron dos emplazamientos de radar de alerta previa, así dejaron a ciegas a los iraquíes y abrieron una vía segura por la que seguirían centenares de aviones. Éstos fueron los disparos iniciales de la Tormenta del Desierto. Otras unidades de operaciones especiales ocuparon plataformas petrolíferas marinas en poder de los iraquíes, realizaron misiones de reconocimiento de gran profundidad tras las líneas enemigas, efectuaron misiones de búsqueda y rescate y acometieron otras tareas críticas.

El Mando de Operaciones Especiales de Estados Unidos disponía en 1992 de 42.000 soldados y reservistas en unidades aéreas, marítimas y terrestres. Se hallaban desplegadas en 21 países, incluyendo Kuwait y Panamá, así como Bad Tölz en Alemania y la Estación Torii en la isla japonesa de Okinawa.

Como es natural, en muchos otros ejércitos existen fuerzas similares. Las unidades Spetsnaz de la ex Unión Soviética surgieron durante la Segunda Guerra Mundial como fuerzas partisanas antinazis. En la guerra fría se les confió la misión de identificar y destruir las armas nucleares y químicas de Occidente y de matar a determinados dirigentes aliados. Existe también desde luego el famoso Special Air Service de Gran Bretaña. La I y II brigadas paracaidistas franceses y su XIII Regimiento de Dragones Paracaidistas son fuerzas de operaciones especiales. Sólo entre 1978 y 1991, Francia envió al exterior diecisiete expediciones militares, integradas fundamentalmente por este tipo de tropas.

Hasta las naciones más pequeñas mantienen a tales guerreros autónomos, a veces disimulados como policías, para diferenciarles de los soldados. Dinamarca cuenta con su *jaegerkorps*, Bélgica con su paracomandos y Taiwan con sus comandos anfibios.

En teoría, las fuerzas especiales pueden ser utilizadas para cualquier tipo de actividad bélica, desde un enfrentamiento nuclear a una escaramuza en territorios tribales fronterizos. Pero resultan especialmente adecuadas para lo que los militares norteamericanos llaman «conflictos de intensidad baja» o LIC (*low intensity conflicts*), otro término genérico que se aplica a hostilidades «constituyentes de una guerra limitada, pero que no llega a tener el carácter de contienda convencional o general».

En pro de LIC[4]

Andy Messing, presidente de la Fundación del Consejo de Defensa Nacional, es un ex comandante de fuerzas especiales que a sus 46 años irrumpe en su desordenada y pequeña oficina de los alrededores de Washington, vistiendo pantalones cortos de color caqui y camisa de cuello abierto. Ha estudiado de primera mano los conflictos de intensidad baja. Tras haber visitado 25 áreas de todo el mundo, desde Vietnam a Angola, Cachemira, Filipinas y El Salvador, se ha visto en cinco de ellos «metido hasta el cuello en los combates».

Inteligente y desenvuelto, Messing es quizá el más insistente postulador de las fuerzas para conflictos de intensidad baja. Publica en la prensa innumerables artículos, acosa a los congresistas, pronuncia conferencias e intimida a cualquiera que le escuche.

Su mensaje es sorprendente: una amalgama de nacionalismo, populismo y bronca jerga militar, junto con apelaciones apasionadas a los derechos humanos, a la acción para luchar contra la pobreza y la miseria en los países agobiados por una guerra de intensidad baja y exposiciones teóricas sobre la inutilidad de librar el combate contra LIC sin consagrar igual atención a las reformas políticas, sociales y económicas.

Messing concibe un mundo donde muchos regímenes brutales o inestables se hallarán dotados de armas químicas y biológicas, que quizá sea preciso quitarles quirúrgicamente. Puede que haya que extender la guerra contra las drogas, dice. Pero también habrá conflictos por causa de la «energía, las enfermedades, la contaminación y la expansión demográfica ... He estado en diecisiete países productores de droga –prosigue Messing–. Perú es droga. Laos es droga. Mas acabaremos por ver en África guerras determinadas por el SIDA, en lugares como Zimbabwe o Mozambique».

Habrá más casos como los de Somalia o Zaire, donde se han hundido por completo los gobiernos y prevalece la anarquía. Otros países intervendrán para protegerse a sí mismos, para combatir el tráfico de drogas, para impedir que crucen sus fronteras vastas mareas de refugiados o evitar que irrumpa en su territorio la violencia racial.

Éste es un mundo concebido a la carta para la actividad bélica autónoma de la tercera ola más que para las guerras totales y en gran escala de la era de la segunda ola. La proliferación de guerreros autónomos exigirá modificar la doctrina militar para asignarles un peso añadido. Simultáneamente se definirán los requisitos de la nueva tecnología.

Resultan ya anticuadas películas como *Rambo* que anteponen los bíceps al cerebro. Los guerreros autónomos del futuro librarán una contienda de información intensiva, utilizando las más recientes tecnologías de la tercera ola que hoy están emergiendo.

Según el informe final del Pentágono sobre la guerra del Golfo, el victorioso ataque inicial de helicópteros contra los puestos de radar de alarma previa de Saddam fue «posible gracias a los avances tecnológicos en visores nocturnos y para penumbra, una capacidad de navegación precisa resultante de sistemas de base espacial como los satélites del GPS (Sistema de Localización Global) y tripulaciones muy adiestradas»[5].

Pero estos progresos empiezan apenas a esbozar la gama de tecnologías complejas ya accesibles a las fuerzas especiales. En la Segunda Guerra Mundial, dice Andy Messing, las unidades de paracaidistas podían sufrir al llegar a tierra hasta un 30 por ciento de bajas. Su equipo y armamento quedaba disperso en una amplia extensión y a menudo los soldados tenían que combatir para poder reunirse.

Cuando en 1979 los extremistas iraníes capturaron en Teherán como rehenes a unos norteamericanos, Estados Unidos trató desesperadamente de hallar un medio de liberarles. La propuesta de enviar a un grupo de paracaidistas fue rechazada por temor a que se dispersasen en una zona demasiado grande[6].

«Ahora –dice Messing– somos capaces de hacer saltar de noche a un equipo desde 10.600 metros de altura, a cuarenta kilómetros de su objetivo. Mientras los hombres observan con un ojo el descenso, con el otro miran a través de un visor de infrarrojos. Al bajar, pueden examinar un mapa e identificarse entre sí mediante destellos de infrarrojos –uno emite dos destellos por segundo y otro le responde con cinco– y planear hasta caer todos en un área de diez metros.»

Los paracaídas FXC Guardian permiten 1,20 metros de planeo por cada treinta centímetros de descenso. De esta manera resulta posible lanzar de noche sobre aguas internacionales a un destacamento de fuerzas especiales para que penetre silenciosamente en un país, sin ser detectado por el radar.

Tom Bumback, ex suboficial de fuerzas especiales y, en la actualidad, director de exhibición de operaciones especiales en las proximidad de la base aérea de McDill, ha descrito una reciente demostración que se inició con el salto de un paracaidista desde 3.650 metros. A los trescientos metros de altura, «echó a correr» –es decir, planeó– hasta caer en el canal de la bahía de Tampa. Entonces empezó a bucear, empleando un «respirador» que no soltaba burbujas. Al llegar a la costa disparó contra los espectadores cartuchos de fogueo con un fusil de salto Calico 5.56. Luego recurrió a una radio impermeable para llamar a un helicóptero que le echó un cable para remontarle hasta novecientos metros (fuera del alcance de las armas de pequeño calibre) y devolverle a su base. Y añade Bumback: «Todo el episodio, desde el salto a la escapada, se desarrolló en unos quince minutos.»[7]

Cuando los aviones norteamericanos lanzaron víveres a los campesinos asediados en los Balcanes, muchos de los fardos cayeron lejos de los lugares previstos. Pero la tecnología actual está ya anticuada. La AAI Corporation ha anunciado grandes progresos en la tecnología de los lanzamientos aéreos. «Hemos soltado cargas de nueve toneladas desde aviones que volaban a 150 nudos. Cada uno de estos lanzamientos fue de una precisión sorprendente.»

«Este sistema singular emplea una serie de cohetes de retropropulsión que se disparan cuando la carga se aproxima a tierra, un altímetro de láser y un ordenador de secuencia que determina el momento exacto de la ignición de los cohetes ... Pronto seremos capaces de lanzar cargas de hasta 27 toneladas, vehículos militares como el carro de combate Sheridan, ya montados y dispuestos a entrar en acción.»

Doctorado con mochila

Algunos expertos en operaciones especiales piensan en un futuro más lejano. La guerra autónoma de entonces fue el tema de una reunión celebrada recientemente en un pequeño pabellón oculto al final de un sendero tortuoso a espaldas del Old Colony Inn de Alexandra, Virginia[8].

Allí, unos cincuenta oyentes –empresarios de mediana edad entre los que había varias mujeres– se inclinaron hacia delante sobre sus sillas plegables cuando les habló el teniente coronel Michael Simpson, del Mando de Operaciones Especiales del Ejército de Estados Unidos. La audiencia representaba a muchos fabricantes de productos autónomos que venden (o esperan vender) al Ejército.

Alto y expresivo, el coronel Simpson posee dos títulos de posgrado, uno en relaciones internacionales y el otro en estudios estratégicos; pero ha pasado catorce años «con la mochila a cuestas», contribuyendo a realizar «operaciones especiales» en diversos lugares del mundo.

Sus oyentes tomaron notas cuando Simpson empezó a describir las futuras necesidades de su mando: productos autónomos para los conflictos autónomos del mañana.

Entre éstos figuraban vehículos que se desplazasen sobre nieve y hielo, cámaras electrónicas sin película, generadores ultraligeros, camuflaje camaleónico (que cambie según las necesidades), equipo holográfico tridimensional para el adiestramiento y los combates simulados y medios de traducción oral automática (entre las unidades norteamericanas de operaciones especiales en el Golfo figuraban dos batallones de arabeparlantes, bastante pocos para atender a las necesidades).

Además, añadió Simpson, «nos gustaría disponer de un equipo de radio sólido y ligero, que cuente con una unidad de localización global, un fax y medios de cifrado y descifrado». Un aparato de estas características, dijo, «disminuiría en quince kilos el peso de la mochila del soldado».

Otro orador describió la necesidad de tecnologías que pudieran emplearse en la planificación de misiones, simulación de riesgos, adiestramiento y ensayo, todo a bordo de un avión que llevase a soldados de operaciones especiales hasta el lugar de la acción. Hay que planificar, adiestrarse y ensayar, incluso mientras se está yendo de camino a una operación de emergencia.

Por lo general, se dijo a los proveedores, los equipos de operaciones especiales deben ser bastante sencillos para que los utilicen «fuerzas indígenas», manejables en condiciones de oscuridad absoluta y dotados de LPI y LPD (respectivamente, escasa probabilidad de intercepción y de detección).

El coronel Craig Childress, experto del Pentágono en operaciones especiales, dijo por su parte: «Necesitamos un avión de despegue y aterrizaje en vertical que sea capaz de volar horizontalmente 1.850 kilómetros» y «tendremos que emplear realidad virtual e inteligencia artificial» tanto en el combate simulado como en el real. Por ejemplo: «Ahora contamos con la capacidad de colocar a un tirador en una sala y crear una realidad simulada a la que consideremos real.» Pero dentro de unos cuantos años «necesitaremos situar a todo un destacamento en una realidad simulada que estimemos real. La simulación ha de permitir que el combate real parezca un *déjà vu*, algo ya conocido. Y con inteligencia artificial sumada a la realidad virtual deberemos ser capaces de "alterar las reacciones de los adversarios", de conseguir, por ejemplo, que crean que una puerta se abre a la derecha cuando en realidad se abre a la izquierda»[9].

Hacia la telepatía militar

Se estudian posibilidades aún más sorprendentes. En julio de 1992 Sidney Shachnow, general de división del Mando de Operaciones Especiales, presentó un «desarrollo cronológico de la tecnología»[10], proyectado para el año 2020, que consideraba el empleo de medios como «identificación por ADN adquirida subrepticiamente», «transfusión sanguínea total» e incluso «telepatía sintética».

Puede que algunos de estos proyectos no pasen de ser fantasías. Pero es indudable que llegarán otras innovaciones igualmente extrañas. El mundo tiene que empezar a pensar ya hoy no sólo en este tipo de tecnologías, sino en el futuro de las guerras autónomas y en la forma bélica de la tercera ola de que son parte.

Gobiernos, pacifistas e incluso la mayoría de los autores militares apenas han examinado las implicaciones más hondas de la actividad bélica autónoma de la tercera ola. ¿Cuáles son las consecuencias geopolíticas y sociales del desarrollo veloz de las complejas tecnologías de la guerra autónoma? ¿Qué ocurre con las decenas de miles de soldados adiestrados en operaciones especiales que en todo el mundo pasan a la sociedad civil al ser licenciados?

¿Pretenden alquilar sus destrezas a otros países algunos equipos muy preparados de unidades Spetnaz del ejército semidesintegrado de la antigua Unión Soviética? ¿Y qué decir de los miles de jóvenes árabes e iraníes que fueron a Afganistán para ayudar a los muyaidines en la guerra contra los soviéticos? Muchos habían sido entrenados en la lucha de guerrillas y en operaciones especiales. Pero sus propios gobiernos, incluyendo el egipcio, el tunecino y el argelino, multiplicaron las trabas a su repatriación por miedo a que pusieran sus nuevas destrezas al servicio de revolucionarios.

Las fuerzas especiales son unidades militares selectas. ¿Pero constituyen como tales un peligro para la propia democracia, como afirman algunos críticos?

Para algunos, las operaciones especiales, con su énfasis en el engaño, son por eso y *per se* inmorales. Mas probablemente menudearán en un próximo futuro las situaciones que exijan recurrir a fuerzas especiales. No existe nada de moral en la limpieza étnica, la violación de una frontera, los ataques terroristas, la captura de rehenes, el alijo de armas de destrucción masiva, el robo de víveres y medicinas destinados a campañas humanitarias, las explosiones realizadas por narcotraficantes, etc.

Los defensores de las operaciones especiales arguyen que se trata de un arma sutil que cabe emplear preventivamente para abortar un conflicto más grave, refrenar guerras pequeñas, aniquilar armas de destrucción masiva y muchos otros fines.

Pero al margen de la moral, la actividad bélica autónoma cobrará más importancia porque a los gobiernos les parecerá una opción de coste relativamente bajo –en comparación con el empleo de grandes fuerzas convencionales– para alcanzar sus propósitos. Cabe utilizarla con fines no sólo tácticos sino estratégicos. Puede que algún día no sean únicamente los gobiernos quienes la empleen, y recurran a ese arbitrio entidades internacionales como la propia ONU e incluso quizá otros actores de la escena global, desde multinacionales que bajo cuerda contraten mercenarios a movimientos religiosos fanáticos.

Quienes sueñan con un mundo más pacífico deben olvidar las viejas pesadillas del «invierno nuclear» y empezar ahora mismo a usar su imaginación para pensar en la política, la moral y las realidades militares de la actividad bélica autónoma en el siglo XXI.

XII. GUERRAS ESPACIALES

En los siglos XV y XVI creció y menguó el entusiasmo de las potencias europeas por la exploración transatlántica, pero, una vez descubierto el Nuevo Mundo, ya no era posible dar marcha atrás. Del mismo modo hoy puede ser mayor o menor nuestro interés por el espacio, pero los ejércitos en competencia de muchos países dependen ya demasiado de misiles y satélites para imaginar que vayan a ignorar esa dimensión. Su inmensidad constituye un factor clave en la forma bélica del futuro.

La guerra del Golfo, escribe el coronel Alan Campen, ex director de Política de Mando y Control en el Pentágono, «representa el primer caso de empleo de satélites de comunicaciones para el despliegue, mantenimiento, mando y control en gran escala de fuerzas de combate»[1].

Según sir Peter Anson y Dennis Cummings, de la empresa británica Matra Marconi Space UK Ltd., «constituyó la primera prueba real bajo condiciones bélicas de maquinaria espacial norteamericana por valor de doscientos mil millones de dólares y la primera justificación en combate de los mil millones de dólares invertidos por franceses y británicos en la explotación militar del espacio»[2].

El primer satélite espía de Estados Unidos fue lanzado en agosto de 1960. Cuando sobrevino la guerra del Golfo la «máquina» espacial militar de Estados Unidos disponía de satélites KH-11 para tomar fotografías de grano extremadamente fino; satélites Magnum muy secretos para captar conversaciones telefónicas; satélites LACROSSE para recoger imágenes de radar de la superficie terrestre; un vehículo del proyecto White Cloud para localizar naves enemigas; el supersecreto satélite Jumpseat para la detección de transmisiones electrónicas, y muchos otros de comunicaciones, meteorología y navegación[3]. En total la coalición hizo uso directo de unos sesenta satélites aliados. Nunca en la historia un ejército ha dependido tanto de acontecimientos que se desarrollaban tan lejos de la superficie de la Tierra.

La cuarta dimensión

«El espacio añadió a la guerra una cuarta dimensión», afirman Anson y Cummings. «Influyó en la dirección general del conflicto y salvó vidas. El espacio ... brindó imágenes detalladas de las fuerzas iraquíes y del daño infligido por los ataques aéreos aliados. Proporcionó una alarma previa de los lanzamientos de misiles Scud. El espacio permitió emplear un sistema de navegación de sorprendente precisión que afectó al rendimiento de cada soldado combatiente y de los misiles, carros de combate, aviones y buques.» Los satélites identificaron objetivos, ayudaron a las tropas terrestres a evitar las tormentas de arena y midieron la humedad del suelo, indicando exactamente a Schwarzkopf, el jefe supremo aliado, qué parajes del desierto podían soportar los desplazamientos de los carros de combate.

Hasta las pequeñas y secretísimas unidades de operaciones especiales se beneficiaron sin duda de los datos obtenidos desde el espacio. Ken York, director del boletín *Tactical Technology*, afirma que los satélites ayudaron a las fuerzas de operaciones especiales a «determinar la profundidad de las aguas en las zonas de desembarco, las áreas adecuadas para el aterrizaje de los helicópteros, la actividad de las unidades, etc.». Por ese motivo el espacio desempeñó un papel crucial en todo el espectro militar, desde los desplazamientos terrestres masivos a la «inserción» sigilosa de pequeños destacamentos de paracaidistas o de infantes heliportados.

La tendencia actual a las reducciones presupuestarias no restará importancia al espacio. El general de división Thomas Moorman señala que «el Comando Espacial es uno de los dos en fase de desarrollo dentro de las Fuerzas Aéreas de Estados Unidos (el otro es el de Operaciones Especiales)». Por su parte el general de las Fuerzas Aéreas Donald J. Kutyna, jefe del Comando Espacial de Estados Unidos, declara: «En un futuro de reducción de efectivos contaremos aún más con el espacio. Los sistemas espaciales siempre serán los primeros en escena.» Este énfasis creciente en el espacio altera todo el equilibrio del poder militar global.

Casi inadvertida para el público, se agranda ahora la división básica entre «potencias espaciales» y «potencias no espaciales». Las últimas afirman colectivamente que el espacio pertenece a todos y que los beneficios de una pacífica actividad espacial, sea cual fuere el país que la costee, constituyen un «patrimonio común» de la humanidad. Algunas de estas potencias pretenden establecer una Agencia Espacial de las Naciones Unidas[4] para controlar las actividades en el espacio y redistribuir los beneficios. Las batallas por el control del espacio para usos civiles se intensificarán paralelamente a su explotación para fines militares.

En ocasiones será difícil distinguir entre ambos. A medida que se acalora la competición global, entidades de todo el mundo concentran más sus esfuerzos en la información económica y tecnológica. Los sistemas de satélites militares que permiten a unos países escuchar, fotografiar y observar por otros medios a sus rivales se convertirán en armas de una contienda tanto económica como militar.

Pero la significación bélica del espacio no se limita en modo alguno a la vigilancia mediante satélites. En 1980 se registraron en total 850 lanzamientos espaciales y de misiles[5]. De éstos, unos setecientos correspondieron a Estados Unidos y la entonces Unión Soviética. Todas las demás naciones juntas realizaron sólo de cien a ciento cincuenta. Para 1989 el total mundial de lanzamientos se había doblado y llegó a contabilizarse 1.700. De éstos, más de mil fueron efectuados por otras naciones. Dicho de otra manera, en un período de dos años se decuplicaron los lanzamientos de países que no eran superpotencias.

La lista en rápido crecimiento de naciones con misiles desplegados o en etapa de desarrollo abarca desde Irán a Taiwan y Corea del Norte. Los misiles varían. Yemen, Libia y Siria cuentan con Frog-7 de 110 kilómetros de alcance y capacidad para portar una ojiva explosiva de 450 kilos. En 1989 la India probó el gigantesco misil Agni, que puede lanzar una cabeza explosiva de 900 kilos a cuatro mil kilómetros de distancia, suficiente para llegar no sólo a Pakistán, su hostil vecino musulmán, sino hasta África, Oriente Próximo, Rusia, las repúblicas musulmanas de la ex Unión Soviética y también China y muchos países del Sudeste asiático.

Mientras Corea del Norte inunde Oriente Próximo de misiles[6] y, lo que es más importante, de tecnología fabril para construir más, el problema de los estados parias dotados de proyectiles autopropulsados empeorará en lugar de mejorar, y el nerviosismo va en aumento. Los Scud-C –también denominados Rodong-1– que produce Corea del Norte brindan a clientes como Irán un alcance, una precisión y una capacidad destructora superiores a los de los antiguos artefactos que empleó Saddam. Aunque su alcance nominal es de quinientos a seiscientos kilómetros, se cree que con ciertas modificaciones pueden llegar a doblar estas cifras. De ser así, Irán –país que parece ser que pretende adquirir 150– será capaz por vez primera de alcanzar a Israel. Como Corea del Norte a Japón.

Todo esto ha estimulado el empeño por poner coto a la proliferación de misiles. En 1987 las naciones del G-7 –el grupo de las siete mayores potencias económicas– acordaron establecer una serie de controles comunes a la exportación, destinados a impedir que otros países consiguieran misiles que pudiesen llevar a más de 280 kilómetros una ojiva nuclear que superase los cien kilos. El acuerdo recibió el nombre de Régimen de Control de la Tecnología de Misiles.[7] Pero según Kathleen Bailey, que perteneció a la Agencia de Control de Armas y Desarme norteamericana, si bien tal acuerdo puede constituir una modesta ayuda, lo cierto es que «la proliferación de misiles ha empeorado indiscutiblemente desde que entró en vigor el Régimen de Control de la Tecnología de Misiles», hecho que examinaremos con mayor atención en un capítulo ulterior.

De Irán a Israel

Cuando son cada vez más los países que se sienten amenazados, éstos comienzan a pensar seriamente en la construcción o adquisición de sus propios sistemas de vigilancia espacial para observar a los adversarios potenciales. Incluso aliados muy firmes no quieren depender de nadie en lo que se refiere a la información vital que pueden proporcionar los satélites.

El ministro francés de Defensa ha apremiado a Europa a desarrollar su propia capacidad de vigilancia mediante satélites, a depender menos en este sentido de Estados Unidos. A su vez, la decisión de la Unión de los Emiratos Árabes de comprar su propio satélite espía a Litton Itek Optical Systems, una empresa de Massachusetts, suscitó vivas objeciones por parte de algunos funcionarios norteamericanos, temerosos de que ese país pudiera compartir información gráfica con otras potencias árabes no tan amistosas. Los funcionarios que respaldan la venta señalan que muchas otras naciones, como Corea del Sur y España*, por ejemplo, consideran también el establecimiento de sus propios sistemas y que simplemente los satélites de información se multiplicarán, lo apruebe o no Estados Unidos[8].

Un mundo a salvo de misiles

El 23 de marzo de 1983 el presidente Ronald Reagan presentó la Iniciativa de Defensa Estratégica, un programa encaminado a dotar a Estados Unidos de una protección contra misiles. No es éste el lugar apropiado para pasar revista al enconado debate que se desarrolló al respecto en la década de los noventa. La idea esencial, la de que armas con base en el espacio pudieran aniquilar un misil balístico soviético antes de que soltase sus múltiples ojivas nucleares, fue instantáneamente denominada por sus ad-

* Tanto Hispasat 1A (lanzado el 11 de septiembre de 1992) como Hispasat 1B (23 de julio de 1993) destinan dos transpondedores (tres canales) para comunicaciones fijas y móviles de carácter estratégico y táctico dentro del área de cobertura. (*N. del T.*)

versarios Guerra de las Galaxias y ridiculizada como inoperante y desestabilizadora.

Cuando ya había desaparecido prácticamente la amenaza de una contienda nuclear total entre Estados Unidos y la Unión Soviética, el presidente Bush, sucesor de Reagan, propuso el 29 de enero de 1991 una profunda reorientación del programa. Ahora se consagraría sobre todo a la protección contra ataques nucleares accidentales o limitados y dependería fundamentalmente de armas con base en tierra.

El 13 de mayo de 1993 Les Aspin, secretario de Defensa del presidente Clinton, anunció de una vez por todas «el final de la guerra de las galaxias». En su lugar presentó un programa de pretensiones muy inferiores denominado Defensa contra Misiles Balísticos[9]. Su objetivo era defender a las tropas norteamericanas y aliadas contra misiles tipo Scud en conflictos regionales como el de la guerra del Golfo. Quedaban esencialmente descartadas ulteriores investigaciones acerca de armas con base espacial. El supuesto que subyace en la adopción de este programa menguado es que en la actualidad la amenaza principal procede de los misiles de corto alcance en manos de regímenes hostiles.

Pero este supuesto también es de corto alcance, si está en lo cierto el general Charles Horner, jefe del Comando Espacial de las Fuerzas Aéreas de Estados Unidos. Según Horner, «la tecnología de los SS-25 (grandes misiles soviéticos lanzados desde plataformas móviles y con muy largo alcance) podría estar ... dentro de ocho a diez años en manos de quienes se hallasen dispuestos a pagar un alto precio»[10]. Sus estimaciones coinciden con las de la CIA, que ha advertido que en una década al menos un país del Tercer Mundo contará con ojivas nucleares y misiles capaces de llegar a Estados Unidos.

La consecuencia es que, a pesar de los altos costes, los presupuestos bajos y una oposición estridente, persistirán y crecerán las presiones en favor de un sistema de defensa contra misiles cuando se multipliquen los que sean capaces de portar ojivas múltiples nucleares, químicas y biológicas (examinaremos más tarde las posibilidades de detener la mortífera proliferación de este tipo de armas).

De hecho y ante el futuro, cabe imaginar no uno sino varios

sistemas antimisiles. Es posible imaginar una versión árabe, otra china e, incluso, sistemas de Europa occidental y de Japón, si se permite que siga ensanchándose el foso entre estos países y Estados Unidos. Ante la proximidad de Corea del Norte, Japón se apresura a perfeccionar los Patriot. El Ministerio de Defensa británico estudia un sistema limitado contra misiles balísticos para proteger al Reino Unido de ataques procedentes de hasta tres mil kilómetros de distancia[11] (los especialistas señalan, como ejemplo, que un misil chino CSS-2 lanzado desde Libia podría alcanzar el norte de Escocia). Francia considera una propuesta para constituir su propio sistema contra misiles balísticos tácticos[12].

Aún más sorprendente ha sido el giro en la opinión de la Comunidad Europea, cuyos miembros se mostraron durante años escépticos acerca de la defensa contra misiles. En una reunión celebrada en Roma en la primavera de 1993, los representantes europeos manifestaron uno tras otro su profunda preocupación[13].

El ministro italiano de Defensa habló de «una amenaza específica para todo el flanco meridional de Europa» emanada de la rápida proliferación de misiles y armas de destrucción masiva. Advirtió que Italia resultaba «extremadamente vulnerable» a una amenaza militar nutrida por el fanatismo religioso, las aspiraciones nacionalistas y los conflictos étnicos. Con Libia al sur, violentos movimientos islámicos que amenazan a todos los gobiernos de África del Norte, la rabiosa contienda vecina de los Balcanes en el este y la propia Europa desgarrada por conflictos políticos y étnicos, sus palabras acerca de la nueva vulnerabilidad de Italia alcanzaron una amplia resonancia.

Puede que esté muerta la idea original presentada por el presidente Reagan, pero, con o sin Washington, el mundo se prepara realmente para defenderse de los Scud y los misiles más grandes y precisos del futuro.

Una bomba nuclear sobre Richmond

Los sistemas de defensa contra misiles reconcentrarán además la atención sobre las armas antisatélites[14], concebidas para privar a los adversarios de sus ojos y oídos. En abril de 1993, al mismo tiempo que el Congreso reducía cada vez más el presupuesto del Pentágono, el jefe del Estado Mayor de las Fuerzas Aéreas de Estados Unidos pronunció un discurso apasionado en el que declaró: «Sencillamente, tenemos que hallar un modo de proseguir la constitución de una capacidad orientada a garantizar que ninguna nación pueda negarnos parte de nuestra superioridad espacial tan duramente ganada.» Apremió a que se reconsiderase por completo la estrategia espacial norteamericana y a conseguir «limitar la capacidad de nuestros adversarios para el empleo del espacio contra nosotros».

A este efecto, arguyó, Estados Unidos necesitaría una serie de «herramientas», incluyendo medios antisatélites. Sus palabras cayeron en oídos sordos y fueron seguidas un mes después por la decisión de cancelar un pequeño programa del Ejército para la construcción de un misil contra satélites.

Pero el problema con que se enfrenta Estados Unidos no es cancelable. «En la guerra del Golfo –ha escrito Eliot A. Cohen en *New Republic*–, no nos enfrentamos con intentos de cegar o neutralizar nuestros satélites y el enemigo carecía de acceso al espacio para sus propios fines. Puede que las cosas cambien en un futuro no muy lejano.»[15] Hoy se ve con más claridad que lo primero que hará en el futuro cualquier potencia regional enfrentada con Estados Unidos será tratar de arrancarnos los ojos del cielo. Irónicamente, como Norteamérica depende tanto de sus medios de base espacial y de comunicaciones avanzadas, es también el país más vulnerable ante cualquier adversario capaz de aniquilarlos o sabotearlos.

Nada menos que en 1961 el entonces ministro soviético de Defensa, mariscal Rodion Y. Malinovsky, dijo ante los dirigentes del Partido Comunista que «han quedado eficazmente resueltos los problemas de la destrucción de misiles en vuelo». En el mes de julio del año siguiente Kruschev se jactó de que los misiles soviéticos podían de hecho aplastar una mosca en el espacio exterior. A comienzos de 1968 los soviéticos probaron un arma antisatélite[16]. Para mediados de la década de los ochenta habían ensayado al menos veinte veces el sistema contra objetivos en el espacio[17]. De una serie de catorce pruebas, hicieron blanco en nueve ocasiones. En contraste, y aunque Estados Unidos probablemente podría contar muy pronto con un arma antisatélite, ha optado hasta ahora por no hacerlo y en realidad ha restado prioridad a las investigaciones en este campo. Se ha apoyado por el contrario en la amenaza de la represalia masiva.

Hoy en día cualquier ataque directo a satélites norteamericanos sería considerado casi como equivalente a una agresión nuclear. Como lo expresó un investigador: «Tal vez no sea tan grave como lanzar una bomba atómica sobre Washington. ¿Pero tanto como contra Richmond, en Virginia? Quizá.»

Neutralización de satélites

Para evitar una confrontación de este tipo, los ex soviéticos y los norteamericanos llegaron al acuerdo tácito de no disparar contra los satélites del otro. Pero derribarlo puede ser la manera más espectacular de cegar a su propietario. Resulta más fácil, más barato e incluso más eficaz «neutralizarlo», es decir dañarlo, perturbarlo, destruirlo o reprogramar la información que procesa y transmite. Hay en realidad motivos para creer que en una ocasión los soviéticos lograron manipular un satélite norteamericano del que más tarde se dijo públicamente que había «muerto» por razones misteriosas. Esto sucedió antes de que las dos superpotencias decidieran que resultaba demasiado peligroso «quitar tapacubos» en el espacio.

Algunos elementos de los sistemas de satélites de Estados Unidos son más vulnerables de lo que se sospecha. Según el informe final del Pentágono sobre el conflicto del Golfo, «si el enemigo hubiese podido o querido», los satélites norteamericanos de comunicaciones habrían resultado «vulnerables a interferencias, intercepción, observación y engaño [es decir, tergiversación]».

Peor aún, según Ronald Elliott, especialista de mando y control en el cuartel general de la Infantería de Marina de Estados Unidos, a medida que aumenta el empleo de componentes accesibles en redes de ordenadores y de comunicaciones se hace cada vez más difícil detectar los «elementos indeseables» allí colocados. De modo semejante, «las redes móviles de satélites y de radio para ordenadores» incrementan las posibilidades de «escucha y agresión». Y cuando sean cada vez más las personas que diseñen, instalen y manejen tales sistemas –y cuando se desintegren estructuras políticas o cambien las alianzas– se multiplicarán los problemas del espionaje antisatélite y de las fugas de cerebros.

Durante la guerra fría el enemigo era conocido. Es posible que mañana ni siquiera quepa imaginar quién es el adversario, exactamente tal como sucede hoy en algunas agresiones terroristas.

Agujeros negros y trampas

En primer lugar, los adversarios potenciales son cada vez más numerosos y diversos. En segundo lugar, los métodos de sabotaje o manipulación de los satélites enemigos y sus correspondientes ordenadores y redes son progresivamente más complicados («agujeros negros», «virus» y «trampas», técnicas concebidas por los llamados *hackers*, que logran penetrar y tergiversar sistemas informáticos, son solamente las más sencillas entre las tácticas posibles). En tercer lugar, cabe sabotear un sistema enemigo y hacer creer que ha sido otro quien lo ha hecho. Imaginemos, por ejemplo, una agresión china a las comunicaciones norteamericanas por satélite, que se disfrace como una intervención del espionaje israelí, o viceversa. En cuarto lugar, basta con un modestísimo equipo –en buena parte a la venta en la tienda de artículos electrónicos del barrio– para manipular o interferir mensajes de satélites, estaciones terrestres y sus correspondientes redes.

Y, finalmente, díganos cómo acometer una «represalia masiva» contra una banda terrorista, un jefe del narcotráfico o incluso un pequeño Estado carente de una infraestructura o de un centro de mando suficientemente importantes para atacarlos. O contra un equipo de «terroristas informáticos» que lleguen a Estados Unidos para sabotear nódulos cruciales de su tan vulnerable sistema de comunicaciones y enlaces por vía satélite. O que ni siquiera tengan la necesidad de estar en Norteamérica, sino que se sienten ante una pantalla al otro lado del mundo y penetren en las redes que procesan y transmiten datos procedentes de satélites, problema al que volveremos pronto.

Tras el derrumbamiento de la Unión Soviética, el mundo percibió el peligro de que sus científicos nucleares, privados de sus puestos y de sus asignaciones, pudieran vender conocimientos técnicos a Libia, Pakistán u otros países hambrientos de armas atómicas a cambio de empleos o de dinero. ¿Son los ingenieros de satélites y los científicos de misiles inmunes a tentaciones semejantes? No cuesta mucho imaginar a unos especialistas en satélites o en misiles, desarraigados, descontentos y desesperados del polígono de pruebas de Tyuratam, por ejemplo, en Kazajstán, ofreciendo información secreta a China, o al Saddam Hussein de turno.

Incluso se puede concebir que China, por ejemplo, aprenda con la ayuda de especialistas ex soviéticos a manipular en su propio beneficio todo un gran subsistema de satélites de la antigua Unión Soviética. ¿Es posible, llegado el caso, suponer que la «maquinaria espacial norteamericana de doscientos mil millones de dólares» sea inmune a tal tipo de manipulación?

Por añadidura, la seguridad de los satélites no es exclusivamente cuestión de interés militar. Muchos de los más importantes tratados mundiales para la preservación de la paz –que limitan la proliferación de armas nucleares, químicas o biológicas; que rigen los desplazamientos de tropas; que están concebidos para crear una confianza entre países hostiles; otros referidos a ciertas operaciones de pacificación; tratados para prevenir en el futuro la guerra ecológica– dependen de una comprobación de su cumplimiento. Un tratado sólo tendrá valor si cabe supervisar el comportamiento de sus signatarios. Y la forma principal de supervisión y comprobación es la vigilancia mediante satélites.

Por todas estas razones y aunque nadie puede saber cómo se desarrollarán exactamente en las próximas décadas la guerra espacial y la antiguerra basada en el espacio, está claro que en el siglo XXI ambas desempeñarán un papel aún más crucial.

Es posible que antes de que concluya este siglo, y a no ser que quienes luchan contra la guerra consigan que el mundo adopte unas medidas preventivas, vean nuestros hijos elevarse a un nivel muy superior –y más peligroso– las rivalidades espaciales.

El sector vital del espacio

Hoy en día no existe un solo país, ni siquiera entre los más adelantados, que disponga de una estrategia militar general a largo plazo en lo que al espacio se refiere. Esta afirmación es de John Collins, autor de un estudio muy importante pero en gran medida ignorado, que analiza en términos militares el sistema Tierra-Luna. Encargado por el Congreso de Estados Unidos y titulado *Fuerzas militares espaciales: los próximos cincuenta años*, el libro merece una lectura atenta.

Collins, investigador superior de la Biblioteca del Congreso de Estados Unidos, cita al geopolítico Halford J. Mackinder (1861-1947), que a comienzos de siglo desarrolló la teoría de que la Europa central y oriental con Rusia constituía el «sector vital»[18] del poder global, mientras que África y el resto de Eurasia era simplemente la «isla mundial».

Mackinder formuló una regla harto citada que reza así:

- Quien controla Europa oriental, domina el sector vital.
- Quien controla el sector vital, domina la isla mundial.
- Quien controla la isla mundial, domina el mundo.

Ha pasado casi un siglo y ya nadie toma en serio la teoría de Mackinder porque la fuerza aérea y la espacial han hecho que los supuestos geopolíticos de entonces se hayan quedado anticuados. Pero Collins extrae de Mackinder una analogía espectacular. «El espacio circunterrestre –explica– ... engloba la Tierra hasta una altura aproximada de unos ochenta mil kilómetros.» Y ésa, señala, será la clave de la dominación militar hacia mediado del siglo XXI.

- Quien controla el espacio circunterrestre, domina el planeta Tierra.
- Quien controla la Luna, domina el espacio circunterrestre.
- Quien controla L4 y L5, domina el sistema Tierra-Luna.

L4 y L5 son puntos de libración lunar, lugares del espacio donde la atracción gravitatoria de la Luna y de la Tierra resultan exactamente iguales. En teoría, unas bases militares podrían permanecer allí durante largo tiempo sin requerir mucho combustible. Para los guerreros espaciales del mañana constituirían el equivalente de un «terreno alto».

Estas reflexiones suenan hoy en día un poco a ciencia ficción, pero así sucedió con los primeros planes acerca de la guerra con carros de combate o aviones. Miope sería quien rechazase de plano estas ideas, o pensara que el afán por la explotación militar del espacio está extinguido o que la impedirán los recortes presupuestarios.

De las acciones emprendidas más allá de la Tierra dependerán cada vez más no sólo la guerra, sino también la antiguerra de la tercera ola. Una pacificación preventiva nos obliga a mirar más allá del presente. No se trata simplemente de dólares; lo que está en juego es el destino humano.

XIII. GUERRAS DE ROBOTS

Una leyenda medieval judía habla de un autómata llamado el Golem que cobró misteriosamente vida para proteger a su dueño. Ahora asoma por el horizonte una nueva raza de *Golems,* los guerreros robóticos, y nadie que estudie seriamente la guerra y la antiguerra de la tercera ola puede permitirse ignorarlos.

Hablar de robots en el campo de batalla resulta tan antiguo como barato. Desde la Primera Guerra Mundial el intento de construir robots militares prácticos tropezó con innumerables escollos y dificultades. El público no informado sigue asociando a los robots combatientes con películas de ciencia ficción como *Robocop* o *Terminator 2*, y los militares tradicionalistas no abandonan su escepticismo.

Sin embargo, los investigadores de la actividad bélica están reconsiderando en todo el mundo esta tecnología. Afirman que las nuevas condiciones conducirán a un empeño más fuerte que nunca en pro de la robotización. Lewis Franklin, ex vicepresidente del Sector de Espacio y Defensa de TRW, una importante firma contratista de material de defensa, cree que cabe esperar para dentro de diez o quince años un pequeño alud de sistemas militares robóticos.

Por referirnos a un solo ejemplo, el conflicto del Golfo prestó un gran impulso a los vehículos de control remoto. Según

Defense News, la guerra «galvanizó el empleo» de estas aeronaves y en consecuencia «cabe esperar una explosión en la demanda internacional de aviones de combate sin piloto».

Los fabricantes de todo tipo de robots militares confían en que antes de que acabe la década, y a pesar de las reducciones presupuestarias, haya un mercado de cuatro mil millones de dólares. Esperan que el gasto norteamericano en robots llegará a decuplicarse. Tanto si se cumple como si falla esta previsión optimista, dice el teniente Joseph Beel, profesor de la Academia Naval de Estados Unidos, es posible que otros países los utilicen en conflictos futuros contra fuerzas norteamericanas.

Varios factores a largo plazo prestan crédito a estas previsiones. El primero es puramente tecnológico. A medida que se multiplican los robots en fábricas y oficinas, avanza rápidamente la investigación civil sobre robótica. Desde chips que controlan las redes telefónicas de «autocuración» a edificios y autopistas «inteligentes», se está creando una base técnica para acelerar en el futuro la robotización de la economía. Esto a su vez desencadenará un alud de aplicaciones de potencial militar.

Una ganga bélica

En economías civiles donde resulta barata la mano de obra, el progreso de la robotización es lento o inexistente. Pero cuando aumentan los costes del trabajo, la automatización en general y la robotización en particular se tornan competitivamente ventajosas. En buena parte esto se aplica también a las fuerzas armadas. Unos ejércitos de reclutas mal pagados reducen el incentivo para una renovación tecnológica. Por contraste, si en las fuerzas armadas predominan los profesionales mejor remunerados, los robots se convierten en una ganga bélica.

Además es probable que la difusión por todo el mundo de armas químicas, biológicas y nucleares promueva la robotización cuando los campos de batalla sean demasiado tóxicos para unos soldados humanos. Puede haber guerreros robóticos especialmente concebidos para actuar en tales ambientes.

Pero el factor más importante que favorezca la robotización será quizá el cambio en la actitud del público respecto de los niveles «aceptables» de bajas. Según el general de división Jerry Harrison, ex jefe de los laboratorios de investigación y desarrollo del Ejército de Estados Unidos, las bajas aliadas extremadamente reducidas de la guerra del Golfo «establecieron un nivel que sorprendió a muchos. Para repetirlo en una futura guerra, habrá que recurrir a la robótica»[1].

Entre las operaciones más arriesgadas en combate figuran las misiones de reconocimiento y exploración mediante helicópteros. Un modo de reducir las bajas de tripulantes de helicópteros consistiría, por ejemplo, en lanzar flotas de robots a baja altura, del tamaño y forma de los aeromodelos, cada uno de los cuales dispondría de un detector especializado de un tipo diferente y transmitiría sus datos al jefe de la unidad. Según *Tecnologías estratégicas para el Ejército del siglo* XXI, un informe redactado tras la experiencia del Golfo por el Ejército norteamericano, este tipo de aviones sin piloto proporcionan «una alternativa menos vulnerable y costosa que no pone en peligro las vidas de las tripulaciones».

Henry C. Yuen tiene otra idea. (Yuen es quizá más conocido como inventor del VCR *Plus+*, un aparato que permite programar el vídeo sin tener que licenciarse antes en ingeniería electrónica. Pero esta invención fue un efecto marginal que logró Yuen, experto en guerra antisubmarina, cuando trabajaba en la TRW.) En un documento de difusión interna escrito poco después de que concluyese la guerra del Golfo, Yuen afirmó que «uno de los objetivos principales del desarrollo de nuevas armas debería ser la reducción o la eliminación total del riesgo humano. Dicho sencillamente, hay que lograr en la medida de lo posible que no sean personas quienes manejen armas o equipos que ofrezcan un peligro». Tendrán, pues, que ser robots. Yuen concibió unos carros de combate no tripulados que operarían en equipo bajo el control de una base remota[2].

El general Harrison ha expuesto las mismas ideas: «Usted protege a su equipo A, a sus jugadores universitarios, sus soldados, sus pilotos, hasta que ya no tiene más remedio que lanzarles a la lucha. Y procede así mediante el empleo de un robot ... Podría disponer de un carro de combate desde el que un soldado controlase a seis blindados sin dotación alguna.»[3]

Franklin, Yuen y Harrison representan sólo unas cuantas de las muchas voces que postulan una rápida robotización. Los robots podrían hacer algo más que sustituir a pilotos de helicópteros de reconocimiento o a conductores de carros de combate. Amén de la obtención de información y de la localización de objetivos, cabe emplearlos para engañar o destruir el radar enemigo, obtener datos acerca del daño infligido a un adversario, reparar un equipo y patrullar perímetros de bases. Son también posibles otras numerosas aplicaciones. Su escala abarca desde el rescate y la neutralización de ojivas explosivas al apoyo logístico; descontaminación de ambientes tóxicos; colocación de detectores bajo tierra o en el mar; recogida de minas; reparación de pistas de aeródromos destrozadas por las bombas, y mucho más. En una ponencia presentada durante una reciente reunión de los 2.500 miembros de la Asociación de Sistemas de Vehículos No Tripulados, Harvey Meieran[4], de PHD Technologies Inc., de Pittsburgh, citó al menos 57 funciones bélicas que pueden desempeñar los robots.

Los fabricantes de robots se muestran, como es natural, complacidos por el nuevo respeto que despierta su trabajo. Les atraen también las perspectivas que les brindan los nuevos progresos en inteligencia artificial, realidad virtual, capacidad informática, presentación de datos y tecnologías anejas. Pero les preocupa la controversia sobre qué vendrá después. Lo que les inquieta no es cómo hacer más inteligentes las armas robóticas, sino hasta qué punto se permitirá que lo sean.

Entre esos ingenieros se desarrolla un debate sereno que suscita algunas de las cuestiones más serias con que se enfrenta la raza humana. Está en juego no simplemente la guerra o la paz, sino la posible subordinación de nuestra especie a unos robots exterminadores y superinteligentes, cada vez más conscientes de que lo son.

Robots sobre el desierto

Después de ser durante largo tiempo patrimonio de las revistas baratas de ciencia ficción y de películas como *The Forbin project,* los robots que realmente piensan por sí mismos (o lo simulan) han sido tomados en serio por primera vez por los hombres y las mujeres que conciben las tecnologías bélicas de un futuro no muy lejano. Se ha planteado un conflicto ideológico entre los defensores de los robots controlados por seres humanos y quienes postulan unas armas «autónomas» con inteligencia suficiente para actuar por sí mismas.

Las armas robóticas sólo desempeñaron un pequeño papel en la guerra del Golfo y las que se hicieron más patentes se hallaban sometidas al control humano. El cielo de Kuwait e Irak se pobló de Pioneer, pequeños aviones sin piloto y sin armas bajo el control de «teleoperadores» sentados a kilómetros de distancia ante las pantallas de sus monitores. Los robots hacían el trabajo, pero los seres humanos tomaban las decisiones.

Concebidos por Israel y fabricados por una empresa norteamericana, los aviones sin piloto Pioneer apenas fueron mencionados por los medios occidentales de comunicación y menos aún por los iraquíes. Algunos partieron de la cubierta del crucero acorazado norteamericano *Wisconsin* y otros de unidades terrestres del Ejército y de la Infantería de Marina. Según Edward E. Davis, subdirector del programa de «vehículos aéreos no tripulados» de la Marina, los Pioneer realizaron 330 salidas y volaron más de mil horas en el aire una vez comenzada la Tormenta del Desierto. Durante todo el período de los combates hubo siempre uno en el aire.

Estos vehículos de control remoto realizaron misiones de reconocimiento, comprobaron el daño infligido por las bombas, buscaron minas en el Golfo, lo rastrearon para localizar patrulleras iraquíes y desempeñaron otras tareas. Tres resultaron alcanzados por armas de pequeño calibre. Uno fue derribado.

Los Pioneer detectaron desde el aire plataformas móviles de misiles iraquíes cuando regresaban a sus bases, localizaron emplazamientos de misiles Silkworm, determinaron si estaban activos o inactivos y observaron a las fuerzas terrestres iraquíes cuando se concentraban para el breve y fallido ataque contra al-Kafji, en Arabia Saudí. La información recogida por las cámaras y los detectores de los aviones sin piloto era transmitida a las bases terrestres y luego a los Cobra y los Av-8B en vuelo que atacaban a las formaciones iraquíes. Por todas partes los Pioneer inspeccionaron rutas y determinaron los planes de vuelo que debían seguir los helicópteros Apache del ejército.

Pero los Pioneer no fueron los únicos robots controlados que se emplearon. La LXXXII División Aerotransportada de Estados Unidos utilizó un avión experimental Pointer sin piloto que puede llevarse en dos mochilas y ser montado en cinco minutos. Se usó para patrullar perímetros de bases. También se utilizaron otros vehículos aéreos no tripulados, como el canadiense CL-89 y el MART de fabricación francesa, para identificar objetivos, como señuelos y para otras funciones. Tampoco se limitaron los robots a las operaciones aéreas. Los dragaminas alemanes emplearon unas patrulleras no tripuladas llamadas TROIKAS.

Retract Maple

Experiencias como éstas han espoleado los trabajos en proyectos más ambiciosos. La Marina de Estados Unidos está gastando más de quinientos millones de dólares en un programa secreto llamado Retract Maple que permitirá al comandante del buque Uno recibir del buque Dos datos del radar y otra información instantánea y disparar automáticamente los cohetes de los buques Tres, Cuatro o, viniendo al caso, Diez o Veinte. Además, el Retract Maple puede enviar señuelos e interferir el sistema de orientación de misiles enemigos que se aproximen.

Proporciona al jefe de una agrupación naval un control remoto sobre todos sus buques, desde cruceros y destructores para abajo.

Por extensión, cabe concebir la integración aún más compleja de helicópteros, buques, carros de combate y aviones de apoyo a las fuerzas terrestres en un solo «organismo robótico» bajo el control de teleoperadores. La imaginación conjura un campo de batalla enteramente robotizado.

Hoy en día, son literalmente centenares los trabajos de investigación y desarrollo de robots en Italia, Israel, Sudáfrica, la República rusa, Alemania y Japón. Pero hasta los supuestamente concebidos para usos civiles pueden crear tecnologías «duales».

Japan Aviation Electronics Industry Ltd. ha construido un helicóptero de control remoto que, en palabras de Toshio Shimazaki, de esta empresa, podría ser utilizado para «tomar fotografías y recoger datos sobre temperaturas, emisiones u otros factores en las proximidades de petroleros incendiados o de volcanes submarinos». Yamaha, conocida por sus pianos y sus motocicletas, ha desarrollado el helicóptero R-50 de control remoto para fumigación de cultivos. La Universidad de Kioto y dos organismos oficiales construyen un pequeño avión robot con funciones potenciales para la meteorología, el medio ambiente y transmisiones de radio. Este avión se ha concebido para permanecer indefinidamente en el aire con energía proporcionada desde tierra por microondas. Mientras tanto, Komatsu Ltd. ha creado un aparato robótico de múltiples patas para su empleo en construcciones bajo el agua.[5]

La Constitución japonesa veda la exportación de armas. Pero uno se pregunta qué impediría usar este robot submarino en la colocación de minas o detectores en lugares de otro modo inaccesibles. Todos estos robots –exactamente igual que sucede con camiones y *jeeps*– pueden ser desde luego empleados con fines tanto militares como puramente civiles.

Muchos de ellos se hallan especialmente construidos para la protección contra el terrorismo de fábricas, por no mencionar bases de misiles o instalaciones nucleares. Tal vez la mejor panorámica de la robótica militar sea un breve volumen titulado *War without men (Guerra sin hombres)* de dos investigadores,

Steven M. Shaker y Alan R. Wise. Según ellos, de quienes son muchos de estos ejemplos, Robot Defense Systems, una empresa de Colorado, ha fabricado para misiones de vigilancia un vehículo llamado Merodeador, de ruedas y dos toneladas de peso.

MERODEADOR

El Merodeador[6] puede ser manejado a treinta kilómetros de distancia. Dotado de ordenadores y cámaras giratorias de televisión, el vehículo es capaz de dar vueltas alrededor de unas instalaciones o vigilar su entrada. Para determinar su localización dispone de telémetros de láser y otros instrumentos, incluyendo detectores que indican los cambios en el terreno que atraviesa. A distancia, el operador «ve» lo que encuentran las cámaras en su exploración.

El vehículo puede ser dotado de equipo para visión nocturna, sondas de infrarrojos, radar, detectores electromagnéticos y sísmicos del movimiento. También puede estar equipado con una gran variedad de armas. Se nos ha dicho que la gigantesca firma contratista Bechtel National ha propuesto su empleo «para misiones de seguridad en una instalación de un país de Oriente Próximo».

Mientras tanto Israel, rodeado de vecinos hostiles, con un ejército numéricamente muy inferior a los de sus enemigos, se ha puesto a la cabeza de todo el mundo en el diseño y la aplicación de la tecnología robótica con fines tanto pacíficos como militares. No lejos del mar de Galilea, la fábrica Iscar produce herramientas cortantes para la exportación. Construida por un visionario de la tecnología avanzada llamado Stef Wertheimer y su hijo Eitan, es un modelo de robotización fabril. El empleo militar de los robots se encuentra también muy desarrollado en Israel, que usó vehículos de control remoto en su éxito espectacular de 1982 contra los sirios del Líbano y los ha utilizado asimismo en acciones antiterroristas. En cierta ocasión un avión de control remoto siguió hasta su base a un coche en que regresaban unos terroristas, de tal modo que éste pudo ser destruido seguidamente mediante un ataque aéreo.

Terrorismo robótico[7]

Pero, como señalan Shaker y Wise, «los terroristas están adquiriendo más sutileza en su lucha contra la tecnología robótica». Citan un caso en que se utilizó un robot para desarmar una bomba, bajo el control a distancia de un operador. Los revolucionarios fueron «capaces de imponerse al ... control de radio del operador y lograr que el robot se volviera contra él. El operador a duras penas consiguió escapar a la explosión provocada por su robot».

Y prosiguen: «Los vehículos robóticos sin conciencia moral y sin temor a las misiones suicidas pueden ... llegar a ser los terroristas ideales. El empleo de asesinos mecanizados causaría ciertamente pánico y preocupación entre las víctimas y generaría la publicidad que los terroristas buscan.»

Hasta ahora hemos hablado de la robótica controlada por seres humanos. Pero éste es sólo el primer paso, y aún incompleto, en el camino hacia los robots autónomos, mucho más avanzados y con creces más discutidos. Comparados con éstos, los robots de control remoto o teledirigidos son sólo semiinteligentes. Hay artefactos más avanzados, como el misil de crucero Tomahawk, que, una vez lanzado, ya no recibe instrucciones, pero se halla programado de antemano para actuar por su cuenta.

El paso final es el representado por las armas que, después de «nacer» o ser puestas en marcha, toman cada vez más decisiones propias. Éstas son las llamadas armas «autónomas» y, en definitiva, afirma Marvin S. Stone, director gerente de la división de electrónica y tecnología de TRW, «todas las armas serán progresivamente más autónomas»[8].

El problema de las armas robóticas de control remoto estriba en su dependencia de comunicaciones vulnerables que unen a seres humanos con prolongaciones mecánicas de sí mismos, menos brillantes pero muy obedientes. Si la comunicación cesa, es estorbada o saboteada o, peor aún, manipulada por el enemigo, el robot se vuelve inútil o potencialmente autodestructivo. Si la capacidad de percibir los datos, interpretarlos y tomar las decisiones se halla dentro de la propia arma, los circuitos de comunicación son internos y resultan más seguros.

Otra característica de los robots autónomos es la velocidad. Son capaces de tomar decisiones con una rapidez muy superior a la humana, factor clave a medida que se acelera la actividad bélica. Shaker y Wise señalan que las diferentes partes de un sistema de defensa de misiles «han de intercambiar datos con el fin de oponerse a un ataque estratégico a una velocidad tan elevada que los seres humanos no pueden participar en la adopción de decisiones en el lugar de los hechos».

Si es preciso confiar en que los robots tomen autónomamente tales decisiones, más vale que sean superinteligentes. De ahí la búsqueda de robots que en realidad puedan aprender de su propia experiencia. El Laboratorio de Investigación Naval de Estados Unidos ha desarrollado un programa informático que, según *Defense News*, «permite a unos vehículos robots formular juicios rudimentarios y aprender a enfrentarse con circunstancias inesperadas». Probado en un simulador de vuelo, el programa aprendió a lograr en el ciento por ciento de las pruebas que un F/A-18 aterrizase normalmente en la cubierta de un portaaviones que cabeceaba. Ese mismo programa consiguió incrementar de un 40 a un 99 por ciento de las veces la capacidad del avión para sustraerse a los cohetes antiaéreos.

Así pues, los defensores de las armas autónomas afirman que ofrecen más seguridad y velocidad y, en algunos casos, la capacidad de aprender a partir de sus propias experiencias. Más aún, como los robots teledirigidos, pueden ser enlazados para constituir sistemas gigantescos.

Tal como fue originariamente concebida, la Iniciativa de Defensa Estratégica, con su red mundial de satélites, detectores y estaciones terrestres, podía ser considerada como un solo «megarrobot» autónomo, en la que al menos algunas de cuyas partes operarían por su cuenta. Pero estos planes ni siquiera rozan apenas la superficie de las posibilidades.

Al margen de la Iniciativa de Defensa Estratégica, la Agencia del Proyecto de Investigación Avanzada para la Defensa comenzó hace una década a financiar las investigaciones sobre vehículos capaces de decidir por sí mismos. Su programa SHARC ha estudiado lo que se podría hacer con todo un grupo de vehículos robóticos que se comunicasen entre sí. Es incluso posible imaginar la aparición en estos robots de una especie de «conciencia» colectiva o de semitelepatía.

Los enemigos de los robots

Esto contribuye quizá a explicar, al menos en parte, la resistencia con que se enfrentan los constructores de robots. Aquí hallamos de nuevo un paralelismo con la economía civil. Exactamente igual que en el mundo empresarial, la robotización militar se cierne como una amenaza sobre intereses creados. Shaker y Wise añaden: «En la fábrica son los puestos de trabajo de los obreros manuales los que peligran por obra de la automatización ... Entre los militares... los oficiales son con frecuencia quienes participan directamente en la gestión de los sistemas de armas; la introducción potencial de vehículos robots significa el riesgo de extinción de estas misiones. Es probable que su resistencia sea más enérgica que la registrada en las fábricas.»[9]

Señalan que en Estados Unidos «la categoría sobresaliente de las Fuerzas Aéreas está en buena parte constituida por pilotos. En la Marina, tanto pilotos como comandantes de unidades son quienes controlan la organización. En el Ejército actual el mando corresponde fundamentalmente a los destinados a los grupos de combate. Sucede lo mismo en las fuerzas armadas de otras naciones. Los planificadores, los oficiales de información, comunicaciones, intendencia y otros especialistas no combatientes rara vez llegan a la cima del poder». El paso a la actividad bélica de la tercera ola y muy particularmente la tendencia a la robotización podría alterar este estado de cosas y reducir los gajes y el poder de los militares que ahora dirigen sistemas tripulados.

Pero no cabe despachar como una simple cuestión de intereses personales la resistencia a los robots y en especial a su autonomía. Los adversarios de los robots arguyen que las armas robóticas no son capaces de adaptarse a los cambios infinitos y súbitos que sobrevienen en el campo de batalla. ¿Resulta posible disponer en cada momento de un control humano auxiliar?

¿Cuál es la moral de unos robots exterminadores que quizá no logren distinguir entre un enemigo que constituye una amenaza y otro que trata desesperadamente de rendirse? ¿Cabe que se descompongan unas armas robóticas y que desencadenen una conflagración de escalada interminable? Son suficientemente inteligentes los programadores humanos para prever cada cambio posible en las circunstancias del campo de batalla?

Aquí es donde se plantea una perspectiva como la del doctor Strangelove, el personaje de la ficción cinematográfica. ¿No corremos el riesgo de que se desencadene una guerra al privar del control a los seres humanos? Los defensores de los robots mencionan el hecho –poco conocido del público– de que algunos de nuestros sistemas de armas nucleares más mortíferas dependen, y han dependido durante mucho tiempo, de componentes en parte autónomos. La velocidad y el peligro atribuidos a un ataque nuclear soviético eran tan grandes que sólo podía existir garantía de disuasión basándose en un cierto grado de autonomía. Y a pesar de eso, desde que comenzó la era nuclear hace medio siglo no se ha registrado ningún lanzamiento accidental o imprevisto. Apenas hace falta decir que también pueden fallar los seres humanos que toman decisiones.

Pero eso no tranquiliza a todo el mundo. La diferencia se indica, es que si las personas pierden la cabeza, quizá haya tiempo de detenerlas o de limitar las consecuencias de sus decisiones. Tal vez no suceda de ese modo si dotamos a los sistemas de armas robóticas con una inteligencia sobrehumana y les conferimos el poder de tomar decisiones instantáneas, de aprender y de comunicarse entre sí.

Hasta los mejores diseñadores de robots pueden cometer y cometen errores. Ni siquiera el más selecto equipo de programadores llega a «pensar en todo». El peligro consiste en que no queden a prueba de fallos, en una incapacidad para hacer frente al error, la sorpresa y el azar, precisamente los fenómenos que proliferan en lo que Clausewitz llamó «la bruma de la guerra».

Este tipo de consideraciones lúgubres han inducido a notables científicos informáticos a oponerse de plano a la robotización militar. Pero la realidad no se presenta en blanco y negro de manera tan tajante. Hay casi un número infinito de mezclas posibles, sistemas que combinan la dirección remota con diversos grados de autonomía. Y son éstos los que parecen ofrecer mayor probabilidad de proliferar a comienzos del siglo XXI. Tanto si nos hallamos preparados como si no lo estamos, los robots, al igual que los satélites y los misiles y la guerra de tecnología avanzada, tendrán un puesto en la naciente forma bélica de la civilización de la tercera ola.

Llevado a sus últimas consecuencias, el debate sobre las armas autónomas nos empuja más allá de todo límite. Si las investigaciones avanzadas en robótica militar llegan a convergir con las que actualmente se desarrollan en el campo de la biología y de la evolución informáticas, todas las predicciones actuales perderían verdaderamente validez. En el Grupo T-13 de Sistemas Complejos del Laboratorio Nacional de Los Álamos, unos investigadores estudian sistemas artificiales que imiten a los sistemas vivos y desarrollen la capacidad para una conducta independiente. Los científicos de este campo se muestran muy preocupados por sus implicaciones morales y militares. Doyne Farmer, un físico de Los Álamos, que ha abandonado el centro para crear su propia empresa, consideró en un ensayo escrito con Alletta D'A. Belin que «una vez instaladas unas máquinas bélicas autorreproductoras, se haría imposible su desmantelamiento ... aunque cambiásemos de idea; puede que, literalmente, quedasen fuera de control».

En el próximo capítulo conoceremos algunas «máquinas bélicas autorreproductoras». Pero mucho tiempo antes de que lleguen a existir hay que plantearse esta pregunta: ¿Cómo y en qué grado cabe aplicar a la paz tanto como a la guerra toda la imaginación y la inteligencia humanas concentradas y consagradas a la robótica? ¿Es posible que ésta pueda contribuir a la antiguerra de la tercera ola en la misma medida que a la guerra de ese mismo tiempo?

XIV. SUEÑOS DE DA VINCI

Mucho tiempo antes de que Leonardo da Vinci comenzase a jugar con la idea de las máquinas voladoras y de los fantásticos precursores del carro de combate, el cohete y el lanzallamas, mentes creadoras conjuraron armas del futuro.

A pesar de los recortes de gastos de defensa en muchos países (aunque en modo alguno en todos), la imaginación militar continúa en acción. Si preguntamos a soldados previsores lo que necesitarán sus fuerzas en los próximos años, sacarán de los cajones de la mesa una lista asombrosa de armas soñadas. Pocas serán las que lleguen a cobrar existencia. Pero algunas se materializarán para desempeñar un papel en la actividad bélica de la tercera ola.

Lo que hoy en día quiere la mayoría de las naciones son armas más inteligentes, empezando por los detectores. Los planificadores militares norteamericanos anhelan la siguiente generación de detectores capaces de captar objetos fijos y en movimiento situados entre 800 y 1.600 kilómetros de distancia. Este tipo de detectores serían montados en aviones tripulados, aeronaves sin piloto o en vehículos espaciales, pero lo más importante es que se hallarían bajo el control descentralizado de los jefes de operaciones en campaña, que podrían desplazarlos como fuese preciso y seleccionar la información que de allí recibieran. Este detector inteligente de un futuro a corto plazo integraría o «fundiría» muy diferentes tipos de datos minuciosos, los sintetizaría y comprobaría con muchas y diversas bases de datos. El resultado sería una alarma previa mejor, una localización más perfecta y una estimación superior del daño infligido. Los detectores constituyen una prioridad fundamental.

En tierra, las fuerzas armadas quieren reemplazar las minas estúpidas e inertes por minas inteligentes que no esperen a que ruede por encima un carro de combate enemigo. En contraste, la «mina inteligente» exploraría acústicamente el área en torno, compararía ruidos de motores y vibraciones terrestres con los de una serie de vehículos, identificaría el objetivo, emplearía el detector de infrarrojos para localizarlo y entonces lanzaría contra el blanco una carga proporcionada[1].

Asimismo, el Ejército de Estados Unidos busca un «blindaje inteligente»[2] para sus propios carros de combate. Al aproximarse el proyectil, una maraña de detectores montados en la superficie del carro de combate mediría e identificaría el tipo de sonido y comunicaría instantáneamente esta información al ordenador de a bordo. Éste dispararía pequeñas «tejas» explosivas situadas en el exterior del carro para desviar o destruir la granada. Este tipo de blindaje perfeccionado rechazaría ojivas cinéticas o químicas.

Otros planificadores imaginan un campo de batalla completamente eléctrico, que supondría para la artillería el final de la era de la pólvora. En esta perspectiva la electricidad impulsa a la granada y la electrónica la guía hacia su objetivo. Todos los vehículos son eléctricos, recargados, quizá, por aviones que vuelen por encima y les transmitan energía.

Un traje de Hollywood[3]

Asimismo, existe una nueva concepción del soldado. Según el general de división Jerry Harrison, ex jefe de los laboratorios de investigación y desarrollo del Ejército de Estados Unidos, ya no cabe considerarlo «como alguien a quien se carga con un fusil o con una radio sino como un sistema».

Se estudia el concepto del SIPS (un traje protector integrado del soldado). Este «traje» puede brindar una defensa contra armas nucleares, químicas o biológicas, proporcionar al combatiente visores nocturnos y una presentación frontal de datos. Asimismo, dispondrá de un sistema de puntería que sea capaz de seguir los movimientos oculares de forma tal que oriente automáticamente el arma hacia donde mire el soldado.

Todas estas propiedades y otras adicionales se hallarían integradas en un traje que parece salido directamente de los departamentos de efectos especiales de Hollywood, una indumentaria inteligente y exoesquelética que aprendiera a desempeñar las tareas repetitivas del soldado de modo tal que él o ella pueda recorrer quince kilómetros al tiempo que dormita, un traje que multiplique varias veces la fuerza de quien lo viste. Como explica el general Harrison, «quiero poner a ese chico un traje exoesquelético que le permita salvar de un salto grandes edificios». Es evidente la alusión a Supermán.

Pero el soldado que vista ese traje no será un personaje de tebeo, todo músculo y escaso cerebro, sino un hombre o una mujer inteligente, capaz de procesar grandes volúmenes de información, analizarla y adoptar una acción ingeniosa basada en tales datos.

Esta visión del soldado como un Supermán o como un Schwarzenegger, o más exactamente como un Terminator, ha sido tomada tan en serio como para haber constituido en torno de este concepto un grupo de investigación en el Laboratorio de Ingeniería Humana de Aberdeen, Maryland.

Según el general de división William Forster, director de exigencias bélicas del Pentágono, el objetivo último de las investigaciones sobre el SIPS es «aumentar la eficacia del individuo de tal modo que se requieran menos soldados. Cuanto menor sea el número de "pieles blandas" en campaña, menos bajas habrá».

Ciencia ficción o no, Forster advierte: «Se debate a fondo el Exoesqueleto o Exohombre y, aunque esté muy lejano, todo ello se encuentra dentro de las leyes conocidas de la física. Lo difícil es lograr que resulten económicas y seguras.»

Existen posibilidades aún más notables dentro del marco de las leyes conocidas: las micromáquinas[4], por ejemplo. Ya están patentadas las primeras micromáquinas, entre ellas existe, un motor eléctrico de longitud inferior a un milímetro que, según el profesor Johannes G. Smits, es capaz de impulsar a un robot del tamaño de una hormiga.

«Imagine lo que conseguiría hacer con una hormiga si fuera capaz de controlarla», dice Smits, un ingeniero electricista de la Universidad de Boston que posee la patente del nuevo motor. «Podría hacer que penetrase en la sede de la CIA.» La energía impulsora del minirrobot podría proceder de un minimicrófono que convirtiera sonidos en energía.

No hace falta mucha imaginación para darse cuenta de lo que una invasión de hormigas robóticas podría significar en una instalación de radar, en los motores de un avión o en un centro informático del enemigo.

Pero estas micromáquinas son gigantes enormes en comparación con las nanomáquinas que les seguirán. Si las micromáquinas tienen las dimensiones precisas para manipular células, las nanomáquinas serán capaces de manipular las moléculas que las constituyen. Los nanorrobots serían suficientemente pequeños para operar como submarinos en el torrente sanguíneo de seres humanos y presumiblemente podrían ser empleados, entre otros fines, en intervenciones quirúrgicas de nivel molecular.

En Estados Unidos y Japón, se trabaja actualmente sobre nanotecnología[5]. En este último país los investigadores Yotaro Hatamura y Hiroshi Miroshita han preparado un estudio sobre acoplamiento directo entre el mundo nanométrico y el mundo humano. Según una encuesta entre veinticinco científicos que investigan la nanotecnología, dentro de los diez o veinticinco años próximos no sólo seremos capaces de crear artefactos a escala molecular, sino que podremos lograr que se reproduzcan, es decir, criarlos.

Aquí nos acercamos a las referidas «máquinas bélicas autorreproductoras». Por ejemplo, los detectores inteligentes sobre los que hemos hablado hasta ahora son ampliaciones ya casi terminales de la tecnología actual. Pero dentro de una generación, afirma un físico de la RAND Corporation, «comenzaremos a investigar sobre detectores que ... puedan penetrar en sistemas de comunicaciones o acerca de otros que permanezcan allí durante veinte años, a la espera de que se les active por control remoto. Podrían ser del tamaño de una cabeza de alfiler.»

Imaginemos entonces detectores superinteligentes y minas, de la magnitud de unos cuantos nanómetros que, como se indicó en el párrafo anterior, fuesen capaces de reproducirse. Conciban ahora una perspectiva en la que una fuerza de policía global los disemine por un estado paria y los programe para reproducirse hasta alcanzar una determinada densidad en regiones militarmente delicadas. Este tipo de minas virtualmente indetectable e inocuo, quedaría activado de un modo selectivo desde el exterior por diminutas dosis de energía. En ese momento, se advierte al Saddam Hussein de turno que si no quiere ver estallar todas sus bases militares deberá cerrar su fábrica de armas químicas. A no ser que, desde luego, el enemigo los reprograme. O que se nieguen a reproducirse. Claro está que todo eso no es en este momento más que pura fantasía. Pero también lo eran las máquinas voladoras de Leonardo cuando las dibujó.

SUPEREPIDEMIAS

No hay necesidad, empero, de aguardar a la nanotecnología de autorreproducción para enfrentarse con nuevos terrores. Mucho tiempo antes de eso, la difusión de unos conocimientos científicos en constante progreso amenazará con convertir las armas convencionales químicas y biológicas[6] en la llamada «bomba nuclear de los pobres».

Aunque sigue siendo engorroso manejar y lanzar armas químicas o biológicas sin poner en peligro las fuerzas propias, no es probable que eso detenga a un futuro Pol Pot o Saddam Hussein. El mundo ha empezado a preocuparse justificadamente por los programas de armas químicas y biológicas en países como Libia, la India, Pakistán, China y Corea del Norte, por no mencionar a Irak, la mayoría de los cuales se enfrentará en las próximas décadas con una inestabilidad política y económica.

En enero de 1993, tras un cuarto de siglo de negociaciones, se reunieron en París 120 naciones para firmar complacidas de sí mismas la Convención de Armas Químicas. Teóricamente, este acuerdo prohíbe la producción y el almacenamiento de armas químicas. Se creó la correspondiente entidad, la Organización para la Prohibición de Armas Químicas, con objeto de observar el cumplimiento del acuerdo. Sus inspectores dispondrán de poderes superiores a los que hasta ahora disfrutaba la Agencia Internacional de Energía Atómica. Pero veintiún miembros de la Liga Árabe se negaron a participar en el acuerdo hasta que también se integrase Israel. Irak no envió ningún representante a la reunión. Y, en realidad, la convención no entra en vigor hasta seis meses después de que haya sido plenamente ratificada por 65 naciones.

Hasta Rusia, que se ha comprometido una y otra vez a eliminar las armas químicas, detuvo recientemente a dos científicos, Vil Mirzayanov y Lev Fiodorov, por revelar a la prensa que en un laboratorio de Moscú se desarrollaba una nueva arma química, después de que el presidente Yeltsin se hubiera manifestado favorable a los acuerdos con Estados Unidos para desembarazarse de tales ponzoñas.

Por lo que se refiere a los agentes de la guerra biológica –en muchos aspectos las peores armas de destrucción masiva–, hoy se sabe que en la Unión Soviética prosiguieron las investigaciones sobre armas ofensivas de guerra biológica mucho tiempo después de que firmase en 1972 un tratado que proclamaba la ilegalidad de estos medios; mucho tiempo después de que este tipo de actividades fuese desmentido por Gorbachov; mucho tiempo después de que el Estado soviético se desplomase y fuese reemplazado por Rusia, e incluso después de que Yeltsin ordenase públicamente acabar con las investigaciones sobre la guerra de gérmenes. En estos trabajos se incluía, y puede que siga incluyéndose, el estudio de una «superepidemia» de ingeniería genética que en un corto plazo pudiese acabar con la mitad de la población de una ciudad pequeña.

¿Quién controla en un país políticamente desgarrado y al borde de la anarquía unos gérmenes patógenos que sin duda subsisten en los laboratorios de la ex Unión Soviética? ¿Y en qué grado de seguridad se encuentran?

En 1976, los soviéticos, indudablemente conscientes de los horrores que criaban en sus propios laboratorios, solicitaron una prohibición internacional de las armas exóticas. Advirtieron entonces sobre la terrible posibilidad de armas específicas contra una raza[7] –genéticamente concebidas para afectar y diezmar sólo a miembros de los grupos étnicos elegidos–, el agente genocida definitivo en una guerra racial. En 1992 Bo Rybeck, director del Instituto Sueco de Investigación para la Defensa Nacional, señaló que cuando seamos capaces de identificar variaciones del ADN de diferentes grupos raciales y étnicos, «podremos determinar las diferencias entre blancos y negros, entre orientales y judíos, entre suecos y finlandeses y desarrollar un agente que sólo mate a un grupo [específico]». ¿Cabe imaginar el uso a que destinarían semejante tecnología los futuros partidarios de la «limpieza étnica»?

Las advertencias acerca de armas raciales específicas cobran un nuevo apremio a la luz de los recientes avances científicos relacionados con la Iniciativa del Genoma Humano, que pretende desvelar los secretos del ADN. Yendo un poco más lejos, conjuran el empleo de bioingeniería o ingeniería genética para modificar a unos soldados o con el fin de criar «parahumanos» que libren los combates. Fantástico, sin duda. Pero no más allá de los extremos de la posibilidad.

Y existen además las armas ecológicas. Cuando Saddam Hussein prendió fuego a los campos petrolíferos de Kuwait, hacía sólo lo que los romanos hicieron cuando, según algunos, cubrieron de sal los campos de Cartago[8] y lo que practicaron los soviéticos en sus propios campos durante la Segunda Guerra Mundial cuando emprendieron la política de «tierra quemada» para dejar sin víveres a los nazis. Y, desde luego, lo que hizo Estados Unidos con el empleo de defoliantes en Vietnam.

Estos actos resultan primitivos comparados con algunas de las posibilidades imaginables (e imaginadas) de las armas ecológicas complejas. Por ejemplo, desencadenar a distancia terremotos o erupciones volcánicas mediante la generación de ciertas ondas electromagnéticas; desviar los vientos; lanzar un vector de insectos genéticamente modificados para devastar determinados cultivos; emplear el láser para hacer un agujero específico en la capa de ozono sobre el territorio enemigo e incluso modificar el tiempo.

Lester Brown, del Worldwatch Institute, un centro avanzado de reflexión ambiental de Washington, D. C. señalaba ya en 1977 que «son cada vez más corrientes las tentativas deliberadas de alteración del clima», suscitando la posibilidad de «una guerra meteorológica cuando países acuciados por la necesidad de ampliar su producción alimentaria comiencen a competir por la pluviosidad disponible». Hasta ahora se ha demostrado extremadamente difícil lograr cambios de tiempo incluso en pequeña escala. Pero desde luego eso no ha detenido las reflexiones acerca de cambios a gran escala. Los debates sobre un recalentamiento global conjuran horrorosas imágenes de la inundación de las costas de todo el mundo tras la fusión de los casquetes polares. Pero pocos recuerdan ya el pavoroso plan para deshelar el océano Ártico que, según la opinión común, formuló Lenin poco después de la Revolución rusa.

El histórico problema estratégico de Rusia era la falta de un puerto de aguas templadas para su Armada. Posee un litoral inmenso, pero en su mayoría corresponde al norte siberiano. Las aguas están allí cubiertas por hielos y la tierra congelada. Mas en el Ártico desembocan masas de agua dulce que proceden de los ríos de Siberia. El plan de Lenin consistía en represar estos ríos y desviarlos hacia el sur. Eso desencadenaría una tremenda producción de energía hidroeléctrica para el desarrollo industrial, templaría el clima siberiano y aumentaría la extensión de superficie cultivable: reduciría el volumen de agua dulce que desembocase en el océano, alterando presumiblemente su concentración salina hasta provocar la fusión del hielo. Así se abrirían nuevos puertos a la Armada soviética, que le otorgarían un fácil acceso al resto de los mares del mundo.

Aunque no surgió nada de aquel plan ecológicamente terrorífico, se afirma que en fecha tan tardía como el año 1956, los soviéticos propusieron a Estados Unidos la realización de un proyecto conjunto para construir una barrera a través del estrecho de Behring que, como en el plan de Lenin, templaría el océano Ártico. Bombas de energía atómica impulsarían las aguas hacia el norte, con lo que no sólo se beneficiaría el litoral de Siberia sino también el de Alaska.

Se dice que Estados Unidos rechazó el plan después de que expertos del Pentágono indicasen que la realización de dicho proyecto provocaría la inundación de la costa occidental de Norteamérica, al elevar el nivel de las aguas aproximadamente un metro y medio desde la California meridional a Japón.

Impertérritos, al parecer los soviéticos hicieron una oferta similar a los japoneses, esta vez para templar el mar de Ojotsk. Todos estos planes hubieran conferido ventajas estratégicas importantes a los buques de superficie y a los submarinos de la Armada soviética.

Un acuerdo internacional prohíbe «el empleo militar o de otro modo hostil de técnicas de modificación del medio ambiente que tengan efectos amplios, prolongados o graves». Pero es improbable que Saddam Hussein dedicara algún tiempo a la lectura de la cláusula de la Conferencia de Desarme de Ginebra la noche antes de arrojar crudos al Golfo Pérsico o cuando veló el cielo de Kuwait con una nube de humos petrolíferos.

Las tecnologías revolucionarias del mañana, a menos que sus consecuencias sean previstas y recanalizadas, abren en el planeta nuevas perspectivas de destrucción. Emerge una nueva forma bélica de la tercera ola. ¿Hay alguien que crea seriamente que siguen siendo adecuados los modos antiguos de combatir la posibilidad de una guerra?

En 1975, durante una audiencia sobre el futuro de la ONU ante la Comisión de Relaciones Exteriores del Senado de Estados Unidos, le preguntaron al ya fallecido Norman Cousins, autor y activista contra las armas atómicas, qué habría que hacer para impedir la proliferación ulterior de artefactos nucleares. Al borde de la desesperación, respondió que el mundo debería haber pensado en ello treinta años antes.

Cuando nos llegó el turno de declarar, sugerimos a los senadores que el mundo y ellos deberían empezar a preocuparse por las armas de dentro de treinta años[9]. Hoy cabe decir lo mismo. La miopía y la falta de imaginación son enfermedades que afligen tanto a los guerreros como a quienes se oponen a las guerras.

XV. ¿GUERRA INCRUENTA?

Los medios de comunicación de todo el mundo descubrieron las llamadas armas «inteligentes» décadas después de que fuesen empleadas por vez primera y cuando ya había pasado mucho tiempo desde que el general Morelli comenzó a explicarnos su significación. Estos medios no conocen todavía una clase enteramente nueva de armas que, en su momento, podría tener una repercusión aún mayor, armas concebidas para no hacer víctimas mortales.

Nos hallamos en un momento de la historia –el último medio siglo– en que la progresión de la letalidad ha alcanzado sus últimos límites: el punto en el que las armas nucleares podrían, al menos en teoría, amenazar la existencia misma del planeta, en que el ímpetu hacia una mayor mortalidad en un arma de destrucción masiva se ha aniquilado por sí mismo, en que las dos superpotencias han llegado a la conclusión de que sus armas estratégicas son, por así decirlo, demasiado letales. Es, de hecho, el punto de negación dialéctica, el momento en que la historia revierte sobre sí.

Es posible que esté a punto de surgir una nueva carrera de armamentos, un afán por las armas que haga mínima en vez de máxima la letalidad. De ser así, el mundo habrá contraído una deuda con el extraordinario equipo formado por un matrimonio que durante años ha trabajado por ahorrar buena parte de la sangre derramada en la actividad bélica.

En mayo de 1993 Janet Reno, secretaria de Justicia de Estados Unidos, compareció ante el Congreso para informar sobre el papel desempeñado por el FBI en su apocalíptico enfrentamiento con los prosélitos de una secta en Waco, Texas. El fuego que asoló el reducto de los davidianos acabó con 72 vidas y desencadenó recriminaciones de todos los lados. Reno declaró a los miembros del Congreso que durante las deliberaciones que condujeron al asalto del FBI, deseó que hubiera algún arma mágica no mortal susceptible de emplear para ahorrar vidas, en especial las de los niños de los prosélitos.

Algún día existirá, gracias en parte a Janet Morris y a Chris, su marido.

Realistas y tajantes, Janet y Chris Morris no son expertos en política. Se concentran en cuestiones militares. Empiezan por no hacerse ilusiones acerca de la moral o de la probidad de las naciones-Estado. Nadie les encontrará entre los manifestantes que empuñan pancartas en que se deplora una guerra. Al contrario, y hasta hace muy poco, podía hallárseles en el sótano del Pentágono o en las oficinas en Washington del Consejo de Estrategia Global de Estados Unidos[1]. Este consejo es una entidad privada presidida por Ray Cline, un verdadero oso barbudo y canoso que fue subdirector de la CIA. Durante una reencarnación anterior, Cline contribuyó a redactar en 1950 el famoso Memorándum-68 del Consejo Nacional de Seguridad que formuló por primera vez la contención del comunismo soviético como política formal de Estados Unidos.

Cuando Janet Morris y su marido decidieron dedicar años de sus vidas a restar sangre en los combates[2], acudieron a Cline, un amigo de la familia. Él se los llevó al consejo y les ayudó a formar un grupo de perspicaces asesores entre los que figuraban el general de división Christopher Adams, ex jefe del Estado Mayor del Mando Aéreo Estratégico; el general Edward Meyer, ex jefe del Estado Mayor del Ejército, y el científico Lowell Wood, del Laboratorio Nacional Lawrence Livermore[3]. Los Morris se dispusieron a trabajar respaldados por todos estos cerebros y estrellas. Llegaron a ser, al menos por algún tiempo, los abogados más entusiastas y expresivos de la antiletalidad.

Janet Morris es a sus 47 años una mujer vehemente, cuyos cabellos, de algunos mechones grises, caen por su espalda hasta la cintura. El cálido día veraniego en que la conocimos lucía botas negras, pantalones grises, una chaqueta ligera a cuadros y gafas de sol de piloto. Impaciente con la palabrería, piensa y habla a velocidades electrónicas. Chris, educado como cuáquero, es un ex músico que se abrió camino entre los ordenadores. De hablar mesurado y una calvicie incipiente, que se peina a la moda en cola de caballo. Los Morris forman un equipo intelectual muy unido.

Cuando se reflexiona sobre el rechazo a las teorías de destrucción masiva, a algunos militares de hoy les gusta repetir las famosas palabras de Sun-tzu: «No es la cima de la destreza lograr cien victorias en cien batallas. La cima de la destreza consiste en someter al enemigo sin combatir.» Janet y Chris Morris han elevado esta declaración a un nuevo nivel de teoría estratégica.

En resumen, ellos afirman que hay o pronto puede haber una multitud de nuevas tecnologías que se podrán emplear para derrotar a un enemigo –y no sólo a una secta suicida– con un derramamiento mínimo de sangre. Pero estas tecnologías no mortales se hallan dispersas, no están integradas y se encuentran fuera del marco militar de referencia, con su énfasis tradicional en la muerte del enemigo. Lo que en su opinión se necesita es una completa reconsideración tanto de la guerra como de la diplomacia. Su misión ha consistido en desarrollar una estrategia y una doctrina para la guerra no mortal.

Definen como «no letales» aquellas tecnologías «que pueden prever, detectar, impedir o rechazar el empleo de medios mortales, reduciendo así al mínimo las muertes humanas»[4].

Los Morris empezaron por reunir una larga lista de tecnologías militarmente útiles que cumplían sus criterios de no letalidad. Para ello, una tecnología tiene que ser «fiscalmente responsable, conservadora de la vida y ambientalmente favorable». No debe tener como propósito primario «la desaparición de vidas humanas».

No ha de resultar inalcanzable. Ha de «ofrecer algo inmediato ... que no resulte caro». Su lista, señalan, excluye «los proyectos de investigación de ochocientos millones de dólares que duren veinte años o más y que quizá no concluyan antes de la vida del investigador»[5].

Mientras que algunos piensan que son optimistas en demasía, los Morris afirman que en un plazo de cinco años podría estar dispuesto un vasto arsenal de armas no letales. En sus informes al Consejo de Estrategia Global describen las tecnologías de su lista como dispuestas para su empleo, ya maduras o necesitadas de poco más de cinco años de desarrollo.

Finalmente, han excluido también de su relación las armas químicas, biológicas o de otro tipo cuyo uso esté vedado por la legislación internacional, tratados o convenciones.

Laboratorios ultrasecretos

Los Morris no ocultan su recelo ante buena parte del trabajo realizado en laboratorios militares ultrasecretos bajo la rúbrica de la no letalidad, pero que pueden crear las que denomina Janet Morris «versiones perversas de armas no mortales ... encantadoras cositas como las [armas] de dos fases con una primera que sólo pone enfermas a muchísimas personas y una segunda que matará a cualquiera que se haya visto expuesta a los efectos de la primera». Sobre todo, dice, «tenemos que vigilar los extremos químicos y biológicos». Por no letal hay que entender precisamente eso.

Los Morris no se engañan al respecto. «La guerra –escriben– nunca será humana, limpia o fácil. La guerra siempre será terrible.»[6] Pero, prosiguen, «una potencia mundial que haga honor a su reputación humanitaria debe explorar los principios de la defensa no mortal ... La tecnología nos permite hoy en día la opción de hacer frente a una agresión, logrando mantener con vida al enemigo. Nosotros –dicen a los políticos norteamericanos– tenemos que ser la primera de las naciones que desarrolle esta capacidad».

Habida cuenta de las profundas implicaciones que suponen las armas no letales, no es sorprendente que los militares se muestren divididos en su opinión al respecto. El ex jefe del Estado Mayor del Ejército, Edward Meyer, miembro del grupo asesor del Consejo de Estrategia Global, declara: «Dentro del Ejército hay quienes están muy a favor de esta opción y los que se revelan declaradamente contrarios.»[7] Para algunos la guerra significa por definición matar y la no letalidad no es bastante «viril».

Pero esta convicción constituye una reliquia de las formas bélicas de ayer y no se halla sincronizada con la ética y la tecnología nuevas que subyacen en la forma bélica de la tercera ola. El nuevo espíritu está patente en las palabras de Perry Smith, el analista militar de la CNN durante la guerra del Golfo, que fue segundo jefe de planificación a largo plazo en las Fuerzas Aéreas de Estados Unidos. Smith afirma: «Los planificadores militares deben ver más allá del empleo de bombas y misiles para atacar con precisión unos objetivos. La tecnología tiene que permitir muy pronto la destrucción de elementos claves de un objetivo militar sin matar soldados o destruir totalmente el blanco. Si puede hacer ineficaz un carro de combate enemigo impidiendo que funcione su motor o destrozando los ordenadores que gobiernan sus armas, podrá ser posible ganar guerras a través de medios que en buena medida no sean mortales.»[8]

Otro tanto dice el coronel John Warden, cuyas teorías sobre la fuerza aérea influyeron tanto en la estrategia norteamericana en Irak. Warden considera el conflicto del Golfo Pérsico como un giro histórico. Supuso, afirma, un gran paso, «desde el antiguo concepto de la matanza a un período de transición en que podemos conseguir realizar la tarea mucho más eficazmente y con un coste muy inferior en vidas humanas, para nuestro medio ambiente e incluso para nuestro presupuesto»[9].

Un año después del final de la guerra del Golfo, el Departamento de Defensa respaldó oficialmente la idea del desarrollo de tecnologías y de una doctrina para una guerra sistemática no letal, «neutralización blanda», como se denomina a veces. Tras el aumento del interés por la cuestión, la Escuela de Guerra Naval de Estados Unidos ha realizado al menos dos maniobras formales que implicaban un conflicto no letal.

Irónicamente, el reciente frenesí norteamericano por la reducción de gastos militares ha anestesiado de momento la iniciativa, pero el afán mismo por presupuestos menguados estimulará la búsqueda de formas de combate más baratas, más selectivas y menos letales.

El muro invisible

Para apreciar las posibilidades que ofrecerán, una vez desarrolladas, las armas no mortales, tenemos que imaginar algunas de las situaciones en que cabría utilizarlas. Es posible concebir el ataque a unas embajadas occidentales por parte de una muchedumbre enfurecida de extremistas islámicos, por ejemplo, en Jartum, capital de Sudán. El populacho saquea cierto número de sedes diplomáticas mas, por extraño que parezca y a pesar de los gritos de «Mueran los norteamericanos», la embajada de Estados Unidos sigue intacta, sin que hayan sido capturados rehenes norteamericanos.

Cuando miles de agitadores se acercaron a los muros del recinto diplomático de Estados Unidos, sus cabecillas cayeron al suelo, vomitando y defecando. Centenares de manifestantes se contraían de dolor y eran presa de vértigos. Nadie se acerca a menos de media manzana del muro de la embajada. A medida que crece el número de los agitadores afectados por vómitos y diarrea, la multitud se disgrega y poco a poco desaparece mientras algunos de los presentes gritan que es un castigo de Alá.

Un portavoz de la embajada norteamericana en Jartum manifiesta que el ataque a las demás sedes diplomáticas constituyen «una bárbara agresión a la comunidad internacional». Pero se niega a responder a quienes inquieren si el Departamento de Estados Unidos ha instalado recientemente una nueva «arma secreta» para la protección de sus embajadas.

Sin embargo, se sabe que Francia y otras naciones han probado generadores avanzados de infrasonidos, concebidos para hacer frente a las turbas. Estos aparatos emiten ondas sonoras de muy baja frecuencia que pueden ser moduladas para provocar desorientación, náuseas y pérdida de control del esfínter. Se ha descubierto que los efectos son temporales y que concluyen cuando se desconecta el generador. No se conocen consecuencias posteriores de carácter permanente.

Los automovilistas norteamericanos pueden montar hoy en sus coches un pequeño aparato que impide que los ciervos se pongan ante sus vehículos. La disuasión por infrasonidos opera según el mismo principio que estos salvaciervos y aún resultan más espectaculares las derivaciones de tecnologías como éstas.

Por ejemplo, unas unidades de fuerzas especiales lanzadas en paracaídas o desde helicópteros pueden ser capaces de penetrar directamente entre un gentío que se haya apoderado de un rehén, sin temor y sin dañar a nadie. Dice Janet Morris: «Creemos haber identificado algunas contramedidas interesantes capaces de permitir a nuestros soldados alcanzar un campo, penetrar sin riesgo, sacar a un agitador o a un rehén rodeado por un grupo, y escapar.»

Es incluso concebible, afirman los Morris, montar directamente sistemas de protección en la estructura física de una embajada, convirtiendo todo el edificio en una especie de transductor sintonizado para crear una protección electrónica cuando se necesite.

En un mundo de furibundas hostilidades religiosas, raciales y regionales, donde las armas letales pueden muy bien resultar contraproducentes e intensificar el odio y la violencia en vez de aplacarlos, es probable que las armas no mortales hallen una aceptación cada vez mayor.

No se puede tener la absoluta seguridad. Pero frente a un dilema en el futuro como el de Waco, resulta al menos concebible que el FBI pueda montar alrededor del recinto una serie de neutralizadores acústicos e impedir la autoinmolación.

Morris cita la matanza del baluarte del templo de Jerusalén en 1990 como ejemplo de un derramamiento de sangre que se hubiera podido evitar con un generador de sonidos que ahuyentase al gentío palestino cuando empezó a arrojar piedras, cadenas y barras de hierro contra los israelíes abajo congregados ante el muro de las Lamentaciones. «Mejor hubiera sido que vomitasen, defecaran o que padecieran una jaqueca –dice Morris– en vez de que muriera nadie.» Pero en ausencia de tales tecnologías, perecieron veintiuna personas. Cabría citar casos semejantes, desde la plaza de Tiananmen a Timor.

Haciéndose eco de estas ideas, William J. Taylor Jr., del Centro de Estudios Estratégicos e Internacionales de Washington, cita los conflictos de los Balcanes y de Somalia como ejemplos perfectos de la necesidad de acelerar el desarrollo de armas no letales. «Piensen –escribe– lo que significaría si la comunidad mundial pudiese enviar fuerzas para desarmar y separar a las facciones en lucha en vez de matarlas. Imaginen lo que supondría que los pacificadores de las Naciones Unidas tuvieran otras opciones más allá de las pelotas de goma o los gases lacrimógenos.» En Waco, advierte, el Gobierno de Estados Unidos recurrió a una «tecnología que se remontaba a 1928 y el resultado fue un castigo infernal».

Dormir a los *capos* de la droga

Es posible concebir la irrupción en la guarida del jefe de una banda de traficantes kurdos de heroína que la transporte desde el valle de la Bekaa, en el Líbano, hasta Bulgaria a través de Turquía para distribuirla en Europa. Una vez bien informado, un equipo de fuerzas especiales turcas con el armamento y la preparación adecuados podría emplear fusiles de láser para cegar temporalmente a los individuos que montaran vigilancia y luego difundir un pulverizador «tranquilizante» en salas y dormitorios hasta apoderarse de los adormilados *capos* de la droga y de sus compinches.

Los fusiles de láser[10] no son una fantasía. Afectan al equipo óptico y de infrarrojos del enemigo. Empleados contra personas, el resplandor emitido las ciega temporalmente. También pueden causar un daño permanente en función de la energía que utilicen y si la víctima usa un equipo óptico, como visores nocturnos susceptibles de ampliar los efectos del láser. Según Leonard H. Perroots, ex director de la Agencia de Información para la Defensa de Estados Unidos, «se anuncian libremente estos aparatos para su venta a fuerzas militares de todo el mundo». Decenas de miles se hallan en circulación. Algunos fueron utilizados por las tropas soviéticas en la lucha contra las guerrillas de muyaidines de Afganistán.

De manera similar, los agentes que inducen el sueño no son exclusivos de las películas de James Bond. Una relación de técnicas no letales elaborada por el Consejo de Estrategia Global[11] se refiere al grupo de los «agentes calmantes». Explica que «cuando hay que incapacitar a personas así como a su equipo, unos agentes calmantes o soporíferos, mezclados con dimetilsulfóxido o DMSO (que hace llegar productos químicos a través de la piel al torrente sanguíneo) pueden reducir la violencia y limitar las bajas si no disponen de protección completa (nuclear, biológica, química). En acciones antiterroristas, de contrainsurgencia, violencia étnica, control de disturbios o incluso en determinados secuestros, los agentes tranquilizantes permiten recurrir a una táctica subestimada cuya eficacia sólo depende de la precisión y de los sistemas de aplicación que se empleen».

Todas las tecnologías no mortales descritas hasta ahora tienen como objetivo seres humanos. Pero otras de carácter no letal se concentran en las instalaciones y en los programas informáticos del enemigo. Poco importa cuántos aviones o carros de combate posea, o la calidad de sus sistemas de radar si no puede utilizarlos donde y cuando lo necesite. De hecho, cuanto más material posea al enemigo y más haya gastado en conseguirlo, peor será para él si queda fuera de combate, aunque sea temporalmente. En consecuencia, un concepto clave de la teoría de la no letalidad es la «negación de servicio».

Veamos, por ejemplo, el concepto de «antitracción». Como dice un documento del Consejo de Estrategia Global, «la antitracción hace resbaladizas las superficies. Por vía aérea o a través de agentes humanos, podemos extender o fumigar sobre vías férreas, pendientes, rampas, pistas e incluso escaleras y maquinaria unos lubricantes del tipo de teflón, ecológicamente neutros, para impedir su uso durante un período sustancial». Alternativamente, es posible aplicar un tratamiento similar a los vehículos para que no puedan moverse. «Unos polímeros adhesivos lanzados desde el aire o selectivamente por tierra pueden "encolar" el material dispuesto e impedir que opere.»

Cabe inutilizar motores. De este modo carros de combate y transportes blindados de personal quedarían paralizados por una munición especial que temporalmente «contaminará el combustible o alterará su viscosidad para degradar el funcionamiento de los motores». Armas de energía concentrada conseguirían alterar la estructura molecular de sus objetivos, reteniendo en tierra a los aviones.

Y se podría contar además con un «líquido que hiciera frágiles los metales». Es posible librar una especie de guerra de «pintadas», utilizando un bolígrafo o un pulverizador para aplicar productos químicos incoloros a elementos claves de estructuras metálicas como soportes de puentes, instalaciones de aeropuertos, ascensores o armas. Este líquido las haría débiles y quebradizas y, en consecuencia, inútiles.

Veremos más tarde que el concepto de «negación de servicio» a través de medios no letales encierra unas posibilidades muy superiores a lo que sugiere esta breve relación. Baste por ahora con advertir de manera general la importancia creciente de la no letalidad. Existen indudablemente motivos suficientes para una controversia acalorada acerca del coste y de las posibilidades técnicas de las armas no mortales. Pero ya no cabe negar el hecho de que se pueden concebir nuevas tecnologías de la tercera ola para lograr que sean mínimas las bajas en todos los bandos. Tal vez no podamos eliminar del futuro la guerra, pero parece probable que conseguiremos ahorrar bastante sangre.

Ni siquiera Chris y Janet Morris creen que sea posible que la guerra llegue a ser verdaderamente incruenta. Alguien sufrirá las consecuencias en cualquier conflicto armado. Como ella dice: «Tendremos bajas incidentales, accidentales y corolarias, como siempre sucede cuando se deja caer algo pesado sobre la cabeza de alguien. No garantizamos un ambiente incruento.»

Las armas no letales tampoco reemplazarán a las mortales en

un futuro previsible. «No decimos que vaya a haber unidades no letales, comandos suicidas de ese tipo o algo por el estilo. No es posible que sustituyan, por ahora ... a fuerzas convencionales cuyos soldados arriesgan sus vidas.» Sin embargo, la gama misma de las nuevas tecnologías accesibles –desde virus informáticos a «tranquilizantes»– hace posible encauzarlas de un modo sistemático que amplíe sus efectos y mengüe el recurso a los medios letales.

La idea de la no letalidad se insinúa poco a poco en el pensamiento doctrinal[12]. Pero la superación de actitudes arraigadas requiere un gran esfuerzo. En septiembre de 1992, tras un año de debates internos, el Ejército de Estados Unidos redactó un borrador titulado *Concepto de operaciones para medidas de neutralización*. Se hallaba concebido para reducir al mínimo las bajas masivas en poblaciones sorprendidas en una zona de guerra, así como el daño al medio ambiente y a la infraestructura. El documento anunció una ampliación de las investigaciones del programa sobre municiones de daño colateral bajo. Pero una revisión de la doctrina oficial publicada en junio de 1993 apenas prestó atención a la no letalidad. Así pues, es evidente que el concepto sigue siendo controvertido.

Pero lo que importa destacar es que la no letalidad y las nuevas doctrinas militares son producto de sociedades de la tercera ola cuyo aliento vital radica en la información, la electrónica, los ordenadores, las comunicaciones y la mediatización, la omnipresencia y la importancia creciente de los medios de comunicación de masas.

La política de las tecnologías no mortíferas

Como sucede con muchos otros fenómenos de la tercera ola, desde la televisión interactiva a la ingeniería genética, al tiempo que aportan una retribución humanitaria, las tecnologías no mortíferas plantean riesgos y perplejidades morales.

Para empezar, hay que dejar muy claro que si muchas de estas armas se hallarán en manos de terroristas o de delincuentes en lugar de ser monopolio de los «buenos», podrían multiplicar la fuerza de aquéllos. ¿Qué serían capaces de hacer, en pequeña escala, a estructuras tan vulnerables como las de una ciudad, un aeropuerto o una presa, unos terroristas o unos agitadores irresponsables con un bolígrafo o un pulverizador que contuviera un agente de «debilitación»? Imaginemos con vaporizadores de ese tipo a las personas que ahora hacen pintadas. Está muy bien hablar de inmovilizar carros de combate con la antitracción. ¿Mas qué pueden hacer las guerrillas urbanas a los coches de patrulla aparcados ante una comisaría de policía? ¿Y de qué serían capaces con armas de microondas los *hackers* que infestan de virus los sistemas informáticos u otros individuos asociales?

Incluso siendo empleadas por autoridades legítimas, las armas no letales suscitan serias inquietudes políticas y morales. Janet Reno podía haber conseguido someter sin gran violencia a los fieles de la secta Koresh de Waco y salvar así al menos a algunos de los niños que murieron.

Pero existe la posibilidad de que muchas de estas armas sean empleadas por Estados represivos contra sus propios ciudadanos cuando protesten de una manera pacífica. Algunas de las tecnologías resultan tan adecuadas para la represión de manifestaciones o de protestas que puede que las democracias tengan que redactar nuevos reglamentos sobre la actuación de sus cuerpos policiales.

Se plantea además la cuestión del modo de clasificar las armas. ¿Cuáles son verdaderamente no letales? Algunas poseen una «mortalidad adaptable»; manejadas con escasa potencia, pueden causar un daño mínimo y temporal; dispuestas para un efecto mayor, poseen la capacidad de matar. ¿Son letales o no lo son? En honor de los Morris y del Consejo de Estrategia Global, hay que decir que no se han cegado por el entusiasmo de su trabajo y no han obviado estos y otros problemas.

Precisamente el reconocimiento de los riesgos –sobre todo para la democracia– fue lo que indujo a los Morris a tratar de arrancar el casi impenetrable manto de sigilo que envuelve los laboratorios y los servicios ultrasecretos. Tan estricto es este secreto que a los propios Morris se les ha negado el acceso a algunas de las investigaciones en marcha, a pesar de las credenciales que ambos poseen en lo que a medidas de seguridad se refiere.

Chris y Janet Morris reconocen la necesidad de un cierto grado de secreto militar, pero afirman con calor que la actividad bélica no letal es una parte tan importante del futuro que debería ser objeto de un amplio debate público[13]. Han suscitado la ira de algunos funcionarios del Departamento de Defensa por sostener que el desarrollo de las armas no letales fuese sometido al escrutinio del Congreso. Señalan que en esta materia hay cuestiones vitales de derechos humanos que no deberían confiarse por defecto a una decisión militar.

De manera similar, un mayor empleo de métodos bélicos no letales plantea en el nivel geopolítico más interrogantes. Imaginemos, por ejemplo, que Estados Unidos –la única superpotencia mundial que queda– se apoyara más en métodos no letales que en la guerra convencional. ¿Estimarían erróneamente otras naciones este hecho como prueba de debilidad? ¿Servirían las armas no mortales para estimular actitudes arriesgadas o suscitarían alternativamente falsas esperanzas de un desarme unilateral? ¿O sucederían ambas cosas?

¿Es posible que determinen una nueva rivalidad: la carrera de varios países por hacer llegar a todas partes las armas no mortales? ¿Cabe la posibilidad, en definitiva, de que lleven a menos matanzas –y también a menos democracia– si los Estados consiguen cegar, deslumbrar, desorientar o derrotar de cualquier otro modo no letal a quienes critiquen su proceder? Y de iniciarse una carrera de armamentos no letales, ¿qué naciones tendrían la máxima ventaja? ¿Cuáles son las más capaces de producir el tipo nuevo y complejo de armas? ¿Abrirá la no letalidad un vasto campo a la tecnología japonesa? El artículo noveno de la Constitución nipona todavía prohíbe la exportación de armas, ¿pero cuál es la definición de armas? ¿Incluirá las que no sean mortales?

Cuando fracasa la diplomacia...

En el pasado, cuando los diplomáticos callaban, comenzaban muy a menudo a tronar los cañones. Según el Consejo de Estrategia Global de Estados Unidos, es posible que mañana, tras el fracaso de unas negociaciones diplomáticas, los Gobiernos recurran a medidas no letales antes de lanzarse a una guerra tradicional y sangrienta.

Janet Morris considera que esta «área entre el fracaso de la diplomacia y el primer disparo es un terreno que hasta hoy nunca ha sido cuantificable. Ha sido un espacio inexistente»[14]. La no letalidad surge así no como una simple sustitución de la guerra o una prolongación de la paz, sino como algo diferente y radicalmente nuevo en la escena internacional; un fenómeno intermedio, una pausa, un campo para la pugna donde la mayoría de los desenlaces se decidirían de un modo incruento. Es una forma revolucionaria de acción militar que refleja fielmente la llegada de la civilización de la tercera ola.

Pero respecto de la antiguerra suscita tantos interrogantes como sobre la propia guerra. ¿Es posible formular no sólo una doctrina bélica para la no letalidad, sino además otra antibélica? La pregunta debe estimular reflexiones nuevas en políticos, fabricantes de material de guerra, ejércitos, diplomáticos y organizaciones pacifistas de todo el mundo a medida que nos precipitamos en un período de trastornos étnicos y tribales, movimientos secesionistas, guerras civiles e insurrecciones; los terribles dolores de parto del mundo de mañana.

Lo que es evidente es que la revolución militar que comenzó con el *Combate aeroterrestre* y apareció de manera incipiente durante la guerra del Golfo sigue todavía en la primera infancia. Los próximos años, pese a los recortes presupuestarios y a la retórica sobre la paz en el mundo, contemplarán la transformación de las doctrinas militares de todo el mundo en respuesta a los nuevos retos y tecnologías. Cabe esperar que en un planeta de guerras autónomas prosperarán los guerreros autónomos. Crecerá la dependencia militar del espacio en un mundo que depende cada vez más de esta dimensión para sus comunicaciones, las previsiones meteorológicas e infinidad de otras actividades. En un mundo cuyas fábricas informatizan y automatizan progresivamente, puede esperarse también que la guerra se apoye en ordenadores y en la automatización, incluyendo la robotización. Cuando nuevos milagros técnicos surgen de los laboratorios de todo el planeta, los ejércitos, para bien o para mal, tratan de sacar partido de todo, desde la genética a la nanotecnología, hasta hacer realidad y superar incluso los proyectos más audaces de soñadores actuales al estilo de Leonardo da Vinci. Al mismo tiempo, en un mundo en que la matanza de civiles tiene a veces consecuencias políticas contraproducentes, proseguirá el desarrollo veloz de las armas no mortales. Cabe confiar en que la combinación de armas de gran precisión con otras de efectos no letales determine una reducción de las muertes indiscriminadas.

Cada una de estas evoluciones quedará incorporada a la forma bélica todavía embrionaria de la tercera ola, reflejo de la economía y la civilización aún en desarrollo de esta misma época. Pero supondría un serio error creer que la actividad bélica predominante del mañana se hallará exclusivamente definida por elementos como satélites, robótica o armas no letales. Porque el nexo de todos éstos no es material, no se trata de carros de combate, aviones o cohetes, de satélites, armas de dimensiones nanométricas o fusiles de láser. El hilo común es intangible. Es el mismo recurso que define al naciente sistema de creación de riqueza y a la sociedad del mañana: el conocimiento.

Comenzamos así a advertir una clara progresión. La actividad bélica de la tercera ola empezó con el *Combate aeroterrestre*. La guerra del Golfo sólo brindó un pálido atisbo de la evolución ulterior de la nueva forma bélica. En las próximas décadas se ampliará al incorporar nuevas posibilidades proporcionadas por el avance de la tecnología. Pero ni siquiera éstas completarán ni pueden completar su desarrollo.

Porque la evolución de la forma bélica de la tercera ola no concluirá hasta que se comprenda y despliegue su recurso crucial. De este modo el desarrollo final de la guerra de la tercera ola puede muy bien consistir en el diseño consciente de algo que el mundo aún no ha visto: estrategias competitivas del conocimiento.

La guerra se desplazará entonces a un nivel completamente distinto.

CUARTA PARTE

SABER

XVI. LOS GUERREROS DEL SABER

A medida que cobra forma la actividad bélica de la tercera ola, ha empezado a surgir una nueva casta de «guerreros del saber», intelectuales con o sin uniforme consagrados a la idea de que el conocimiento es capaz de ganar o de evitar guerras. Si examinamos lo que hacen, descubriremos una progresión paulatina desde unas preocupaciones, en un principio, estrictamente técnicas a una vasta concepción de lo que algún día se llamará «estrategia del saber».

Paul Strassmann[1] es un científico de la información, brillante y profundo. Nacido en Checoslovaquia, fue planificador estratégico y jefe de los servicios de información de la Xerox Corporation y es autor de importantes estudios sobre la relación entre ordenadores, productividad laboral y beneficios empresariales en la economía civil. En época más reciente, ha sido director de Información de la Defensa en el Pentágono, el primer jefe de información de los militares norteamericanos.

Strassmann constituye la encarnación de un banco de datos sobre tecnología de la información: tipos de ordenadores, programas, redes, protocolos de telecomunicaciones y muchas otras materias. Pero más que mero tecnólogo, ha reflexionado bastante sobre la economía de la información. Aporta además a su trabajo una singular perspectiva histórica. (Durante los años que pasó en la Xerox, y al margen de su actividad profesional, Strassmann y Mona, su esposa, crearon conjuntamente un interesante museo consagrado a la historia de la comunicación, desde la invención de la escritura al ordenador.) Por añadidura su biografía ha conformado sus ideas sobre la actividad bélica. De muchacho, durante la Segunda Guerra Mundial, luchó contra los nazis en un grupo guerrillero checo.

«La historia de la guerra –dice Strassmann– es la historia de la doctrina... Tenemos una doctrina para el desembarco en las playas, una doctrina para el bombardeo, una doctrina para el combate aeroterrestre... Lo que falta ... es una doctrina para la información.»[2]

Quizá no por mucho tiempo. En febrero de 1993 Strassmann fue nombrado profesor invitado de gestión de la información en West Point, la academia militar del Ejército de Estados Unidos. Simultáneamente, la Universidad de la Defensa Nacional en Fort McNair, Washington, establecía su primer curso sobre guerra de la información.

La Universidad de la Defensa Nacional y West Point no están solas. En la oficina del secretario de Defensa de Estados Unidos existe una unidad denominada Estimación Neta[3], cuya tarea primaria es sopesar la fuerza relativa de las unidades militares adversarias. Dirigido por Andy Marshall, este organismo ha mostrado un gran interés por la guerra y la doctrina de la información.

Al margen del Pentágono, un centro privado de reflexión llamado Corporación de Ciencias Analíticas acelera también su trabajo sobre esta cuestión. En respuesta a la guerra del Golfo, otras fuerzas armadas piensan en la doctrina de la información, aunque sólo sea en términos de defensa contra una Norteamérica informativamente superior.

Buena parte de este debate doctrinal se concentra todavía en las peculiaridades de la guerra electrónica: anular el radar de un adversario, infectar de virus sus ordenadores, emplear misiles para destruir sus centros de mando e información, engañarle mediante el envío de señales falsas y emplear otros medios equívocos. Pero Strassmann, Marshall y los demás militares intelectuales van más allá de la doctrina práctica para alcanzar asimismo el campo más amplio de la estrategia de alto nivel.

Duane Andrews fue jefe de Strassmann en el Pentágono. Como subsecretario de Defensa del C^3I (Comando, Control, Comunicaciones e Información), Andrews destacó la diferencia cuando calificó a la información de «activo estratégico»[4]. Eso significa que no se trata simplemente de una cuestión de información sobre el campo de batalla o de ataques tácticos a las redes de radar o telefónicas del otro bando, sino de una potente palanca capaz de alterar decisiones de alto nivel del adversario. Más recientemente, Andrews se ha referido a la «guerra del conocimiento» donde «cada bando tratará de conformar las acciones enemigas, manipulando el flujo de la información».

Cabe hallar una descripción más formal en un documento redactado en un lenguaje que rebosa de tecnicismos y publicado el 6 de mayo de 1993 por la Junta de Jefes de Estado Mayor de Estados Unidos. Este *Memorándum de política número 30* define «comando y control» (abreviado en C^2) como el sistema por el que los legítimos comandantes ejercen autoridad y dirección.

Define la actividad bélica de comando y control como «el empleo integrado de la seguridad de operaciones, el engaño militar, las operaciones psicológicas, la guerra electrónica, y la destrucción física, mutuamente apoyado por la información, para ocultar ésta, influir, degradar o destruir la capacidad en C^2 del adversario, mientras protege contra tales acciones a las capacidades aliadas de C^2». Adecuadamente ejecutada, declara el informe, la actividad bélica de comando y control «brinda al jefe el potencial para lanzar un GOLPE DECISIVO antes del estallido de las hostilidades tradicionales».

El memorándum amplía los parámetros oficiales sobre el concepto de guerra de la información, concediendo mayor énfasis a la información y ensanchando su alcance para incluir operaciones psicológicas orientadas a influir en «emociones, motivos, razonamiento objetivo y, en definitiva, la conducta» de otros.

Como declaración oficial de la política del Pentágono, el documento se halla necesariamente repleto de términos comedidos, definiciones legalistas e instrucciones y asignaciones específicas. Pero el debate intelectual sobre la guerra de información en el seno de la comunidad de defensa supera desde luego estos límites.

Una visión teórica y más amplia del tema aparece en el trabajo de David Ronfeldt y John Arquilla[5], dos investigadores de la RAND Corporation en Santa Mónica, California. En una perspectiva preliminar de lo que denominan «ciberguerra» abordan amplias cuestiones estratégicas. Arquilla, que se expresa con claridad y mesura, fue durante la guerra del Golfo asesor del comando central del general Schwarzkopf. Ronfeldt, un sociólogo barbudo, que viste de un modo informal y de habla aún más mesurada, ha estudiado los efectos políticos y militares de la revolución de los ordenadores.

Para ellos la ciberguerra supone «tratar de saberlo todo acerca de un adversario mientras se evita que sepa mucho de nosotros mismos. Significa alterar en beneficio propio el "equilibrio de información y conocimiento", especialmente si el de fuerzas no nos es favorable». Y, tal como sucede en la economía civil, implica «emplear conocimientos de forma tal que sea menor el gasto de capital y mano de obra».

La jerga de esta terminología, doctrina de la información, ciberguerra, actividad bélica de C^2 y otros términos piadosamente omitidos aquí, constituye un reflejo del carácter todavía primitivo del debate. Nadie ha dado aún el que parece ser el paso definitivo en esta progresión: la formulación de un concepto sistemático y último de la «estrategia del conocimiento» militar.

Mas algunas cosas están claras. Cualquier militar –como cualquier firma o empresa– tiene que desempeñar al menos cuatro funciones cruciales con respecto al conocimiento. Ha de adquirir, procesar, distribuir y proteger la información mientras selectivamente la niega o la distribuye a sus adversarios y/o aliados.

Si fragmentamos cada una de éstas en sus componentes, podremos comenzar a construir un marco general para la estrategia del conocimiento, una clave para muchas, si no la mayoría, de las victorias militares del mañana.

Veamos la adquisición, producción o compra del conocimiento que necesitan los militares.

Los ejércitos, como todo el mundo, adquieren información de modos muy diversos, de los medios de comunicación, de la investigación y el desarrollo, de los servicios correspondientes, de la cultura general y de otras fuentes. Una estrategia de adquisición sistemática relacionaría todas estas fuentes y determinaría cuál requiere perfeccionarse.

Por ejemplo, la evidente ventaja tecnológica de Estados Unidos en lo que se refiere a la actividad bélica procede en buena medida del hecho de que el Departamento de Defensa gasta al año casi cuarenta mil millones de dólares en investigación y desarrollo relacionados con la defensa, bien directamente o a través de contratos.

Durante la era de la segunda ola, la tecnología militar progresó en Estados Unidos a una velocidad fulminante y desencadenó innovación tras innovación en la economía civil. Ahora se han invertido los papeles. En la economía de ritmo rápido de la tercera ola, los progresos técnicos surgen más velozmente en el sector civil y repercuten en las industrias de la defensa. Esto exige una reconsideración drástica de las prioridades de investigación y desarrollo y una reestructuración de las relaciones entre la ciencia y la tecnología militares y civiles.

Un modo alternativo de obtener un conocimiento valioso consiste desde luego en recurrir a las actividades del espionaje y de la información. Ésta resulta obviamente crucial en cualquier concepto de la actividad bélica basada en el conocimiento. Pero el cambio inminente en la información va a ser tan profundo que merece un tratamiento más amplio que el que puede recibir aquí (véase capítulo XVII).

Finalmente, es posible que la adquisición suponga también otras actividades como una «fuga de cerebros» estratégica y organizada. La Segunda Guerra Mundial conoció una competencia feroz (a veces mortal) por el poder que representaban algunos científicos. Los nazis perjudicaron seriamente su propia eficacia militar al provocar la huida o practicar el exterminio de algunos de los más destacados investigadores europeos, muchos de ellos judíos. Los Aliados les buscaron y les pusieron a trabajar en el proyecto Manhattan, que produjo la primera bomba atómica. Otros asumieron tareas importantes en campos diversos, desde los estudios estratégicos y la ciencia política al psicoanálisis. De igual modo, los Aliados trataron de secuestrar a científicos atómicos alemanes para impedir que Hitler lograse su propia bomba nuclear.

Es probable que aumente la significación militar y comercial de tales fugas positivas y negativas de cerebros a medida que se difunden por el mundo la información y el saber técnico. Tom Peters, influyente teórico de la gestión, ha señalado: «Uno de los grandes secretos de Silicon Valley consiste en el robo de capital humano del Tercer Mundo. Tal vez se vayan los nativos (de Silicon Valley), pero su ausencia queda con creces compensada con los indios y taiwaneses que llegan.»[6]

Así pues, las estrategias del saber militar del futuro pueden muy bien concebir complejas políticas a largo plazo para absorber de determinados países a sus cerebros más capacitados y trasladarlos al propio. Alternativamente, tales estrategias dispondrán cada vez más de planes para disuadir o prohibir los desplazamientos de científicos o ingenieros importantes a adversarios potenciales. Los recientes esfuerzos por evitar que emigren científicos soviéticos a Irán y Corea del Norte constituyen sólo la última baza de un juego en que se ventilarán enormes apuestas estratégicas.

Los mejores estrategas del saber prestarán mañana al «logro de conocimiento» tanta importancia como se otorga hoy a la adquisición de material.

Los soldados programadores

Los ejércitos avanzados, como las empresas de la misma clase, tienen que almacenar y procesar grandes cantidades de datos. Como sabemos, esto requiere unas inversiones cada vez mayores en tecnología de la información.

Ésta aplicada a lo militar incluye sistemas informáticos de todos los tamaños y tipos. La naturaleza, distribución, capacidad, utilización y flexibilidad de estos sistemas, amén de sus conexiones con el radar, las defensas aéreas y las redes de satélites y comunicaciones distinguirán a los ejércitos avanzados de los demás.

En Estados Unidos gran parte del trabajo realizado por Duane Andrews y Paul Strassmann y sus principales ayudantes en el Pentágono, Charles A. Hawkins Jr. y Cynthia Kendall, supuso tratar de racionalizar, ampliar y mejorar estos vastos sistemas. Hawkins, un ingeniero, ascendió a través de la información militar. Kendall, subsecretaria de Defensa para sistemas de información, estudió matemáticas e investigación operativa e ingresó en el departamento en 1970.

Más importante que la maquinaria real que supervisan Hawkins y Kendall es el inventario constantemente renovado de programas de que depende. Durante la guerra del Golfo las cámaras de televisión, siempre hambrientas de escenas espectaculares, se cebaron en los cazas F-14 Tomcat cuando partían rugiendo de las cubiertas de los portaaviones, en los helicópteros Apache que volaban sobre el desierto, en los estruendosos carros de combate M1A1 Abrams sobre las arenas y en los Tomahawk lanzados a la búsqueda de sus objetivos. De la mañana a la noche, las máquinas se convirtieron en «estrellas». Pero las auténticas «estrellas» eran los invisibles programas informáticos que procesaban, analizaban y distribuían datos, aunque nadie vio por televisión a quienes los producían y mantenían: los soldados programadores de Norteamérica. La mayoría, civiles.

Los programas informáticos están alterando los equilibrios militares en el mundo. Hoy en día los sistemas bélicos son montados o lanzados por lo que la jerga correspondiente denomina «plataformas». Una plataforma puede ser un misil, un avión, un buque e incluso un camión. Y lo que los militares aprenden es que plataformas de baja tecnología en manos de naciones pobres y pequeñas pueden poseer una potencia de fuego inteligente y de alta tecnología, si las propias armas se hallan dotadas de programas inteligentes. A menudo, es posible elevar el cociente intelectual de las bombas estúpidas mediante la adición de elementos modificados dependientes para su fabricación o manejo de programas informáticos.

Durante la era de la segunda ola los espías militares prestaban una atención especial a las máquinas herramientas de un adversario porque resultaban necesarias para hacer otras requeridas en la fabricación de armas. Ahora la «máquina herramienta» que más cuenta es la programación informática empleada en la elaboración de los programas «que fabrican programas que fabrican programas». Porque de ello depende gran parte de la transformación de datos en información y conocimiento prácticos. Son cruciales la complejidad, la flexibilidad y la seguridad de la programación informática militar.

Las políticas que guían el desarrollo y el uso de la tecnología de la información en general y de la programación informática en particular constituyen un componente vital de la estrategia del saber.

¿Escucha el Tío Sam?

Aunque se haya adquirido y procesado convenientemente, el conocimiento resulta inútil en manos o cabezas ineptas o utilizado en un momento inoportuno. De ahí la necesidad militar de alcanzar diversas maneras de distribuirlo cuando se precise.

«Las fuerzas armadas –dice el teniente general James S. Cassity– instalaron en el Golfo durante noventa días una mayor capacidad de enlace en las comunicaciones electrónicas que la que pusimos en Europa en cuarenta años.»[7] Capacidad de enlace es el término técnico empleado para referirse a las redes. La designación del tipo que éstas sean y de quienes tengan acceso a ellas responde a consideraciones estratégicas de alto nivel.

Hay, por ejemplo, planes en marcha para crear una sola red mundial e inconsútil de comunicaciones militares que trascienda la esfera de las fuerzas armadas de Estados Unidos, un sistema modular que pueda ser compartido simultáneamente por las fuerzas de muchas naciones. De la misma manera que son cada vez más las empresas que integran globalmente sus operaciones, formando consorcios y mediante el enlace de sus sistemas de ordenadores y redes de comunicaciones con los de firmas aliadas, así también sucede en el campo militar en una escala mucho más amplia. El problema de las alianzas, tanto comerciales como militares, es que la coordinación resulta extremadamente difícil.

Hasta entre las naciones europeas de la OTAN e incluso tras cuatro décadas de cooperación, los sistemas de gestión en el campo de batalla aún no pueden comunicarse entre sí información táctica porque no son compatibles. Aunque la OTAN ha establecido normas comunes, ni el sistema británico Ptarmigan ni las radios del RITA francés las cumplen. El problema de la torre de Babel es aún peor en otras partes. Después de la invasión de Kuwait se necesitaron muchas semanas para conectar los sistemas militares de comunicación de Arabia Saudí, Qatar, Omán, Bahrein y los Emiratos con los de Estados Unidos.

La nueva red concebida pretende precisamente superar este tipo de problemas y hacer más fluidas que en el pasado las operaciones combinadas con los aliados. Según Mary Ruscavage, subdirectora del Mando Electrónico de Comunicaciones del Ejército de Estados Unidos en Fort Monmouth, Nueva Jersey, «tratamos de desarrollar una arquitectura genérica y de tomar en consideración todos los tipos de equipo que tenga un país».

La naturaleza de las redes de comunicación implica a menudo supuestos estratégicos tácitos. En este caso, la noción de una red global[8] con la que puedan conectar otras naciones refleja claramente el supuesto estratégico de Estados Unidos de que en el futuro luchará en combinación con otros aliados, en vez de actuar en solitario como «gendarme del mundo».

El sistema propuesto conjura imágenes de un futuro marcado por alianzas temporales de conexión/desconexión, de acuerdo con la fluidez de condiciones del mundo posterior a la guerra fría. Podría simplificar además las futuras operaciones de la ONU.

Mas también suscita la sospecha de que, si Estados Unidos diseña básicamente el sistema, sea capaz de enterarse de todos los mensajes que fluyan a través de dicha red. (No necesariamente, se afirma, porque cada una de las naciones puede especificar su «cripto», como se conoce a la codificación. Pero subsisten los recelos.)

Stuart Slade, un científico de la información y analista militar de Forecast International, que reside en Londres, apunta otra consecuencia más honda de los nuevos sistemas de comando, control y comunicaciones. No todos los ejércitos del mundo se hallan cultural o políticamente (y no sólo tecnológicamente) en disposición de utilizarlos. «Estos sistemas –explica– dependen de una cosa, y es la capacidad de intercambiar información, de permutar datos y de promover un flujo libre de información en toda la red; para que unas personas consigan montar sus imágenes tácticas, han de poder integrar su material. Lo que entonces tendremos en realidad será un sistema de armas "políticamente correcto".»[9]

«Las sociedades que congelan el flujo de comunicaciones, el libre curso de ideas y datos, no serán por definición capaces de sacar un gran partido de estos medios ... El sistema iraquí es un árbol. Tenemos a Saddam Hussein en la copa. Si rompemos en cualquier punto este tipo de sistema, puede ser catastrófico, sobre todo cuando el jefe de una división, aislado de la copa del árbol, sabe que el premio a su empleo de la iniciativa puede ser una [bala] 357 en la nuca.»

El que las redes avanzadas permitan a los usuarios comunicarse entre sí en todos los niveles de la jerarquía supone que los capitanes pueden hablar con otros capitanes y los coroneles con otros coroneles, sin que los mensajes pasen antes por la cima de la pirámide. Pero esto es precisamente lo que no quieren los presidentes y primeros ministros totalitarios.

Según Slade, hay bastantes naciones, entre ellas China, a las que un sistema semejante les parecería políticamente peligroso. «Por ejemplo, si en algunos países de África se les concediera a los comandantes de batallón la capacidad de hablar entre ellos sin que nadie les vigilase, al cabo de seis meses uno de ellos sería presidente y el otro ministro de Defensa.»

Ésa es la razón, cree, de que las nuevas redes de comunicaciones favorezcan a las naciones democráticas.

Crucial como es, la comunicación constituye, sin embargo, tan sólo una parte del sistema de conocimiento-distribución de las fuerzas armadas. Los militares de la tercera ola otorgan un gran énfasis al adiestramiento y la educación en cada nivel y sus sistemas para proporcionar la formación indicada a la persona oportuna son parte del proceso de conocimiento-distribución.

Como en las empresas, aprendizaje, desaprendizaje y reaprendizaje se han convertido en un proceso permanente dentro de cada nivel profesional militar. En armas y cuerpos las organizaciones de formación cobran más categoría. En todas las ramas se desarrollan tecnologías avanzadas para acelerar el aprendizaje. Entre éstas, las simulaciones de base informática desempeñan un papel cada vez más importante. Por ejemplo, se ha introducido en ordenador el vídeo de una decisiva batalla de carros de combate librada en la guerra del Golfo. Los tanquistas pueden revivir el enfrentamiento en condiciones simuladas que varíen. Cabe imaginar el día en que los métodos de formación de base informática y las propias tecnologías sean tan valiosos que los ejércitos se los roben unos a otros. Los generales de la tercera ola saben que el ejército que mejor adiestra, que aprende más deprisa y que sabe más tiene una clara ventaja, susceptible de compensar muchos fallos. El conocimiento es el sustituto definitivo de otros recursos.

De modo similar, los generales inteligentes conocen muy bien que las guerras pueden ganarse tanto en las pantallas de televisión de todo el mundo como en los campos de batalla.

Entre los elementos que los ejércitos distribuyen figuran información engañosa, desinformación, propaganda, verdad (cuando les beneficia) y un poderoso material gráfico para los medios de comunicación, conocimiento junto con anticonocimiento.

La propaganda y los medios de comunicación desempeñarán desde luego un papel tan explosivo en la actividad bélica del conocimiento del siglo XXI que hemos dedicado un capítulo al tema (véase capítulo XVIII). Por ese motivo, la política de los medios de comunicación de masas, así como las de comunicación y educación constituirán conjuntamente los ingredientes principales de distribución de cualquier estrategia general del conocimiento.

La mano cortada

Pero ninguna estrategia del conocimiento se hallará completa sin un cuarto y último componente, la defensa del activo del propio conocimiento frente a un ataque del enemigo. Porque la espada del conocimiento es de doble filo. Puede ser empleada para atacar. Es capaz de destruir a un enemigo antes incluso de que inicie su primer asalto. Pero también puede cortar la misma mano que la empuña. Ahora mismo, la mano que mejor empuña es norteamericana.

Ninguna nación en el mundo resulta más vulnerable a la pérdida de su activo de conocimientos. Y ninguna nación tiene más que perder.

Este punto ha sido recalcado por Neil Munro, de 31 años de edad y con un ligero acento irlandés (nació en Dublín), que llegó en 1984 a Estados Unidos, llevando bajo el brazo un título de posgrado en estudios bélicos. Hoy es uno de los expertos más instruidos en el desarrollo de la doctrina de la guerra de la información, desde sus orígenes como contienda electrónica a los últimos esquemas y evoluciones del Pentágono.

Es el autor de *The quick and the dead* (Los rápidos y los muertos), libro clave sobre el combate electrónico y pertenece a la redacción de *Defense News*, un acreditado semanario que dice contar entre sus lectores con 1.315 generales y almirantes norteamericanos, por no mencionar a 2.419 altos jefes de fuerzas armadas de todo el mundo. Esta publicación es asimismo lectura asidua de ejecutivos de la industria bélica, políticos, ministros e incluso, insiste, de unos cuantos jefes de Estado. En suma, cuando Munro describe el más reciente desarrollo de la doctrina sobre la guerra de la información, o acerca de programación informática, sus textos acaban en las mesas de quienes toman decisiones relevantes.

Munro bulle virtualmente de adrenalina, sus palabras se atropellan cuando habla de la actividad bélica de la información, salpicando sus comentarios con referencias eruditas a la historia militar. Refleja la energía intelectual constituida en torno de conceptos que conducen al objetivo último de la estrategia del conocimiento. Pero Munro repite también una advertencia escuchada de continuo en los círculos de la guerra de la información.

La superioridad en información o en conocimientos puede ganar guerras. Mas esta ventaja es notablemente frágil. «En el pasado –señala Munro–, cuando se tenía cinco mil carros de combate y el enemigo sólo un millar, se podía disfrutar de una superioridad de cinco a uno. En la guerra de la información es posible contar con una ventaja de cien a uno y acabar todo en un cortocircuito.»[10] O en una mentira. O con la capacidad de proteger esa mayor información de quienes pretenden apropiársela.

La razón fundamental de esta fragilidad es que el conocimiento difiere como recurso de todos los demás. Es inagotable. Puede ser utilizado simultáneamente por ambos bandos. Y no es lineal. Eso significa que pequeñas aportaciones son capaces de tener consecuencias desproporcionadas. Es posible que un minúsculo fragmento de la información adecuada otorgue una inmensa ventaja estratégica o táctica. La denegación de un pequeño fragmento de información puede originar efectos catastróficos.

En el crepúsculo que siguió a la victoria militar del Golfo, la atención de Estados Unidos se concentró en la forma en que las fuerzas norteamericanas consiguieron «cegar» a Saddam Hussein, al privarle de su activo de información y comunicación. En el seno de los círculos militares ha crecido desde entonces una preocupación lindante con la alarma por los modos en que, a la inversa, un enemigo podría cegar a Estados Unidos.

Terrorismo informático

El 19 de enero de 1991, durante el ataque aéreo aliado contra Bagdad, la Marina de Estados Unidos empleó misiles crucero Tomahawk dotados de los que *Defense News* describió como «nuevo tipo de ojiva bélica no nuclear, de impulsos electromagnéticos muy secretos» para trastornar o destruir los sistemas electrónicos iraquíes. Este tipo de armas no causa un daño físico manifiesto, pero pueden «freír» los componentes del radar, las redes electrónicas y los ordenadores.

El 26 de febrero de 1993 una bomba de fabricación artesanal hizo explosión en las torres del World Trade de Manhattan, mató a seis personas, hirió a más de mil e interrumpió las actividades a centenares de empresas próximas al centro financiero de Nueva York.

Imaginen lo que pudiese haber sucedido si alguno de los físicos nucleares de Saddam Hussein hubiese fabricado una tosca ojiva bélica de impulsos electromagnéticos y, durante el conflicto del Golfo, un «terrorista informático» la hubiera colocado en las torres del World Trade o en el distrito de Wall Street. El subsiguiente caos financiero –tras la alteración o destrucción de las redes de compensación bancaria, los mercados de acciones y obligaciones, las redes de tarjetas de crédito, las líneas telefónicas e informáticas, las máquinas Quotron y, en general, las comunicaciones comerciales– habría desencadenado una onda de choque que alcanzaría a todo el planeta. No se precisa un arma muy compleja para lograr un efecto así. Hasta los artefactos más primitivos colocados en «módulos de conocimientos» no protegidos pueden generar una catástrofe si los sistemas carecen de los adecuados mecanismos de defensa o duplicación[11].

Winn Schwartau, asesor de comunicaciones de Inter-Pact, asegura: «Con más de cien millones de ordenadores inextricablemente ligados a través del más complejo despliegue de conjuntos de comunicaciones de base terrestre y de satélites de comunicaciones ... los sistemas informáticos oficiales y comerciales se hallan hoy tan mal protegidos que en esencia cabe considerarlos inermes. Nos aguarda un Pear Harbor electrónico.»

En un informe de la General Accounting Office de Estados Unidos al Congreso se expresa una preocupación similar. Este organismo se inquieta porque Fedwire, una red electrónica de transferencia de fondos que sólo en 1988 manejó 253.000 billones de dólares padece fallos de seguridad y requiere al respecto la «adopción de medidas rigurosas». Paul Strassmann, a quien en modo alguno cabría calificar de impresionable y sensacionalista, previene contra las «brigadas del terrorismo informático».

La firma consultora Booz Allen & Hamilton ha efectuado un estudio sobre las comunicaciones en Nueva York y ha descubierto que las principales instituciones financieras operan sin respaldo alguno de telecomunicaciones. Y las firmas similares de Francfort, París, Tokio y Londres se encuentran más o menos en la misma situación. El informe señalaba lo contrario.

Los sistemas militares, aunque más seguros, no resultan en modo alguno impenetrables. El 4 de diciembre de 1992 el Pentágono envió un mensaje secreto a sus comandantes generales en cada región, en el que se les ordenaba que se afanasen en la protección de sus redes electrónicas y de sus ordenadores. Como antes vimos, no sólo son vulnerables el radar y los sistemas de armas, sino también elementos como las bases de datos informáticos que contienen planes de movilización o listas y localizaciones de piezas de recambio. Por entonces Duane Andrews afirmó: «La seguridad de nuestra información es atroz, nuestro [secreto] operativo es atroz, la seguridad de nuestras comunicaciones es atroz.» Como confirmación de estas palabras tan duras, en junio de 1993 un «intruso electrónico» interceptó llamadas dirigidas a destacados políticos de todo el mundo por los ayudantes de Warren Christopher, secretario de Estado norteamericano, para advertirles del ataque de los misiles de Estados Unidos a la sede de los servicios iraquíes de información en Bagdad.

Son tantos los reportajes publicados en los medios de comunicación acerca de los llamados *hackers* que penetran en los ordenadores de empresas y de organismos oficiales que apenas resulta necesario recordarlos. Pero todavía abundan los equívocos. Aunque algunos de estos individuos han sido públicamente denunciados y perseguidos por ingreso delictivo o destrucción de sistemas informáticos, la mayoría operan en realidad con mucho cuidado para no alterar la información ni actuar ilegalmente. Estos *hackers* llaman «reventadores» a los que dañan los ordenadores.

Sean cuales fueren los términos, hoy es posible que un fanático hindú de Hyderabad, un fanático musulmán de Madrás o un chiflado de Denver cause daños inmensos a personas, países e incluso, con algunas dificultades, a ejércitos situados a quince mil kilómetros de distancia. *Computers in crisis*, un informe del Consejo Nacional de Investigación, señala: «Puede que el terrorista de mañana sea capaz de ocasionar con un teclado más daño que con una bomba.»

Se ha escrito mucho acerca de los virus informáticos capaces de destruir datos o de robar tanto secretos como dinero. Pueden introducir mensajes falsos, alterar la memoria y realizar operaciones de espionaje, buscando datos que interesen a un adversario. Si consiguen acceder a las redes adecuadas lograrán, al menos en teoría, montar, desmontar o reapuntar armas.

Los primeros virus fueron introducidos en redes públicas y se extendieron indiscriminadamente de un ordenador a otro. A los especialistas les preocupa ahora el llamado «virus crucero», un arma inteligente, específicamente orientada. Su finalidad no es difundir un daño indiscriminado, sino capturar una contraseña concreta de ingreso, robar una información en particular o destruir un determinado disco duro. Es en programación informática el equivalente del misil crucero inteligente.

Una vez introducido en una red que disponga de muchos ordenadores, el virus puede situarse al acecho o haraganear inocentemente hasta que un usuario que nada sospeche –una especie de portador Mary de la tifoidea*– acceda al ordenador buscado. El virus aprovecha ese momento y salta entonces a bordo. Una vez dentro, lanza su carga destructiva.

En *Mind children*, Hans Morave describe un arma defensiva a la que da el nombre de «depredador vírico»[12]. Se propaga por una red como un anticuerpo en un sistema inmune, para buscar y matar virus. Pero, advierte, «es posible alterar cosméticamente una presa vírica para que ya no resulte reconocible por un depredador específico». Mas no se agotan ahí las posibilidades.

Actualmente existe un programa que, en principio, se puede

* Portadora del bacilo de Eberth o *Salmonella typhosa*, Mary Mallon trabajó como cocinera en diversas mansiones neoyorquinas, utilizando distintos nombres. Fallecida en 1938, se sabe que provocó al menos diez brotes de fiebre tifoidea con 51 casos y tres fallecimientos. *(N. del T.)*

introducir en una red para que se reproduzca en miles de ordenadores o se altere cosméticamente según instrucciones programadas de antemano. Pero, además, puede ser manipulado para evolucionar al cabo de un tiempo, exactamente como un organismo biológico, respondiendo a una mutación aleatoria. Se trata de un virus evolutivo cuyos cambios quedan determinados por el azar, haciendo así más difícil que sea localizado por el más complejo de los cazadores de virus. Es la Vida Artificial en trance de lograr la autonomía.

Es cierto que las democracias avanzadas de la tercera ola se hallan más descentralizadas que antes, poseen una mayor redundancia y gozan por ello de una enorme elasticidad social y económica. Pero hay desventajas que alteran esta preeminencia. Por ejemplo, cuanto más avanzados y miniaturizados sean los ordenadores y la electrónica de un sistema, menos energía electromagnética se precisará para quebrantarlos. Las sociedades de la tercera ola son por añadidura más abiertas, de una fuerza laboral más móvil, de sistemas políticos y sociales más tolerantes y más complacidas de sí mismas que las naciones y grupos a los que inspiran malevolencia. Por estas razones, si no por otras, cualquier estrategia valiosa del conocimiento militar debe abordar tales cuestiones de seguridad junto con las referidas a la adquisición, procesamiento y distribución del conocimiento.

Toda estrategia general del conocimiento de un ejército tendrá, en suma, que abordar las cuatro funciones claves: adquisición, procesamiento, distribución y protección. Las cuatro se hallan en realidad interrelacionadas. La protección debe alcanzar a todas estas funciones del conocimiento. Los sistemas de información para el procesamiento afectan a todas esas funciones. No es posible separar las comunicaciones de los ordenadores. Proteger el sistema del conocimiento militar exige la adquisición de una contrainformación. Durante mucho tiempo los estrategas del conocimiento tendrán que ocuparse de determinar cómo proceder a su integración.

Más allá de todo esto –y más allá del alcance de este libro– existe un hecho natural cada vez más patente. Cada una de estas cuatro funciones del conocimiento en el campo militar tiene una exacta analogía civil. En definitiva la fortaleza de un conjunto militar de la tercera ola reside en la fuerza del orden civil al que sirve, el cual a su vez depende más cada día de la propia estrategia del conocimiento de la sociedad.

Eso significa, para bien o para mal, que el soldado y el ciudadano de a pie se hallan informativamente entrelazados. El modo en que el mundo civil –empresas, Gobierno, asociaciones no lucrativas– adquiera, procese, distribuya y proteja su activo del conocimiento afectará profundamente a la manera en que realizarán sus tareas los militares.

La promoción y defensa continuas de este activo son requisitos previos de la supervivencia de las sociedades de la tercera ola en el sistema global trisecado del siglo XXI.

Lo que sí se puede observar ya es la progresión del pensamiento militar más allá de sus primitivas concepciones de la guerra electrónica, más allá de las definiciones actuales de «actividad bélica de comando y control» e, incluso, más allá de la noción más general de «guerra de información».

Por esta razón y durante las próximas décadas, a muchas de las mejores mentes militares se les asignará la misión de definir aún más los componentes de la guerra del conocimiento, identificar sus complejas interrelaciones y construir «modelos del conocimiento» que produzcan opciones estratégicas. Éstos constituirán la matriz de la que nacerán tácticas del conocimiento plenamente desarrolladas.

Porque el diseño de tales operaciones constituye la siguiente etapa en la evolución ulterior de la forma bélica de la tercera ola, a la cual, como veremos, tendrá que responder la forma de la paz del mañana.

Mas para llegar a una estrategia adecuada del conocimiento, cada país o fuerza militar habrá de enfrentarse con sus propios retos específicos. Para Estados Unidos, con las fuerzas armadas más avanzadas del mundo, eso supone la reestructuración radical de algunas de sus más importantes y muy afincadas organizaciones de «seguridad nacional» de la era de la segunda ola.

XVII. EL FUTURO DEL ESPÍA

A cuarenta minutos del hotel Metropole de Moscú, nos acercamos a un edificio anodino. Pisando fuerte, nos desembarazamos de la nieve de nuestros zapatos y entramos. A un lado del vestíbulo en penumbra se alineaban los buzones, algunos abiertos y rebosantes de papeles. Subimos en un pequeño ascensor y fuimos cordialmente recibidos en el descansillo. Pronto nos hallamos cómodamente sentados en el cuarto de estar de Oleg Kalugin, hombre de sólida constitución al comienzo de la cincuentena, que habla un inglés perfecto. Sonríe y nos entrega su tarjeta de visita que le identifica crípticamente como «experto». Pero no menciona la clase de experiencia que posee.

Oleg Kalugin[1] fue el espía más importante en Washington durante algunos de los años tórridos de la guerra fría. Ya están muy lejos los días en que «dirigía» a John Anthony Walker, el oficial de la Marina norteamericana que le vendió claves de Estados Unidos; la época en que, sentado en la embajada soviética de la calle Dieciséis, Kalugin leía documentos robados de la supersecreta Agencia de Seguridad Nacional o más tarde, cuando visitaba a Kim Philby, uno de los maestros del espionaje del siglo. Ahora Kalugin, antaño el general más joven del KGB, aparece en la CNN, se reúne con altos funcionarios de la CIA y del FBI y reflexiona sobre su carrera.

A lo largo de varias horas nos habló de la posibilidad, que considera improbable, de que algunos de los espías y redes del espionaje soviéticos hayan mudado su lealtad y hayan empezado a trabajar al servicio de otros países. Nos dio su estimación personal del golpe frustrado que condujo a la caída de Gorbachov y se refirió a sus esperanzas de un futuro pacífico.

Kalugin se ha convertido en un crítico manifiesto de las tareas de información, tal como fueron practicadas durante la guerra fría. Aún se muestra más crítico con lo que sucede hoy, en especial con la decisión del Gobierno ruso de crear una Academia de la Seguridad del Estado[2] en la que se enseñará a una nueva generación lo que describe como «los mismos antiguos estilos, las mismas disciplinas» que en los días del KGB. Algunos de sus antiguos colegas se sienten ofendidos por sus críticas públicas al organismo de espionaje al que sirvió antaño. Pero Kalugin es un símbolo vivo de los cambios notables que transforman la industria del espionaje mundial.

De todas las instituciones de «seguridad nacional» ninguna tiene una necesidad más honda de reestructuración y reconsideración que las dedicadas a la información exterior. Ésta, como hemos visto, constituye un ingrediente esencial en cualquier estrategia del conocimiento militar. Pero a medida que toma cuerpo la actividad bélica de la tercera ola, o bien esta institución asume una forma de la tercera ola, es decir refleja el papel nuevo en la sociedad de la información, la comunicación y el conocimiento, o se torna costosa, irrelevante o peligrosamente engañosa.

Veleros y coches deportivos

Actualmente Washington resuena con voces que exigen una reducción drástica o incluso la desintegración completa de los organismos del espionaje norteamericano. Mas, como sucede por lo general con los gastos de defensa, la mayoría de las demandas de recortes masivos reflejan presiones políticas de corto alcance en vez de una gran estrategia global o una reconsideración de la información como tal.

Así, el siempre influyente *New York Times* pide acabar con los satélites que escuchan conversaciones telefónicas y supervisan la telemetría de los misiles: elogia el hecho de que la CIA tenga sólo nueve analistas que presten atención a las fuerzas armadas rusas (eran 125), y estima que Irán justifica una vigilancia, pero juzga despreocupadamente que el resto del mundo está «muy bien cubierto»[3].

Tal confianza no fundamentada parece fuera de lugar cuando los ex militares soviéticos todavía controlan miles de armas nucleares, tanto estratégicas como tácticas, cuando el país sigue siendo potencialmente explosivo y elementos indeseables de las antiguas fuerzas armadas podrían desempeñar aún un papel revolucionario en la determinación del futuro. Una sordera voluntaria parece lo menos recomendable en un mundo donde se multiplican velozmente los misiles y las ojivas bélicas. En términos de potencial para el desencadenamiento de una inestabilidad global, Irán no es el único lugar que «justifica una vigilancia». Y desde luego, el resto del mundo no se halla «muy bien cubierto», como revelan las páginas del propio *Times*.

Al menos desde la década de los setenta se asume generalmente que Kim Il Sung, el dictador comunista de Corea del Norte, está preparando a su hijo, Kim Jong Il, para que le suceda en su puesto. Pero del hijo no se conoce casi nada, aparte de una manifiesta inclinación por los coches deportivos y los veleros suecos. En marzo de 1993, el *Times* señaló que «al parecer, sólo recientemente la CIA había descubierto que tiene dos hijos, dato importante en un Gobierno de tradición dinástica». El hecho de que a la red de espionaje occidental le costara tanto tiempo determinar una circunstancia política tan básica difícilmente puede calificarse de buena «cobertura».

El problema de General Motors

Para Estados Unidos, la información exterior era una tarea que costaba cada año treinta mil millones de dólares. Sus principales instituciones, la Agencia Central de Inteligencia, la Agencia de Información de la Defensa, la Agencia de Seguridad Nacional y la Oficina Nacional de Reconocimiento, eran organizaciones clásicas de la segunda ola, enormes, burocratizadas, centralizadas y muy reservadas. La información soviética –KGB y GRU, su equivalente militar– lo eran aún más.

En la actualidad, estas organizaciones resultan tan anticuadas en información como en economía. Exactamente como General Motors o IBM, los principales productores mundiales de información sufren una crisis de identidad, tratando desesperadamente de averiguar qué es lo que va mal y qué hacen en realidad. Y como los dinosaurios empresariales, se ven forzadas a poner en tela de juicio sus misiones y mercados básicos.

Por fortuna, como los teóricos de la gestión en un mundo empresarial que cambia con tal rapidez, está surgiendo una nueva especie de críticos radicales resueltos no a destruir la información, sino a remodelar el concepto en términos de la tercera ola.

La noción misma de «seguridad nacional», a la que estas instituciones proclamaban servir, se ha ampliado hasta incluir ingredientes no sólo militares sino también económicos, diplomáticos e incluso ecológicos. John L. Peterson, que perteneció al Consejo de Seguridad Nacional, afirma que con el fin de acabar con el conflicto antes de que estalle, Estados Unidos debería emplear su información y sus fuerzas militares para ayudar al mundo a abordar problemas como el hambre, las catástrofes y la contaminación, que pueden lanzar a choques violentos a poblaciones sumidas en la desesperación. Al efecto se requeriría más, y no menos, información, pero también de tipos diferentes. Otra vez resulta sorprendente el paralelismo con el mundo empresarial. Así, señala Peterson, «a medida que el mercado de la seguridad se desplace y ensanche, harán falta nuevos "productos" para atender a los nuevos segmentos»[4].

Con palabras que emplearía un especialista en mercadotecnia, Andrew Shepard, destacado analista y directivo de la CIA, apremia a los expertos en información a desmasificar su producción: «Para adaptar una información habitual a los intereses específicos del consumidor, necesitamos ser capaces de lograr presentaciones diferentes con destino a cada cliente clave, concebir un montaje final y la entrega en el "punto de venta" de la información habitual acabada.»[5]

Reflejando de modo semejante la idea de la gestión en la tercera ola, otros pensadores de vanguardia en el campo de la información hablan de escuchar a los «clientes», recortar la «gestión media», descentralizar, reducir costes y desburocratizar.

Angelo Codevilla, de la Hoover Institution en Stanford, sugiere que «cada sector oficial debe reunir y analizar los secretos que necesite»[6]. El papel de la CIA, declara, ha de limitarse al de una cámara de compensación. Codevilla apremia a Estados Unidos a retirar a miles de espías e informadores destinados en las embajadas, que pretenden ser diplomáticos cuando en realidad recogen información a la que puede acceder fácilmente cualquier empresario, periodista o funcionario de Exteriores bien relacionado. El 10 por ciento de los espías que operan bajo una tapadera diplomática y que son útiles debería ser reasignado a departamentos oficiales específicos, como Defensa y el Tesoro.

Se debería recurrir más a informantes a media jornada de los círculos económicos y profesionales de los países observados. Si es preciso efectuar operaciones secretas –aquellas cuya autoría puede negarse–, serán llevadas a cabo por los militares u otros organismos, no como parte de las tareas de información.

Más aún, señala Codevilla, los medios técnicos de la obtención de información, incluyendo algunos sistemas de satélites, funcionan como «aspiradoras electrónicas», recogiendo mucha paja y un poco de grano[7]. Como las armas de los militares, han de poseer precisión en la puntería.

También está cambiando el «trigo» que los usuarios desean, incluso por lo que se refiere a los militares. Así un documento influyente que circuló en la cima del Pentágono durante enero de 1993 denunciaba que los analistas superiores de la información militar «seguían rumiando esencialmente» nociones de grandes guerras terrestres. Se concentraban en factores militares demasiado concretos y subestimaban la importancia de la estrategia política. «Los analistas –se decía en el informe– parecen tener interés y datos escasos acerca de los tipos de fuerzas tercermundistas de oposición con que podemos toparnos» y sobre la posibilidad de que «adversarios militarmente insignificantes (como las fuerzas serbias en Bosnia) planteen problemas en extremo difíciles».

Nuevos mercados

Según Bruce D. Berkowitz, ex analista de la CIA, y Allan E. Goodman, que fue coordinador de la información de ese organismo destinada al presidente, «en vez de detectar y analizar un reactor que emita una señal familiar visual, infrarroja o telemétrica ... quienes desempeñan tareas de información quizá hayan de rastrear y analizar aviones viejos y pequeños que transporten drogas»[8]. En lugar de detectar el desplazamiento de batallones de carros de combate, puede que tengan que localizar guerrillas. Y en vez de someter a disección una propuesta soviética sobre control de armas, es posible que deban valorar la actitud de un país hacia el terrorismo.

De forma particular, la lucha contra el terrorismo requiere una información extremadamente precisa y técnicas nuevas e informatizadas para conseguirla. Son muy acertadas las palabras del conde de Marenches, ex jefe de los correspondientes servicios franceses, cuando dice: «Una información personal minuciosa puede resultar más decisiva que municiones guiadas con precisión.»[9]

En una reunión del AIPASG (Grupo de Procesamiento de Información Avanzada y de Orientación del Análisis), celebrada en marzo de 1993, Christopher Westphal y Robert Beckman de Alta Analytics describieron una nueva programación informática para ayudar a las autoridades en la localización de grupos terroristas, buscando relaciones ocultas en múltiples bases de datos. Un equipo antiterrorista dotado de ese programa sería, por ejemplo[10], capaz de pedir al ordenador que indicase todos los lugares frecuentados por seis o más personas seleccionadas. La idea estriba en lograr que el usuario «descubra rápidamente unas asociaciones decisivas que de otra manera pasarían inadvertidas».

El razonamiento resulta claro. «Cuando resaltan agrupados vehículos, teléfonos o lugares, hay que plantearse las siguientes cuestiones: ¿qué significa esta trama? y ¿quién es la persona que hay detrás?» Se ha afirmado que el programa llamado NET-MAP puede localizar incluso agrupaciones en fase de formación.

Combinando este tipo de datos con información extraída de cuentas bancarias, tarjetas de crédito, listas de suscripciones y otras fuentes, el programa puede presumiblemente ayudar a rastrear grupos –o individuos– que encajen con el perfil terrorista. (En la presentación no se mencionó la posibilidad menos risueña de que ese mismo programa ayudase a unos Gobiernos a localizar a otros núcleos, disidentes políticos no violentos, excéntricas sectas religiosas o grupos que lucharan legítimamente por los derechos civiles.)

En la misma conferencia, Marc R. Halley y Dennis Murphy, de la Corporación de Ciencias Analíticas[11], presentaron un programa informático que puede dar información de las ventas de armas en todo el mundo. El sistema, señalaron, consistiría en recoger datos sobre compradores, vendedores, artículos, fechas y cantidades. Pero en una época en que cada vez es más intangible la actividad bélica puede resultar igualmente importante supervisar «factores del conocimiento» sobre tropas adversarias, como sus opiniones religiosas, cultura, perspectivas del tiempo, nivel de educación y de adiestramiento, fuentes de información, medios de comunicación que siguen cuando están fuera de servicio y otros elementos relacionados con el poder del conocimiento. Dominar en suma el terreno del conocimiento será para los ejércitos de la tercera ola tan crucial como en el pasado lo fue dominar la geografía y la topografía del campo de batalla.

El factor humano

La necesidad de una red vasta y muy automatizada de satélites y detectores para vigilar el desarrollo nuclear y el de los misiles soviéticos determinó una subestimación del logro de la información procedente de fuentes humanas. Y eso supuso prestar más atención a la capacidad del adversario que a sus intenciones.

Es cierto que a veces el desarrollo o despliegue de una «capacidad» –léase carros de combate, misiles, aviones, divisiones y otros elementos materiales– puede denotar las intenciones del otro bando. Pero los mejores satélites no conseguirán penetrar en la mente de un terrorista. Ni tienen por qué revelar necesariamente las intenciones de un Saddam Hussein. Los satélites y otras tecnologías de vigilancia señalaron a Estados Unidos que Saddam estaba acumulando tropas cerca de la frontera de Kuwait. Pero la CIA –escasa de espías en los círculos internos de Bagdad– rechazó tales advertencias como alarmistas y llegó a la conclusión errónea de que los movimientos de tropas eran simplemente una baladronada. Un espía humano en o cerca del círculo interno de Saddam podría haber arrojado luz sobre sus intenciones y haber cambiado la historia.

El paso al sistema de información de la tercera ola supone paradójicamente un mayor énfasis en el espía humano, el único tipo disponible en el mundo de la primera ola. Pero en el presente los espías de la primera ola se presentan armados con las tecnologías complejas de la tercera.

La crisis de calidad

El interés de la segunda ola en la obtención masiva de datos por medios tecnológicos ha contribuido también a una «parálización del análisis». Es tanta la paja que llega constantemente de los detectores, satélites y sonares existentes que resulta difícil encontrar el «trigo» que la acompaña. Programas informáticos extremadamente complejos exploran conversaciones telefónicas a la búsqueda de palabras claves. Observan tipos y niveles de actividad electrónicas, escrutan penachos de misiles, fotografían instalaciones nucleares y hacen además muchas otras cosas. Pero los analistas se han mostrado incapaces de absorber todo lo que reciben y convertirlo en información oportuna y útil.

El resultado ha sido un énfasis en la cantidad más que en la calidad, el mismo problema con que en la actualidad se enfrentan General Motors y muchas otras empresas que tratan de sobrevivir en la competición global. A causa de la excesiva parcelación de la información, con frecuencia hasta el «producto» analítico de calidad elevada no llegaba a la persona oportuna en el momento preciso. El viejo sistema no permite la entrega «en el momento» de la información obtenida a aquellos que más la necesitan.

Por esta razón el producto informativo se ha depreciado a los ojos de numerosos «clientes». No es extraño que muchos usuarios, desde el presidente de Estados Unidos para abajo, ignoren simplemente los memorandos reservados y los informes secretos que se apilan en la bandeja de llegada de documentos. Y por añadidura el propio secreto –incluyendo los supuestos que lo respaldan– cada vez con más frecuencia se ve puesto en tela de juicio.

Un alto funcionario de la oficina del secretario de Defensa ha señalado al respecto: «Existía un enorme culto del sigilo y el propio secreto se convirtió en papel de tornasol para certificar la validez de unas ideas.» Una información que no fuese secreta no era importante o cierta.

En 1992, el Gobierno de Estados Unidos elaboró 6.300.000 documentos «reservados». Los menos restringidos –técnicamente no reservados– llevan la mención de «Sólo para uso oficial». La siguiente categoría, que es más limitada y *está* reservada, recibe la denominación de «Confidencial». Después vienen los documentos «Secretos», algunos de los cuales tienen la indicación de «Secreto de la OTAN», reveladora de que pueden ser compartidos con otras naciones que pertenezcan a la organización. Luego siguen «Alto secreto» y «Alto secreto de la OTAN». Pero todo esto sólo representa la mitad de la ascensión a la montaña, muy por debajo de las alturas celestiales del secreto. Por encima de «Alto secreto» hay una categoría conocida como «Información parcelada y delicada», accesible a un número todavía inferior de personas. Y cuando alcanzamos la cumbre de la «Información codificada» encontramos lo que sólo se distribuye entre quienes figuran en las listas ACCESS o BIGOT, personas dotadas de claves específicas.

Y por si este sistema pareciera demasiado simple, se presenta por añadidura acompañado de calificaciones como «NOFORN», que indica un material que no puede ser distribuido a extranjeros; o «NO CONTRACT», que, no sorprendentemente, veda su distribución entre contratistas militares; o «WNINTELL», que advierte sobre la mención de fuentes o métodos de información; u «ORCON», que señala que el remitente controla su distribución ulterior.

Todo este edificio tan costoso e inane hoy es objeto de constantes ataques. ¿Cuándo incrementa el secreto la fortaleza militar y cuándo, en realidad, la merma? En palabras de G. A. Keyworth, que fue consejero científico del presidente Reagan: «El precio de proteger la información es tan elevado que su clasificación como reservada se convierte en una tara.»[12] El nuevo escepticismo acerca del secreto constituye un resultado directo de los cambios de la tercera ola y de la competición que han determinado.

La tienda rival

Lo que ha hecho la tercera ola ha sido expandir explosivamente el volumen de información (incluyendo la desinformación) que se desplaza por todo el mundo. La revolución de los ordenadores, la multiplicación de los satélites, la difusión de las fotocopiadoras, las videograbadoras, las redes electrónicas, las bases de datos, los aparatos de fax, la televisión por cable, las transmisiones directas por satélite y docenas y veintenas de otras tecnologías de manejo y distribución de la información, han creado ingentes ríos de datos, de información y de conocimientos que ahora desembocan en un vasto y creciente océano de imágenes, símbolos, estadísticas, palabras y sonidos. La tercera ola, por recurrir a la metáfora, ha desencadenado una especie de *big bang* informativo, creando un universo de conocimientos que se expande infinitamente.

En esencia, todo esto ha supuesto la apertura de una tienda rival junto a la del espía, una competidora de la tercera ola que hace accesible una información más inmediata y barata que la de los centros de producción de la segunda ola. Claro está que no puede elaborar todo lo que necesitan un gobierno o sus militares; pero es capaz de proporcionar una vasta cantidad.

Por otra parte, la explosión de información y de comunicación de la tercera ola significa que de forma progresiva lo que necesitan saber quienes han de tomar las decisiones puede encontrarse en las fuentes «abiertas». De esa tienda próxima y accesible puede proceder incluso un volumen considerable de información militar. No sólo resulta caro, sino además estúpido ignorar esta circunstancia y basar exclusivamente los análisis en fuentes cerradas.

Pocos han sido los que han reflexionado sobre estas cuestiones de manera tan profunda y con tanta imaginación como Robert D. Steele[13], un ex *marine* de 41 años y experto en información. En 1976 Steele escribió su tesis doctoral en la Lehigh University sobre la «predicción de la revolución»; y pronto tuvo la oportunidad de averiguar de primera mano en qué consistía una revolución. Alto, corpulento y de voz tonante, Steele trabajó aparentemente como funcionario político en la embajada de Estados Unidos de El Salvador durante la guerra civil; pero sus actividades posteriores sugieren que desempeñó funciones informativas. Al regresar a Washington, Robert D. Steele modificó su trayectoria profesional y se convirtió en jefe de un grupo responsable de la aplicación de la tecnología de la información a cuestiones de política exterior.

Se graduó al mismo tiempo en la Escuela de Guerra Naval y en el Programa Ejecutivo de la Gestión Pública (Política de Información) de Harvard y representó al Cuerpo de Infantería de Marina en la Comisión de Prioridades de Inteligencia Exterior y en otros organismos de información militar. En época más reciente este especialista norteamericano trabajó como alto funcionario civil en los servicios informativos de los *marines*, sumido en ordenadores, inteligencia artificial y los temas generales de la política del conocimiento.

Steele no estaría de acuerdo con la precipitada opinión del editorialista del *Times* según la cual el mundo se halla «muy bien cubierto» por los servicios de información de Estados Unidos. Por el contrario, él sostiene que, en realidad, este país se encuentra lamentablemente escaso de buenos lingüistas, de especialistas de área con una auténtica experiencia sobre el terreno en las zonas correspondientes y aún más de agentes «indígenas» (espías) en regiones vitales del mundo. Y asimismo Steele afirma que los norteamericanos no poseen la paciencia necesaria para desarrollar tales recursos.

En términos semejantes a los que emplearía un miembro de la nueva especie de ejecutivos norteamericanos, se queja de la miopía a la hora de montar una organización. Según él, los servicios norteamericanos de información prestan por lo común demasiada importancia a los resultados inmediatos y no la suficiente a la promoción a largo plazo de sus activos secretos en el exterior.

Steele considera seriamente las nuevas amenazas planteadas por el mundo actual. Él cree que Estados Unidos se halla irremediablemente mal preparado para una realidad donde bullen por el planeta guerreros ideológicos, religiosos o culturales, mientras que en países como Colombia o Irán pueden surgir ingenios informáticos que pongan su talento al servicio de delincuentes o de fanáticos.

En consecuencia, Steele no desea acabar con los servicios informativos de Estados Unidos. Ni que el dinosaurio abotargado se reduzca a minidinosaurio. Lo que él pide es una profunda reestructuración para que el resultado sea menguado, o más pequeño, pero no parezca en modo alguno un dinosaurio.

Steele cree que una parte considerable de los servicios de información de Estados Unidos desaparecerá con el tiempo en el agujero negro de los recortes presupuestarios. Una segunda parte, asegura, será privatizada. Por ejemplo, el U.S. Foreign Broadcast Information Service escucha centenares de emisiones extranjeras de radio y televisión y las transcribe para analistas políticos, diplomáticos y militares. Funciones como éstas, estima Steele, deberían ser realizadas mediante contrato por empresas privadas. No se necesitan forzosamente espías oficiales para seguir los programas de radio o de televisión.

Una tercera parte de las actuales operaciones informativas –el análisis– quedará descentralizada. En vez de gigantescos grupos de analistas que trabajen en un organismo central, muchos serán destinados a departamentos oficiales como los de Comercio, Tesoro, Estado o Agricultura, tal como han sugerido Shepard, Codevilla y otros, adaptando sobre el terreno sus análisis a las necesidades de los usuarios.

Pero nada de esto resulta crucial en la campaña que libra por sí solo Steele. Él cuenta, por así decirlo, con una ballena mucho más grande a la que arponear, el Leviatán del sigilo. Es posible que Steele sea en Washington el más acérrimo enemigo del secreto.

«Si existe un grupo terrorista –sostiene Steele– que posee una biotoxina capaz de causar una catástrofe y usted ha conseguido introducir a un agente en su seno, claro está que necesitará mantener secreta su identidad. Algunos secretos son por supuesto imprescindibles. Pero los costes invisibles del sigilo resultan tan inmensos que a menudo superan por amplio margen a los beneficios.»

Por ejemplo, a los ejércitos les gusta mantener en secreto sus «deficiencias» para que el enemigo no pueda cebarse en sus puntos débiles; pero las mismas restricciones que garantizan la ignorancia del enemigo, niegan a menudo la información a aquellas personas que podrían remediar esas deficiencias. Así pues, las debilidades se revelan tarde, si es que llegan a ser conocidas. Como la información se halla tan parcelada en aras del secreto, diferentes grupos en el seno de un organismo procuran soluciones distintas a problemas similares y resulta más difícil sintetizar, difundir y emplear la información que logran. Peor aún, declara Steele, los analistas se encuentran aislados del mundo exterior y viven lo que él califica de «irrealidad virtual».

Una de las medidas que adoptó el Cuerpo de Infantería de Marina cuando Steele trabajaba allí como alto funcionario de sus servicios de información fue instalar un sistema operativo SPARC para sus analistas. Los ordenadores les proporcionaban inmediatamente un material secreto del nivel más elevado, pero, además, los *marines* montaron al lado una pequeña habitación acristalada en la que dispusieron un ordenador personal corriente. A través de este aparato un analista podía establecer contacto con Internet, que le daba acceso a millares de bases de datos de todo el mundo, repletas de información no secreta y disponible al público. Sorprendidos, los analistas descubrieron que mucho de lo que necesitaban saber no estaba en el material secreto. Por obra de la imposición del sigilo sus centros de trabajo no se hallaban conectados con redes abiertas o públicas. En consecuencia, estos especialistas se concentraron en el modesto ordenador personal, que estaba en contacto con el mundo exterior, y encontraron buena parte de lo que precisaban en un material abierto y fácilmente accesible.

Steele llegó a convencerse tanto del valor informativo de las fuentes accesibles que consiguió que los *marines* le permitieran organizar, en su propio tiempo y asumiendo los gastos, el primer Simposio de Fuentes Abiertas, una conferencia celebrada en Virginia en noviembre de 1992. No pasó inadvertida a los asistentes la ironía de que semejante reunión tuviera las mismas iniciales que la Oficina de Servicios Estratégicos (Office of Strategic Services, precursora de la CIA). Entre los conferenciantes figuraron el jefe del equipo directivo de la Agencia de Información de la Defensa, un ex consejero científico del presidente, un subdirector de la CIA y una sorprendente mezcla de personalidades del ramo, así como miembros y observadores del sector más lejano de la comunidad de intrusos de las redes informáticas. También estuvieron presentes John Perry Barlow, letrista del grupo de rock Grateful Dead, y Howard Rheingold, autor de *Virtual reality* y de *The virtual community.*

Es improbable que alguien menos comprometido con el concepto de fuentes abiertas, no tan impetuoso o menos ligado a los círculos de la información militar hubiera podido organizar semejante acontecimiento. Pero Steele se siente impulsado por una visión que va más allá de lo inmediato.

«Imaginen –exhortó a los asistentes a ese primer Simposio de Fuentes Abiertas– una amplia red de analistas particulares, de analistas de información competitiva del sector privado y de analistas de la información oficial, cada uno capaz de acceder al otro, de compartir documentos no reservados, de comunicarse rápidamente por ordenador temas de interés mutuo y de reunir al instante opiniones, atisbos y datos de múltiples medios de comunicación, tanto más valiosos por ser de distribución inmediata e ilimitada. Creo que necesitamos llegar a eso.» Steele quiere que la información recurra a todo el conocimiento «distribuido» que sea accesible en la sociedad.

Pero esto ni siquiera refleja la amplitud de su visión. Steele desea algo más. Él propone «ligar la información nacional con la competitividad nacional ..., hacer de la información la cima de la infraestructura cognitiva». Steele no sólo cree que se deben aprovechar las fuentes públicas, sino que en su mayor parte la información tiene que resultar además accesible al público. Él habla de emplear los datos para proporcionar una información valiosa «desde la escuela a la Casa Blanca».

Este experto norteamericano concibe la información como parte de un continuo, o de un constructo nacional más amplio, que debe incluir también nuestro proceso educacional formal, nuestros valores culturales no formales, nuestra arquitectura estructurada de la tecnología de la información, nuestras redes informales sociales y profesionales para el intercambio de información, nuestro sistema político de gobierno». Robert D. Steele considera en suma a la información, no como a una fuente de datos subrepticios, amasados en «estimaciones» con destino a un puñado de personajes que adoptan decisiones, sino como una contribución vibrante al sistema de conocimientos del conjunto de una sociedad.

La visión de Steele emocionará a muchos y causará escalofríos en otros; desde luego, tiene grietas y huecos no colmados en los que quizá reparen muy pronto sus críticos. La expresión tajante de este especialista puede repugnar a algunos; y es improbable que su sueño, como la mayoría de los sueños, se vea plenamente realizado. Sin embargo, Robert D. Steele sitúa a la información dentro de un marco mucho más amplio que cualquier otro concebido hasta ahora. Su campaña es la de unas fuerzas orientadas a adaptar la información a las realidades de la tercera ola.

Preocuparse de la guerra o de la antiguerra del futuro sin reconsiderar el sistema de la información y ver cómo encaja en el concepto de estrategia del conocimiento constituye un ejercicio fútil. La reestructuración y reconceptualización de los servicios de información –y del militar como parte del conjunto– constituyen un paso adelante hacia la formulación de estrategias del conocimiento necesarias para librar o prevenir las contiendas de mañana.

XVIII. EL GIRO

Quienes más se esfuerzan por reflexionar acerca de la guerra en el futuro saben que algunos de los combates más importantes del mañana se desarrollarán en el campo de batalla de los medios de comunicación.

Del mismo modo que Estados Unidos no puede desarrollar una estrategia verdaderamente general del conocimiento hasta que ponga en orden sus servicios de espionaje, se enfrenta a un problema más grave con respecto a los medios de comunicación. Así, según Neil Munro, de *Defense News*, los militares norteamericanos se estrellarán contra un «muro de ladrillos» porque el Departamento de Defensa sólo posee una autoridad limitada para intervenir en los medios de comunicación. La Constitución de Estados Unidos, al igual que su cultura y su política, fija unos límites a la censura, y «propaganda» es una palabra aborrecible para la mayoría de los norteamericanos.

En consecuencia, aunque los militares sepan que dar un «giro» oportuno a las noticias bélicas es tan importante como acabar con los carros de combate del enemigo, nadie quiere a un especialista en la cuestión que vista uniforme caqui. Sobre todo la prensa norteamericana.

Tras la guerra del Golfo estalló una acerba disputa entre los medios de comunicación de Estados Unidos y el Pentágono a propósito de sus tentativas para controlar las noticias y su esfuerzo deliberado por mantener a los reporteros lejos del campo de batalla. Mas, por acalorado que haya parecido el enfrentamiento, es probable que la temperatura se eleve aún más en los próximos años. Los estrategas del conocimiento tendrán que tenerlo en cuenta.

La medalla alemana

La propaganda, escribe el historiador Philip Taylor, «alcanzó su mayoría de edad con los antiguos griegos»[1]. Pero cobró un nuevo rango después de que la revolución industrial hizo surgir los medios de comunicación de masas. Así, la forma bélica de la segunda ola se presentó acompañada de noticias sesgadas, fotografías trucadas y lo que los rusos denominan *maskirovka* («engaño») y *dezinformatsia*[2] («desinformación») transmitidos a través de los medios de comunicación de masas. Mañana, cuando se desarrolle la forma bélica de la tercera ola, experimentarán una revolución tanto la propaganda como los medios de comunicación que la transmiten.

Para saber cómo se explica el «giro» tenemos que advertir los diferentes niveles en que actúa la propaganda militar. En el nivel estratégico, por ejemplo, una propaganda adecuada puede realmente contribuir a establecer o quebrar alianzas.

Durante la Primera Guerra Mundial tanto Alemania como Gran Bretaña trataron de recurrir al apoyo norteamericano. Los guerreros británicos del conocimiento se mostraron muchísimo más sutiles que los germanos y aprovecharon cada hecho simbólico para presentar a los alemanes como antinorteamericanos. Cuando un submarino alemán torpedeó el transatlántico norteamericano *Lusitania**, del que ahora sabemos que podía haber llevado municiones a Gran Bretaña, la opinión pública de Estados Unidos se mostró afrentada. Pero la auténtica indignación fue orquestada un año después por los británicos.

* Este barco era de bandera británica. De las 1.198 personas que perecieron tras el torpedeamiento, 128 eran ciudadanos de Estados Unidos. *(N. del T.)*

Tras descubrir que un artista alemán había hecho una medalla[3] de bronce para celebrar el hundimiento de la nave, los británicos la reprodujeron y enviaron centenares de miles de unidades a los norteamericanos junto con un folleto de propaganda antialemana. Al final, desde luego, Estados Unidos entró en la guerra al lado de los británicos, sellando el destino de los alemanes. La decisión, basada en intereses norteamericanos financieros y de otro tipo, no puede ser atribuida enteramente a la propaganda británica. Pero ésta fue estratégica y ayudó a lograr que tal medida resultase más aceptable al público de Estados Unidos.

Más recientemente, durante la guerra del Golfo, la movilización efectiva del apoyo de las Naciones Unidas que logró el presidente Bush estuvo acompañada por una propaganda que sugería que Norteamérica, en vez de actuar en función de sus propios intereses, estaba simplemente accediendo a una invitación de las Naciones Unidas. El propósito estratégico de esta campaña consistía en aislar diplomáticamente a Irak y tuvo éxito.

Cabe también realizar propaganda en el nivel operacional o del teatro de la contienda. El régimen de Saddam Hussein se hallaba agresivamente secularizado, no era islámico; pero su ministro de Información jugó constantemente la carta islámica, presentando a Irak como un defensor de la fe y a Arabia Saudí, apoyada por Estados Unidos, como traidora a la religión.

Finalmente, en el nivel táctico, los especialistas norteamericanos en guerra psicológica lanzaron sobre las tropas iraquíes en Kuwait 29 millones de octavillas[4] con 33 mensajes diferentes que proporcionaban a los soldados instrucciones sobre el modo de rendirse, prometían un trato humano a los prisioneros, les animaban a abandonar su equipo y les advertían de los ataques que sobrevendrían.

Algunos especialistas en el giro informativo saben perfectamente si sus objetivos son estratégicos, operacionales o tácticos y actúan en consecuencia.

Seis llaves para tergiversar los hechos

Los especialistas en el giro de las noticias han usado una y otra vez a lo largo de los años seis herramientas. Son como llaves concebidas para tergiversar los hechos.

Una de las más corrientes es la acusación de atrocidades. Muchos corazones se desgarraron durante la guerra del Golfo cuando una kuwaití de quince años declaró ante el Congreso que los soldados iraquíes mataban en Kuwait a los niños prematuros y se llevaban las incubadoras. Pero al mundo no se le dijo que era hija del embajador de Kuwait en Washington y miembro de la familia real ni que su comparecencia había sido preparada por la firma de relaciones públicas Hill & Knowlton al servicio de los kuwaitíes.

Claro está que la propaganda no tiene por qué ser falsa. Los numerosos informes sobre la brutalidad iraquí en Kuwait quedaron confirmados cuando los periodistas llegaron allí tras la expulsión de las tropas de Irak. Pero los relatos de atrocidades, tanto verdaderos como falsos, han sido material habitual de la propaganda bélica. Durante la Primera Guerra Mundial, escribe Taylor en *Munitions of the mind*, su excelente obra sobre la propaganda bélica, los propagandistas aliados recurrieron constantemente a las «imágenes del abotargado "ogro" prusiano ... que se afanaba en crucificar soldados, violar mujeres, mutilar bebés y saquear iglesias»[5].

Medio siglo después, las historias de atrocidades cobraron importancia durante la guerra del Vietnam; los relatos sobre la matanza de My Lai, llevada a cabo por soldados de Estados Unidos, repugnaron a amplios sectores del público norteamericano y alimentaron el ardor antibelicista. Las descripciones de atrocidades, tanto ciertas como falsas, impregnan la atmósfera en el conflicto serbio-bosnio.

Una segunda herramienta habitual es la inflación hiperbólica de lo que se juega en una batalla de la contienda. Se les dice a los soldados y a los civiles que corre un riesgo todo cuanto aprecian. El presidente Bush describió el conflicto del Golfo como una guerra por un orden mundial nuevo y mejor. Lo que estaba en juego no era simplemente la independencia de Kuwait, la protección del abastecimiento petrolífero del mundo o la eliminación de una amenaza nuclear potencial de Saddam, sino, supuestamente, el propio destino de la civilización. Por lo que a Saddam se refiere, la guerra no se debía al hecho de que no había podido devolver los miles de millones de dólares en préstamos concedidos por los kuwaitíes durante el conflicto previo entre Irán e Irak; se jugaba, afirmó, todo el futuro de la «nación árabe».

Un tercer instrumento del maletín del especialista en la tergiversación de los hechos es la demonización[6] y/o deshumanización del adversario. Para Saddam como para sus vecinos enemigos de Irán, Norteamérica era «el Gran Satán», Bush, «el diablo de la Casa Blanca». A su vez, Saddam era «Hitler» para Bush. Radio Bagdad calificaba de «ratas» y «bestias depredadoras» a los pilotos norteamericanos. Un coronel de Estados Unidos se refirió a un ataque aéreo diciendo: «Es casi igual a cuando de noche uno enciende la luz de la cocina, empiezan a correr las cucarachas y las matamos a todas.»

Una cuarta herramienta es la polarización. Si Saddam envolvía su agresión en el manto islámico, el presidente Bush también recurría a la ayuda divina. Como ha destacado la socióloga marroquí Fátima Mernissi[7], la frase mágica «Dios bendiga a América» alentó toda la propaganda de Estados Unidos y tuvo un efecto curioso e insospechado cuando llegó a los oídos de quienes poblaban zocos y calles del mundo musulmán. Acostumbradas a considerar a Norteamérica como el apóstol del materialismo y del ateísmo, las gentes comunes de África del Norte y de Oriente Próximo se quedaban atónitas cuando Bush invocaba a Dios. ¿Creían realmente en Dios los norteamericanos? La confusión resultaba aún mayor si vinculaba a Dios con la retórica sobre la democracia. ¿Era una religión la democracia?

Finalmente, la llave más poderosa de todas para tergiversar los hechos es la metapropaganda, propaganda que desacredita a la del otro bando. Los portavoces de la coalición durante la guerra del Golfo señalaron repetida y acertadamente que Saddam ejercía un control total de la prensa iraquí y que por eso a su pueblo se le negaba la verdad y las emisiones iraquíes rebosaban de mentiras. La metapropaganda es particularmente eficaz porque, en vez de discutir la veracidad de un solo relato, pone en tela de juicio todo lo que procede del enemigo. Su objetivo es originar una incredulidad general y no específica.

Lo que sorprende en toda la lista de técnicas de la propaganda militar es su carácter de la segunda ola. Cada una de estas «llaves tergiversadoras» está concebida para explotar los medios de comunicación de masas con el fin de infundir emociones fuertes en las grandes sociedades.

Neonazis y efectos especiales

Es posible que estos instrumentos «clásicos» del especialista en el giro informativo sigan operando en conflictos entre países con medios centralizados de comunicación de masas de la segunda ola. Asimismo, es probable que las sociedades de la tercera ola aprovechen la misma herramienta contra las de la segunda ola. Pero entre aquéllas, la revolución de los medios de comunicación está rehaciendo todas las reglas.

Para empezar, las economías de la tercera ola desarrollan una vasta multiplicidad de canales a través de los cuales pueden verter tanto información como desinformación. El teléfono inalámbrico, el ordenador personal, la fotocopiadora, el fax, la cámara de vídeo y las redes digitales permiten el intercambio de vastos volúmenes de voces, datos y material gráfico a través de canales múltiples, repetidos y descentralizados, a menudo fuera de un alcance fácil de censores estatales o militares.

Surgen además miles de «correos electrónicos» basados en ordenadores, que enlazan a millones de individuos de todo el mundo en una conversación continua acerca de las materias más dispares, desde el sexo y las orientaciones bolsísticas a la política. Estos sistemas proliferan a gran velocidad, cruzan las fronteras nacionales y facilitan la constitución de grupos dedicados a todo, desde astrología, música y ecología a operaciones paramilitares nazis y terrorismo. Es casi imposible eliminar las redes superpuestas y entrelazadas de que dependen estos sistemas. Habida cuenta de la multiplicación de nuevos medios de comunicación, una propaganda tosca y centralizada bombeada desde arriba puede ser cada vez más contrarrestada desde abajo.

Estos nuevos medios de comunicación tienden a dispersar el poder. Una sola cinta de vídeo sobre la brutalidad de la policía de Los Ángeles con un negro, grabada por un aficionado suscitó disturbios que causaron casi tanto daño como el de una pequeña guerra. Las cámaras de vídeo sirven en medida creciente para documentar los excesos de Gobiernos locales y nacionales. Y tales desmanes se divulgan, si no por la televisión, a través de las videocasetes. El control central queda debilitado por los nuevos medios de comunicación. Aún más lo será por la interactividad que permitirá a los usuarios replicar a las autoridades centrales. Las intervenciones de los oyentes radiofónicos y las teletiendas constituyen pálidas prefiguraciones de este proceso.

El televisor será con el tiempo sustituido por un aparato (posiblemente inalámbrico) en que se combinen, enlazados, un ordenador, un lector de datos, un fax, un teléfono y un instrumento de sobremesa para la creación de mensajes en múltiples medios de comunicación. Y en vez de teclado, es posible que con el tiempo estos «teleordenadores» lleguen a obedecer órdenes expresadas oralmente en un lenguaje natural.

Todo esto apunta a un mundo en donde millones de individuos tendrán a su disposición el poder de crear efectos especiales al estilo de Hollywood, simulaciones basadas en una realidad virtual y otros potentes mensajes, un poder del que en el pasado ni siquiera dispusieron los gobiernos ni los estudios cinematográficos. El mundo quedará dividido, por así decirlo, entre comunidades preelectrónicas tan pobres que cuenten con pocos televisores; comunidades donde las emisiones convencionales de televisión lleguen esencialmente a todos, y comunidades entrelazadas donde, como sabemos, ha quedado superada la televisión tradicional.

Los medios de comunicación como «estrellas»

Cuando examinamos retrospectivamente la guerra del Golfo, la primera contienda en la que fueron empleados decisivamente elementos de la forma bélica de la tercera ola, descubrimos que, en cierto sentido, puede que la guerra no fuese el foco de toda la cobertura de los medios de comunicación. Éstos se convirtieron en la «estrella» del espectáculo. Como ha advertido Perry Smith, general de división retirado y además figura de la CNN: «A lo largo de las seis semanas de la guerra, más personas permanecieron diariamente más horas ante el televisor que en cualquier otro tiempo de la historia.»[8]

Por impresionante que esto pueda parecer, otros cambios resultan aún más importantes. Los medios de comunicación se funden en un sistema interactivo de referencias a sí mismos donde ideas, información e imágenes fluyen incestuosamente de un medio a otro. Grabaciones de televisión sobre la guerra sugieren reportajes a los directores de periódicos; películas sobre los militares, como *A few good men*, generan comentarios escritos y entrevistas de radio y televisión; las comedias de situación en la televisión presentan a periodistas en su trabajo; fotografías de prensa tomadas (o preparadas) en el campo de batalla para un semanario se convierten en imágenes de televisión. Todo se apoya cada vez más en el ordenador, el fax, los satélites y las redes de telecomunicación y se funde para constituir un sistema integrado de medios de comunicación.

En este sistema embrionario, la televisión (por ahora, pero sólo por ahora) fija el orden del día, especialmente cuando se trata de cubrir una guerra. Aunque los directores de algunos telediarios norteamericanos se atengan todavía a los titulares del *New York Times* o del *Washington Post* para optar por unos determinados contenidos de política nacional o internacional, en la mayoría de los demás temas decae la influencia de la prensa escrita.

«Con la guerra del Golfo», escribe Ignacio Ramonet en *Le Monde Diplomatique*, la televisión «se ha hecho con el poder»[9], conformando el estilo y, sobre todo, el ritmo del periodismo impreso. La televisión ha logrado imponerse a los demás medios, señala Ramonet, «no sólo porque presenta un espectáculo, sino porque es más rápida que los otros». Volveremos pronto a este atisbo crucial. Antes, sin embargo, necesitamos preguntarnos cómo pueden adaptarse los propagandistas militares a la arribada de las comunicaciones de la tercera ola.

El mensaje de objetivo específico

Algunas cosas están claras. El rigor en la orientación de la información es tan importante como la precisión de la puntería de las armas, y los nuevos medios conseguirán que aquél sea posible en un grado sin precedentes.

A la hora de orientarse hacia audiencias de la sociedad de la tercera ola, un manipulador de medios de comunicación, al igual que las agencias publicitarias del futuro, tendrá que desmasificar los mensajes, elaborando diferentes versiones para cada segmento de audiencia, puede que una para afroamericanos, otra para asiáticos, otro para médicos y otra para madres solteras. Es indudable que tendrán que concebir de esa forma los relatos de las falsas atrocidades, describiendo de forma diferente a las «víctimas» en cada versión, de tal manera que generen un máximo de simpatía o de odio entre cada grupo de receptores.

Mas tal segmentación sólo constituye la mitad del camino hacia el objetivo último: la individualización. Aquí cada mensaje estará adaptado para lograr el máximo impacto en una persona más que en un grupo. Se desarrollará y ampliará el estilo del «Querida Mary» de la actual publicidad directa por correo, empleando múltiples bases de datos comerciales y oficiales para determinar el perfil del individuo. Armado con datos de tarjetas de crédito, declaraciones tributarias y secretos médicos, un especialista en dar un determinado giro a las informaciones podrá acosar al individuo buscado con mensajes sutiles coordinados y personalizados a través de los impresos, la televisión, los videojuegos, las bases de datos y otros medios de comunicación.

La propaganda en pro y en contra de la guerra, emanada a

menudo de remitentes situados al otro lado del mundo, que enmascaren a veces la auténtica fuente, se introducirá sutilmente en las noticias del mismo modo que se infiltra ahora el mundo del espectáculo. Puede que también sea posible alterar los programas habituales de ocio para que contengan propaganda oculta adaptada a cada individuo o familia.

Aparentemente imposible y costosa hoy en día, esta personalización definitiva de la comunicación resultará por completo factible cuando se desarrollen en su plenitud los sistemas de medios y telecomunicaciones de la tercera ola.

Información en tiempo real

Este desplazamiento hacia una total desmasificación llegará acompañado de una mayor aceleración en tiempo real. Y ello intensificará el conflicto entre los militares y los medios de comunicación.

En 1815 dos mil soldados norteamericanos y británicos se mataron entre sí en la batalla de Nueva Orleans[10] porque no les llegó a tiempo la noticia del tratado de paz firmado en Bruselas dos semanas antes. La información viajaba a un ritmo glacial.

Se aceleró con la industrialización, pero todavía se movía a velocidades preelectrónicas. Como consecuencia del auge de los medios de comunicación de masas surgió una nueva profesión: el corresponsal de guerra. Muchos periodistas de la guerra –Winston Churchill, que cabalgó con las tropas británicas en la contienda de los bóers y, más tarde, fue el gran primer ministro del Reino Unido durante una contienda; Richard Harding Davis en la hispano-norteamericana; Ernest Hemingway, con sus crónicas sobre los republicanos en la guerra civil española; Ernie Pyle durante la Segunda Guerra Mundial– se hicieron legendarios en su propia época. Mas, cuando sus informaciones se imprimían, ya habían concluido las batallas que relataban en ellas. Sus reportajes desde el campo de batalla no influían en el resultado real de la contienda.

Ahora las batallas y los tratados de paz son noticia antes de haberse consumado. Cuando las fuerzas de Estados Unidos desembarcaron en Somalia, un ejército de cámaras de televisión estaba en la playa para recibirles. Los presidentes y los primeros ministros se enteran de lo que sucede antes de que puedan informarles los diplomáticos. Los líderes se intercambian mensajes no simplemente a través de los embajadores sino vía CNN, seguros de que sus homólogos y adversarios estarán viéndoles y de que les responderán a su vez ante la cámara.

Durante los ataques de los misiles Scud contra Tel Aviv, los censores militares israelíes sabían que desde Bagdad seguían atentamente las emisiones de la CNN. Les preocupaba la posibilidad de que las imágenes de la CNN mostraran dónde caían los misiles y ayudasen a los iraquíes a precisar su puntería. La pura aceleración de las noticias ha cambiado su significación.

Escribiendo sobre información, verdad y guerra, el coronel Alan Campen advierte que la «tecnología de los satélites plantea la cuestión de la censura». Los satélites comerciales de reconocimiento harán casi imposible que los combatientes puedan ocultarse de los medios de comunicación y, con las pantallas de televisión vigilando todos los bandos, las transmisiones instantáneas desde el campo de batalla amenazan con alterar la dinámica real y las estrategias bélicas. Asimismo Campen afirma que esto puede llevar a que «los reporteros dejen de ser observadores desapasionados para convertirse sin saberlo e incluso contra su voluntad en participantes directos». Campen admite que en una democracia los ciudadanos pueden tener tanto el derecho como la necesidad de conocer lo que pasa. Mas inquiere: ¿Precisan saberlo en tiempo real?

Irreal tiempo real

Los nuevos medios de comunicación no cambian simplemente la realidad, sino, lo que es todavía más importante, nuestra percepción de ésta y, por ello, el contexto en que contienden tanto la propaganda de la guerra como la de la paz. Antes de la revolución industrial, las poblaciones campesinas, analfabetas y provincianas basaban sus imágenes de acontecimientos lejanos en el tiempo o en el espacio en los relatos de viajeros, en dogmas religiosos o en mitos y leyendas. Los medios de comunicación de la segunda ola enfocaron desde más cerca lugares y tiempos alejados y proporcionaron la sensación de «estar allí» a la hora de transmitir lo que se pretendía que fuese noticia. Presentaban el mundo como objetivo y «real».

En contraste, los medios de comunicación de la tercera ola comienzan a crear una impresión de irrealidad en torno de acontecimientos reales. Los primeros críticos de la televisión lamentaban la inmersión del telespectador en un mundo artificioso de culebrones, risas enlatadas y falsas emociones. Estas preocupaciones parecerían triviales ahora, porque el nuevo sistema de medios de comunicación está creando un mundo enteramente ficticio ante el que los Gobiernos, los ejércitos y las poblaciones enteras reaccionan como si fuese real. Sus acciones son luego procesadas por los medios de comunicación e insertadas en el mosaico electrónico de ficción que guía nuestra conducta.

Esta creciente falsificación de la realidad aparece no sólo en el lugar que le corresponde, las comedias de situación y los dramas televisivos, sino también en la programación informativa, donde puede suscitar las más terribles consecuencias. En todo el mundo se debate ya el nuevo peligro.

El periódico marroquí *Le Matin*, de Casablanca, publicó recientemente un estudio documentado en que se citaba la afirmación del filósofo francés Baudrillard de que la guerra del Golfo se desarrolló como una gigantesca simulación más que como un acontecimiento real. «La *media*tización –apostilló el periódico– refuerza el carácter ficticio»[11] de los acontecimientos, y hace que éstos parezcan un tanto irreales.

Televisión de televisión

Esta calidad irreal resultó ampliada durante la guerra del Golfo con algo equivalente a la televisión de la televisión: TV^2, por así decirlo. Contemplamos una y otra vez imágenes de pantallas de televisión que mostraban objetivos y blancos alcanzados. Los militares atribuyeron tanta importancia a las imágenes de los medios de comunicación que, según el jefe de una unidad de la Marina norteamericana, en ocasiones los pilotos ajustaban las pantallas de sus cabinas para que se viesen mejor en la CNN. Y algunas armas resultaron más telegénicas que otras. Los misiles HARM atacan a las defensas antiaéreas enemigas contra las que lanzan diminutos perdigones. Pero el daño que causan no resulta muy apreciable en televisión. Lo que las cámaras quieren son grandes cráteres abiertos por las bombas en las pistas de los aeródromos.

Las nuevas tecnologías de la simulación hacen posible montar falsos acontecimientos propagandísticos con los que interactúen los espectadores, acontecimientos que sean muy vivaces y «reales». Los nuevos medios de comunicación permitirán presentar batallas enteras que jamás se libraron o una conferencia en la cumbre en la que se muestre (falsamente) al líder del otro país rechazando una negociación pacífica. En el pasado, los Gobiernos agresivos montaban a veces provocaciones para justificar una acción militar; quizá mañana sólo tengan que simularlas. La propia realidad, y no simplemente la verdad, puede ser la primera víctima en ese futuro que se acerca a pasos agigantados.

El lado más risueño de esta perspectiva es que un público acostumbrado a emplear la simulación para muchos otros fines, en el hogar, en el trabajo y en el juego, puede aprender que «ver» o incluso «sentir» no significa creer. Es probable que con el paso del tiempo el público se habitúe cada vez más a la complejidad de los medios de comunicación y confiemos en que se haga también más escéptico.

Finalmente, hemos de desembarazarnos de la presente noción convencional según la cual los nuevos medios de comunicación van a homogeneizar el mundo, a eliminar diferencias y a proporcionar a unos pocos una influencia inmensa e incontestable; que, por ejemplo, la CNN va a atosigar con valores occidentales y propaganda norteamericana a cinco mil millones de espectadores.

El predominio actual de la CNN en el mercado mundial de la televisión informativa es pasajero, porque ya surgen cadenas rivales. Cabe esperar que dentro de una o dos décadas se produzca una multiplicación de canales globales, pareja a la diversificación de los medios de comunicación que ya se opera en los países de la tercera ola.

Diminutas antenas parabólicas en hogares de todo el mundo captarán algún día el telediario nocturno de cualquier lugar, Nigeria u Holanda, las islas Fidji o Finlandia. Una traducción automática permitirá a una familia germana seguir en alemán un encuentro deportivo en Turquía. Es posible que los ortodoxos católicos de Ucrania sean bombardeados con mensajes de un satélite del Vaticano que les exhorten a abandonar su Iglesia y convertirse en católicos romanos. Ayatolás de Qum pueden predicar desde el Kirguizistán al Congo y, por qué no, hasta California.

En vez de un puñado de canales de control centralizado que sigan todos, gran número de personas tendrán acceso a una asombrosa variedad de mensajes llegados de más allá de las fronteras contra la voluntad de sus dirigentes políticos y militares. Cabe suponer que antes de que transcurra mucho tiempo, los especialistas en dar un determinado giro a las noticias y los guerreros del conocimiento de muchas naciones, por no mencionar a los terroristas y a los fanáticos religiosos, empezarán a reflexionar creativamente acerca del modo de explotar los nuevos medios de comunicación.

Las políticas concernientes a la regulación, el control o la manipulación de los medios de comunicación –o a la defensa de la libertad de expresión– constituirán un componente clave de las futuras estrategias del conocimiento. Y éstas a su vez determinarán la suerte de diferentes naciones, grupos no nacionales y sus ejércitos en los conflictos que surjan en el siglo XXI.

Los militares de Estados Unidos no tienen las manos libres a la hora de definir o de aplicar una estrategia del conocimiento. La garantía de la libertad de prensa de la primera enmienda significa que los especialistas en el giro informativo tienen que ser más sutiles y complejos que los de países donde todavía constituye una realidad el control totalitario de los medios de comunicación.

Mas, a pesar de las frustraciones y tensiones del Pentágono

con los medios de comunicación y viceversa, la mayoría de los guerreros del saber militar con quienes hemos hablado coinciden con los medios en un punto esencial. Creen que el control totalitario de éstos es en sí mismo una estrategia condenada al fracaso y que, en general, resulta rentable en términos militares la tradición norteamericana de una información relativamente accesible.

Son muchos los que, con o sin uniforme, están plenamente convencidos de que, sean cuales fueren las ventajas que pueda obtener un Estado totalitario gracias al control de los medios de comunicación, quedan decididamente superadas por el carácter innovador, la iniciativa y la imaginación que emanan de una sociedad abierta. Poseer una estrategia del conocimiento, afirman, no supone imponer un control totalitario. Significa emplear para los mejores fines las ventajas de la libertad.

Pero haya victoria, derrota o empate, los medios de comunicación, incluyendo canales y tecnologías hoy inimaginables, constituirán un arma fundamental de los combatientes de la tercera ola, tanto en las guerras como en las antiguerras del futuro, un componente clave de la estrategia del conocimiento.

Hemos seguido hasta ahora en estas páginas el nacimiento de una forma bélica innovadora que refleja el nuevo modo de crear riqueza. Hemos señalado que su origen se halla en las primeras formulaciones de la doctrina del *Combate aeroterrestre.* Se ha visto que esa doctrina se aplicó de una manera limitada y modificada durante la guerra del Golfo. Han sido examinadas nuevas tecnologías, como la robótica y las armas no letales, que probablemente se incorporarán a la nueva forma bélica. Y, finalmente, hemos atisbado las futuras «estrategias del conocimiento» que los jefes militares del futuro necesitarán para sustraerse a la derrota o alcanzar la victoria en las contiendas del mañana. Hemos rastreado, en otras palabras, una progresión histórica hacia la forma bélica predominante a comienzos del siglo XXI.

Mas aún no hemos explorado los peligros con que nos enfrentamos como consecuencia de la aparición de la forma bélica de la tercera ola.

QUINTA PARTE

PELIGRO

XIX. ARADOS EN ESPADAS

Uno de los efectos de la introducción de una nueva forma bélica es la profunda alteración de los equilibrios militares existentes. Eso fue exactamente lo que sucedió el 23 de agosto de 1793 cuando una Francia acosada, ensangrentada por la revolución y a punto de ser desgarrada por las tropas invasoras, impuso de repente el reclutamiento universal. Son dramáticas las palabras del decreto:

> A partir de este momento ... todos los franceses se hallan requeridos permanentemente para el servicio de los ejércitos. Los jóvenes combatirán; los casados forjarán armas y transportarán provisiones; las mujeres harán tiendas de campaña y prendas y servirán en los hospitales; los niños convertirán en vendas trapos viejos; los ancianos acudirán a los lugares públicos para excitar el valor de los soldados...[1]

Esta movilización introdujo en la historia moderna la guerra de masas y se combinó pronto con innovaciones en la artillería, la táctica, las comunicaciones y la organización; así se dio paso a un modo nuevo y poderoso de hacer la guerra. En menos de veinte años el ejército de conscriptos de Francia, mandado por Napoleón, había arrollado a Europa y llegado hasta Moscú. El 14 de septiembre de 1812 Napoleón vio brillar al sol las doradas cúpulas de la ciudad.

Napoleón tenía que hacer frente aún al poder marítimo británico. Pero en el continente su fuerza militar era la única que contaba. Europa había pasado de una estructura de poder «multipolar» a otra «unipolar».

La forma bélica de la segunda ola, todavía de carácter embrionario, no podía garantizar la victoria cuando, como en el caso de la campaña de Rusia, las líneas de avituallamiento de Napoleón se hallaban demasiado extendidas. Ni tampoco cabía emplearla para acabar con las guerrillas en España. Pero su eficacia resultaba tan clara que primero el prusiano y después otros ejércitos europeos se dispusieron a adoptar y a desarrollar muchas de las innovaciones francesas.

Las analogías históricas son siempre sospechosas. Mas convendría que nos detuviéramos a reflexionar sobre ciertas semejanzas entre el mundo de Napoleón y el nuestro. Estados Unidos, al introducir en la historia una nueva forma bélica, también ha alterado radicalmente el equilibrio existente de poder militar, esta vez no en un solo continente sino en todo el mundo. Su potencia militar, cada vez más de la tercera ola, quebró tan decisivamente el equilibrio que las fuerzas soviéticas en Europa perdieron su paridad con las de Estados Unidos y la OTAN. La combinación de una fuerza militar de conocimiento intensivo, respaldada por economías de conocimiento intensivo en rápido crecimiento, marcó la diferencia que condujo, en definitiva, al colapso del comunismo. Estados Unidos se alzó como la única superpotencia del planeta. Y el resultado fue una vez más un sistema unipolar.

La auténtica aplicación en el Golfo de la forma bélica de la tercera ola, incluso de un modo parcial y modificado, demostró su eficacia a la vista de todos. Y otra vez, como el ejército prusiano[2] tras las guerras napoleónicas, las fuerzas armadas de todo el mundo tratan de imitar a Estados Unidos en el mayor grado posible.

Desde Francia, Alemania e Italia a Turquía, Rusia y China

brotan las mismas palabras en sus planes anunciados: despliegue rápido, profesionalización, mejor defensa electrónica antiaérea, C^3I, precisión, menor apoyo en el reclutamiento obligatorio, operaciones combinadas, interdicción, fuerzas más reducidas, operaciones especiales, proyección de poder...

Japón, Corea del Sur, Taiwan y otras naciones asiáticas citan específicamente la guerra del Golfo como la razón para preferir una tecnología mejor (léase de información intensiva) a fuerzas más numerosas. El jefe del Estado Mayor del Ejército francés, el general Amedee Monchal, dice que «en diez años las fuerzas terrestres perderán el 17 por ciento de sus efectivos». En contraste, «la aparición de la guerra electrónica se traduce en un incremento del 70 por ciento»[3] en los efectivos consagrados a esta actividad bélica. Con sólo un entendimiento incompleto de sus consecuencias, naciones de diversas regiones del planeta se preparan como pueden para explotar la intensificación del saber.

Tampoco son necesariamente permanentes las limitaciones advertidas en la guerra de la tercera ola. Después del conflicto del Golfo, el criterio convencional sostuvo que el nuevo estilo de lucha no funcionaría en junglas como las de Vietnam o montes como los de Bosnia. «No hacemos junglas ni montes» se convirtió en la semichistosa consigna entre altos jefes militares de Estados Unidos.

Como nos expresó por correspondencia un funcionario del Pentágono, refiriéndose al conflicto de los Balcanes: «La precisión de nuestra puntería es buena, pero no lo suficiente para alcanzar a una pieza de mortero que amenace a una aldea; nuestra artillería es buena, pero demasiado grande para destruir sólo la pieza de mortero sin un daño colateral a las personas y aldeas que tratamos de proteger; y carecemos de algo como la información de orientación que nos permita vigilar unos cuantos centenares de blancos potenciales, pequeños y móviles, a través del abrupto terreno balcánico.»[4]

Pero las formas bélicas evolucionan, mejoran las tecnologías y, exactamente igual que en el caso de los ejércitos posnapoleónicos, se toman medidas para superar las primeras limitaciones de la nueva forma bélica. Como se advirtió en el examen precedente, el cambio se orienta hacia el fortalecimiento de una capacidad combativa de densidad baja con nuevas tecnologías perfeccionadas: detectores, comunicaciones basadas en el espacio y armas no letales y robóticas. Lo que sugiere que la nueva forma bélica de la tercera ola puede revelarse con el tiempo tan eficaz contra las guerrillas y adversarios en pequeña escala que libren una guerra de la primera ola como contra ejércitos de la segunda ola del estilo del iraquí.

La aparición de la forma bélica de la tercera ola obliga a todos los gobiernos a reconsiderar su potencial militar conforme a las amenazas que perciban. Hoy en día China tiene bajo las armas a unos tres millones de hombres (eran más de cuatro millones en 1980). Sus 4.500 aviones de combate constituyen la tercera fuerza aérea del mundo. Pero los dirigentes chinos saben que, al margen de garantizar la seguridad interna, su ejército grande y costoso de la segunda ola no es ninguna ganga. Y conocen que la mayoría de sus aviones están ya anticuados, es decir, no son suficientemente «inteligentes». China observa apreciativamente a sus vecinos y resulta claro que, en ausencia de armas nucleares, el ejército de estilo soviético de Corea del Norte, que supera el millón de hombres, es más débil de lo que parece, mientras que el de estilo norteamericano de Corea del Sur, con 630.000, es más fuerte de lo que cabría estimar. La Fuerza japonesa de Autodefensa de 246.000 hombres, con su gran capacidad de desarrollo y sus destrezas técnicas, es mucho más poderosa de lo que podría sugerir exclusivamente su tamaño.

Lo que inquieta a quienes nos interesamos por el mantenimiento de la paz no es la fuerza militar bruta como tal, sino los actuales cambios y alteraciones repentinos y erráticos en poderíos relativos. Porque nada es más susceptible de incrementar la imposibilidad de previsión y la paranoia extremada de dirigentes políticos y planificadores militares. Todo lo cual se ve agravado por la incertidumbre acerca del futuro militar de Estados Unidos.

La analogía con Napoleón, si no a otra cosa, nos obliga al menos a considerar la transitoriedad del poder. El 18 de junio de 1815, cuando aún no se habían cumplido tres años de su mayor penetración en el este, el imperio de Napoleón se desplomaba en Waterloo. El momento «unipolar» de Francia –su posición como superpotencia– concluyó en un abrir y cerrar de ojos. ¿Podría sucederle lo mismo a Norteamérica? ¿Es también el momento unipolar de Estados Unidos nada más que un relámpago fugaz en la historia?

Presupuesto sin estrategia

La respuesta dependerá en parte de sus propias acciones. Para mantener una ventaja militar, Estados Unidos ha de conservar también su ventaja económica. Pese al desarrollo de las economías de Japón y de otros países asiáticos, Norteamérica aún retiene mucho terreno en ciencia, tecnología y en otros campos. Tiene que acelerar la desaparición de sus industrias residuales de la segunda ola, cuidando de reducir al mínimo la dislocación y la intranquilidad sociales que acompañan a una transformación económica tan honda. Pero además Estados Unidos debe reconsiderar sus opciones estratégicas desde nuevas perspectivas.

Por desgracia para todos los interesados, tanto amigos como enemigos, las elites norteamericanas, lo mismo políticas que militares, se muestran profundamente desorientadas no sólo por el final de la guerra fría, sino también por la escisión de la alianza occidental, el auge económico de Asia y, sobre todo, por la llegada de una economía basada en el conocimiento, cuyas exigencias globales en modo alguno les resultan evidentes.

El resultado es una peligrosa falta de claridad acerca de los intereses norteamericanos a largo plazo. En ausencia de tal claridad, hasta las mejores fuerzas armadas del mundo podrían ser en el futuro enviadas a la derrota o –peor aún– a morir por propósitos triviales o periféricos. Y por añadidura, con los recortes presupuestarios en el Congreso, que cercenan las asignaciones del Pentágono sin entender gran cosa de la forma bélica de la tercera ola, en realidad es posible que rápidamente se disipe la supremacía de Estados Unidos.

En un mundo lógico no es posible saber cuál es la magnitud que necesita el presupuesto militar de un país hasta disponer de una estrategia y de una estimación de sus requerimientos. Pero éste no es el modo en que se determinan los presupuestos militares. Como nos dijo en una ocasión Dick Cheney, ex secretario de Defensa de Estados Unidos, en el mundo real «el presupuesto es el que configura la estrategia y no la estrategia la que determina el presupuesto».

Peor aún, los presupuestos que efectúan tal configuración no se hallan tampoco elaborados de un modo remotamente racional. En cada país, las armas y los ejércitos son el último recurso político para dispensar puestos de trabajo, beneficios y retribuciones. En el proceso del presupuesto no interviene la lógica, sino el poder político local y las rivalidades entre cuerpos y armas. En consecuencia, los argumentos habituales sobre el volumen del presupuesto de defensa constituyen esencialmente munición para diferentes distritos electorales en sus reivindicaciones de fondos públicos más que auténticos debates sobre la estrategia.

Pero aún más peligrosa que una trituración miope del presupuesto y la confusión a propósito de la estrategia –y peligrosa no sólo para Estados Unidos– es la transformación mal apreciada hoy de las relaciones entre la economía y los militares, es decir entre la riqueza y la guerra.

Mercaderes de la muerte

A lo largo de la era de la segunda ola las fuerzas armadas de las grandes potencias se hallaban respaldadas por una industria bélica en gran escala. Enormes astilleros abastecían a las flotas de la segunda ola de todo el mundo. Surgieron vastas empresas para fabricar carros de combate, aviones, submarinos, municiones y cohetes.

A su vez, y durante generaciones, los pacifistas atacaron implacablemente a la industria de armamentos. Zaheridos como «mercaderes de la muerte» o como una «conspiración subterránea contra la paz», a los fabricantes de municiones de todo el planeta se les concebía, en ocasiones con cierta justificación, como individuos que avivaban las llamas de la guerra si no como quienes en realidad las prendían.

«Sacar provecho de la guerra» se convirtió en una frase familiar. Libros como *Bloody traffic* (Tráfico sangriento), publicado en 1933, y su versión ulterior, *Death pays a dividend* (La muerte rinde dividendos), aparecida en 1944, expusieron la corrupción y el belicismo de lo que más tarde se llamaría «complejo industrial militar».

Parece que ahora los adversarios de ese complejo pueden sentirse satisfechos: las industrias de la defensa pasan por terribles momentos. El número de trabajadores empleados por las industrias bélicas desciende vertiginosamente en las naciones de tecnología avanzada (aunque no en algunos países más pequeños y pobres). General Dynamics, por ejemplo, fabricante de cazas y submarinos, despidió a 17.000 obreros en veinte meses. En el conjunto de Estados Unidos, al no haber suficiente trabajo en las empresas de material bélico, desaparecieron trescientos mil puestos de trabajo antes de que se cumplieran dos años de la caída del muro de Berlín y luego se perdieron muchos más.

Debatiéndose desesperadamente por sobrevivir, las gigantescas empresas del armamento se reestructuran, fusionan o emprenden nuevas actividades. Pero incluso si consiguen esquivar el fuego graneado del presupuesto, las industrias bélicas padecen una enfermedad a largo plazo. Muchas firmas perecerán. Y, sin embargo, es posible que como consecuencia mengüen las perspectivas de la paz. Porque el mundo se enfrenta ahora con la conversión civil de la guerra y de las armas.

En una de las grandes ironías de la historia, quienes trabajaron tan ardua y desinteresadamente por promover una mengua de la industria bélica, confiando en consagrar los gastos militares a fines presumiblemente más benignos, son los que apresuran esa conversión bélica. Y hoy en día se reconoce que eso suscitará en el mundo peligros nuevos y mal advertidos.

La conversión bélica

Por «conversión civil» no entendemos la transformación de las espadas en arados, sino más bien todo lo contrario: la transferencia de una actividad militarmente relevante desempeñada antaño por industrias específicamente bélicas a unas industrias de orientación civil.

Se ha dispensado una considerable atención a un pequeño número de ejemplos de conversión, como el de la integración de Lockheed y AT&T para automatizar los peajes de las autopistas con «tarjetas inteligentes» o el empeño del Laboratorio Nacional Lawrence Livermore[5] para construir modelos informáticos de cambio climático empleando investigaciones inicialmente dedicadas al estudio de las explosiones nucleares. Thomson-CSF, la gigantesca empresa bélica francesa, ha aplicado algunas de sus técnicas electrónicas militares a la construcción de una red de France-Telecom, la compañía telefónica gala.

Pero mientras que los políticos y los medios de comunicación de varias naciones exaltan las virtudes de la conversión, un proceso contrario y mucho más amplio está proporcionando a las industrias civiles unas capacidades bélicas. Ésta es la auténtica «conversión». Y lo que consigue es lo opuesto de lo que en un principio se pretendía: transformar los arados en espadas.

La conversión civil proporcionará pronto una terrible capacidad militar a algunas de las naciones más pequeñas, pobres y peor gobernadas del planeta. Por no mencionar a los más abominables movimientos sociales.

«Cosas» bifrontes

El objetivo principal del complejo industrial militar de cualquier país consistía en producir cosas llamadas «armas» –productos específicamente concebidos para matar o para contribuir a la matanza, desde fusiles y granadas a ojivas nucleares–. Existieron siempre, desde luego, algunos productos de «uso dual», que eran primariamente creados con fines civiles y luego más tarde empleados por los militares. Camiones que podían llevar barriles de leche de la granja a la ciudad resultaban capaces de transportar municiones al frente. Mas, con la excepción de los víveres y el petróleo, las guerras de la segunda ola no se ganaron con productos del consumidor.

¿Qué pasa, sin embargo, si ese producto del consumidor es en realidad un superordenador capaz de diseñar armas nucleares? ¿Y si se trata de la caja de la televisión por cable que se encuentra en seis millones de hogares norteamericanos y contiene una tecnología muy compleja de codificación, potencialmente útil para la orientación de misiles? ¿O de los detonadores extrasensibles, el láser de impulsos y miles de otros productos fabricados para la economía civil?

En un mundo de la tercera ola, donde tanto las tecnologías como los productos se diversifican para atender a las demandas de unos mercados desmasificados, crece el número de artículos que en potencia tiene un doble empleo. Y cuando, más allá de los productos y de las tecnologías, examinamos sus componentes y subtecnologías, se eleva vertiginosamente el número de potenciales permutaciones militares. Por esta razón, afirma un analista militar, los ejércitos del futuro «nadarán en el mar de la tecnología civil».

La misma diversidad de productos y tecnologías se traduce a su vez en una diversidad muchísimo mayor de armas. El auge de las economías de conocimiento intensivo y tecnología avanzada se caracteriza también por la multiplicación de canales de comercialización, la liberación de las corrientes de capital y el rápido movimiento de personas, bienes, servicios y, sobre todo, de información a través de unas fronteras cada vez más porosas.

Pero concentrarse de manera exclusiva en «cosas» específicas de uso dual es pasar por alto algo más importante. No se trata únicamente de productos sino de servicios. Y no sólo aquí, en la superficie terrestre, sino también en el espacio.

Escuchen al consultor en materias de defensa Daniel Goure[6], ex director de Estrategias Competitivas de la oficina del secretario norteamericano de Defensa. Nos enfrentamos, afirma, con «una revolución global en términos de acceso a las comunicaciones espaciales, vigilancia y navegación, elementos todos decisivos para una capacidad militar».

Consideremos la vigilancia. «Un futuro Saddam Hussein –dice Goure– podrá suscribirse a la corriente informativa de cerca de una docena de detectores de vigilancia de diversos tipos y calidades, rusos, franceses, japoneses y probablemente incluso norteamericanos. Todos comerciales.»

Ahora mismo el sistema ruso Nomad, antaño llamado Almaz, hace comercialmente accesibles imágenes de vigilancia con resolución de unos cinco metros. «A fines de precisión de la puntería –advierte Goure– se prefiere que sea un metro. Pero, francamente, la tecnología civil (al alcance de cualquier comprador) es ahora mejor que la que tenían nuestros militares en los años setenta y creíamos que éramos muy ingeniosos.»

Por ese motivo, casi cualquier gobierno de cualquier lugar del mundo –incluyendo los más fanáticos, agresivos, represivos e irresponsables– quizá sea pronto capaz de comprar ojos en el cielo para lograr imágenes claras de carros de combate, tropas o emplazamientos de misiles de Estados Unidos con una precisión de unos cuatro metros y medio. Los próximos progresos en la tecnología de la navegación permitirán en poco tiempo localizaciones con una exactitud algo superior a un metro. Aunque los satélites de Estados Unidos ya sean capaces de la más alta precisión, el predominio norteamericano en el espacio puede quedar neutralizado a todos los fines útiles.

Eso no es todo. Durante la guerra del Golfo el espacio también proporcionó a los aliados unas comunicaciones avanzadas. Pero en la actualidad Motorola proyecta montar un anillo de satélites en torno del planeta. Este sistema comercial llamado Iridium podrá facilitar comunicaciones a prueba de interferencias a los usuarios de cualquier parte. Por añadidura, con la proliferación de redes electrónicas en la superficie, en poco tiempo será imposible evitar que un futuro adversario acceda a información basada en satélites. Datos decisivos sobre el campo de batalla podrán descender hasta las estaciones y bases de datos de Zurich, Hong Kong o São Paulo y, a través de diversas redes intermedias, llegar por ejemplo a ejércitos situados en Afganistán, Irán, Corea del Norte o Zaire. Cabe emplear este tipo de informaciones, entre otras cosas, para apuntar y guiar misiles.

Ejércitos «inteligentes» frente a ejércitos «perfeccionados»

Y luego están los propios misiles. Un Saddam Hussein del futuro, observa Goure, tendrá «la posibilidad de recurrir a una tecnología relativamente antigua como la de un misil Scud y... conseguir colocarlo exactamente en el objetivo. Todo lo que necesita añadir es un receptor comercial de navegación GPS, como el Slugger, famoso en la guerra del Golfo, más un cierto recableado y algunos otros elementos. Por unos cinco mil dólares y en aproximadamente cinco años, Saddam, los iraníes o cualquier otro pueden contar con un Scud inteligente» en vez de los caprichosos y notoriamente inseguros Scud lanzados contra Tel Aviv y Riad.

Añadiendo en suma el «ingenio» comercialmente accesible de la tercera ola a las viejas armas de la segunda es posible que éstas se transformen en instrumentos inteligentes a precios de ganga que pueden permitirse incluso fuerzas armadas de escasos medios. Los ejércitos inteligentes de hoy se verán mañana frente a otros perfeccionados.

Es cierto que Estados Unidos y otras naciones militarmente avanzadas conservan ciertas ventajas –soldados mejor instruidos, capacidades más completas y una mejor integración de sistemas–. Pero resulta improbable que se repita en el futuro el desequilibrio de la guerra del Golfo, a medida que tan sólo algunos elementos del armamento de la tercera ola se difundan por el mundo al amparo de la conversión bélica.

La coyunda de la paz y de la guerra

Hasta fecha reciente las principales empresas norteamericanas de la defensa mantenían separadas sus actividades militares de las civiles. Ahora, dice Hank Hayes, presidente del grupo bélico y electrónico de Texas Instrument, «si tuviéramos que exponer la visión de lo que nos gustaría que sucediera [sería] que la defensa y lo comercial se fundiesen de tal modo que fuera posible emplear la misma línea de fabricación para productos militares y comerciales».

En otro nivel, las propias tecnologías se confunden. Indicio de la orientación a largo plazo del cambio fue lo que ocurrió en Washington en 1990 cuando los departamentos de Comercio y de Defensa, que habitualmente rivalizan en influencia política, elaboraron cada uno por su lado una lista de las más importantes tecnologías nacientes. ¿Cuáles resultaban más necesarias para espolear el desarrollo económico? ¿Cuáles se requerían por su potencia militar? Con muy pocas excepciones, las dos listas se asemejaban de un modo notable.

De manera similar y en su enérgica promoción de una fusión entre los empeños espaciales comerciales y militares, el Gobierno francés identificó unas tecnologías claves donde, como señala *Defense News*, «casi se esfuma la distinción entre una aplicación espacial militar y otra civil». Mientras tanto el Ejército de Estados Unidos señaló en un reciente libro blanco que podría obtener más por sus dólares reduciendo, cuando fuese posible, las especificaciones militares características para limitarse por el contrario a normas comerciales.

Piezas por fax

Lo que así cabe prever es la desaparición eventual de la mayoría de las empresas dedicadas exclusivamente a tecnología militar específica o su fusión con firmas comerciales no militares. El antiguo complejo industrial militar se transformará en complejo civil-militar.

Estas próximas fusiones arrojan una luz por completo distinta sobre los esfuerzos actuales de conversión. Como explica orgullosamente C. Michael Armstrong, presidente de Hughes Aircraft, una de las mayores empresas norteamericanas de material bélico: «Podemos convertir la defensa antiaérea militar en control civil del tráfico aéreo. Es posible emplear detectores que previenen de un ataque químico para detectar contaminantes; el procesamiento de señales será útil en los sistemas telefónicos digitales; los radares que controlan misiles crucero y la visión nocturna infrarroja pueden dar lugar a sistemas de seguridad en los transportes.» Olvida señalar que también es posible lo contrario, y no sólo en el caso de Hughes.

La investigadora Carol D. Campbell, a la búsqueda de mercados comerciales para Hughes, llegó a la conclusión de que su tecnología para el reconocimiento de pautas[7], basada en la inteligencia artificial e inicialmente concebida para la orientación de misiles, podría ser también empleada en el reconocimiento de textos manuscritos, algo útil para el Servicio Postal de Estados Unidos. «Si nuestro sistema es capaz de distinguir entre un B-1 y un F-16 a varios kilómetros de distancia –explicó a *Business Week*–, también conseguirá distinguir una A de una B o un 6 de un 9.»

Pero Hughes no es en el mundo la única empresa que elabora programación informática para el reconocimiento de pautas. Imaginemos que Pakistán adquiriese para su servicio de correos una tecnología del reconocimiento de textos manuscritos, ¿no podría también adaptarlo a la orientación de misiles?

En Rusia, el antiguo Directorio de Municiones y Química Especial se muestra orgulloso de haber adaptado detectores de satélites a la tarea de vigilancia de incendios forestales, cuando originalmente fueron concebidos para localizar misiles norteamericanos. ¿Significa eso que los detectores fabricados por Rusia o por cualquier otro país para localizar incendios forestales podrían adaptarse con la misma facilidad al rastreo de misiles?

O examinemos la tecnología del «prototipo rápido»[8]. Baxter Healthcare es una empresa fabricante de instrumental médico que ha empleado este método para realizar velozmente modelos individualizados de un nuevo equipo de solución intravenosa. El propósito pacífico de Baxter estriba en ayudar a sus especialistas de mercadotecnia y reducir el tiempo de desarrollo en ingeniería. Pero esta tecnología no es sólo aplicable a los instrumentos intravenosos.

Los ejércitos de la segunda ola dependen de abastecimientos dispuestos previamente en unos determinados lugares o de una gigantesca cola logística que proporcione, por ejemplo, piezas de recambio para helicópteros. Antes de que pase mucho tiempo los ejércitos de la tercera ola, dotados de una informática avanzada y de la posibilidad de realizar «prototipos rápidos», podrán fabricar donde se encuentren muchas de las piezas que precisen. La tecnología permitirá construir objetos en metal, papel, plástico o cerámica de cualquier forma deseada y según instrucciones transmitidas desde bases de datos a miles de kilómetros de distancia. «Hoy, en efecto, es posible –informa *The New York Times*– remitir por fax piezas a lugares remotos.» Esta tecnología y otras similares acelerarán y simplificarán la proyección del poder militar, reduciendo la necesidad de bases permanentes o de depósitos de abastecimiento en el extranjero.

Por unos once mil dólares, Light Machines Corporation, de Manchester, New Hampshire, vende un torno de sobremesa[9] que puede recortar prototipos de aluminio, acero, latón, plástico o cera y ser conectado para recibir instrucciones de un lugar remoto.

En suma, nuevos bienes, servicios y tecnologías de componentes de conocimiento intensivo inundan el mercado con una celeridad tal que no permite seguir su pista y alteran drásticamente las reglas tanto de la paz como de la guerra. Modificarán además la distribución global de las armas. ¿Qué países serán los proveedores más importantes de armamento si los componentes con que se fabriquen las armas en el futuro proceden de la producción civil? ¿Los de fábricas con chimeneas que todavía elaboran artículos específicamente bélicos? ¿O aquellos de economía civil más avanzada y que descuellan por sus exportaciones? Hasta ahora la Constitución japonesa veda a las firmas niponas la venta de armas. ¿Pero qué hay de los inocentes artículos, programas informáticos o servicios civiles que pueden ser transformados y configurados para uso militar? Es posible que los elementos cruciales de los arsenales del mañana procedan de las fuentes más sorprendentes.

Cuando consideramos por eso la conversión civil y reparamos en las noticias actuales, rebosantes como se hallan de movimientos secesionistas que exigen rango de Estado, genocidas «limpiezas étnicas», sindicatos del crimen, fuerzas mercenarias, fanáticos ansiosos de armas, hombres fuertes de vía estrecha y sosias de Saddam, el sistema global que emerge cobra una apariencia cada vez más siniestra. Éste es un mundo que hierve de violencia potencial, donde la ventaja militar de cualquiera, incluyendo la de Estados Unidos, podría quedar anulada o neutralizada de modos insospechados. Tanto en la guerra como en la creación de riqueza, el conocimiento intensivo es capaz de dispensar poder, pero también de arrebatarlo con la misma rapidez.

En nuestro libro, *Powershift,* escribimos: «Por definición, tanto la fuerza como la riqueza son propiedad de los vigorosos y de los acaudalados. Característica verdaderamente revolucionaria del conocimiento es el hecho de que pueda estar también al alcance de los débiles y de los pobres. El conocimiento es la más democrática fuente de poder.»

Puede ser también la más peligrosa. Como el revólver de seis tiros en el salvaje Oeste, quizá demuestre ser el Gran Igualador. Pero es posible que el resultado no sea la igualdad o la democracia. Como ahora veremos, es probable que sea la radiactividad...

XX. EL GENIO SUELTO

En una clara mañana de primavera ocho personas nos reunimos recientemente para decidir si lanzaríamos una bomba nuclear sobre Corea del Norte[1].

En torno de una mesa octogonal plagada de vasitos de plástico para el café, papeles y un portafolios abierto, leímos apresuradamente las últimas y horribles informaciones. Acababa de frustrarse, ahogado en sangre, un golpe de Estado en Pyongyang, capital de Corea del Norte. Su ejército, de más de un millón de soldados, parecía escindido en dos bandos. Circulaban tropas por la ciudad. Unidades acorazadas habían cruzado además la frontera camino de Seúl, capital de Corea del Sur. Misiles Scud lanzados desde el norte alcanzaban objetivos en el sur. Las bases norteamericanas sufrían al parecer ataques de comandos de Corea del Norte.

Sabíamos que durante años Corea del Norte había construido misiles de alcance medio y que pugnaba por conseguir bombas nucleares, pese a las protestas de muchos países. Ahora, bajo un gobierno que aparentemente se tambaleaba, Corea del Norte hacía lo que el mundo había temido desde hacía tanto tiempo.

Exactamente a las 9.27 dos bombas nucleares de Corea del Norte estallaron sobre el lugar donde se concentraban para la defensa las unidades blindadas de Corea del Sur. Tres minutos más tarde se produjeron cuatro explosiones nucleares más. Por añadidura y al cabo de media hora, las fuerzas de Corea del Sur eran alcanzadas por granadas de artillería cargadas con gases. La segunda guerra de Corea había empezado con un ataque nuclear.

La tarea con que se enfrentaba nuestro equipo –y otros dos– consistía en formular unas opciones prácticas que poner sobre la mesa del presidente de Estados Unidos. Disponíamos de cincuenta minutos. Norteamérica se hallaba históricamente comprometida en la defensa de Corea del Sur. Ahora se planteaba la pregunta que todo el mundo había confiado en rehuir: ¿habría que responder en igual medida al empleo por parte de Corea del Norte de artefactos nucleares?

En nuestra mesa, una rubia de lenguaje incisivo propugnó una represalia instantánea del mismo tipo. Se sentaba entre una morena delgada que observó un silencio hosco durante todo el tiempo y un hombre de idéntico laconismo que lucía un bigote canoso cuidadosamente recortado. Los tres pertenecían a la CIA. Otro, de chaqueta azul, pantalones de franela gris y corbata azul grisácea, exigió cautela. Había pertenecido a la CIA. Un individuo rechoncho y de pelo rizado, de la oficina del secretario de Defensa, desmenuzó cada sugerencia y puso de relieve sus inconvenientes. Un investigador nuclear de rostro angelical y camisa a rayas, que pertenecía a un destacado grupo de reflexión, recomendó opciones no nucleares. Se le opuso un joven profesor de Berkeley que creía que un ataque rápido y preciso al comienzo salvaría en definitiva vidas. Uno de los autores completaba el grupo de nuestra mesa. En torno de las otras dos se reunían militares y funcionarios de información, analistas políticos, teóricos de decisiones y otros especialistas, que escrutaban con ansiedad los documentos informativos y, como nosotros, formulaban un fuego graneado de preguntas.

¿Quién se halla realmente al frente de Corea del Norte? ¿Qué facción? ¿Qué pretenden en realidad? ¿Quién ordenó el empleo de los artefactos nucleares? ¿Queda alguna opción diplomática? ¿Debe Estados Unidos usar al principio sólo fuerzas convencionales y advertir al Norte que cualquier recurso nuclear *ulterior* aparejaría una represalia del mismo tipo? ¿O ya ha pasado el tiempo de las advertencias? ¿Qué artefactos usar, si se opta por esta respuesta? ¿Y cómo lanzarlos? ¿Una explosión en la superficie? (No. Demasiadas bajas inocentes.) ¿Bombarderos? ¿Misiles crucero? ¿Misiles balísticos intercontinentales? (No. Esas armas inquietarían a los rusos y a los chinos.) ¿Es preciso atacar todos los objetivos militares o basta con uno? ¿Hay que apuntar al fortín de mando del enemigo? Corrían los minutos. Habíamos rebasado ya el tiempo previsto... ¿Ataque nuclear o no?

Por fortuna, nadie tuvo que tomar esa terrible decisión. La segunda guerra de Corea era una ficción, un guión. Todo el ejercicio sólo constituía un juego de reflexión –más exactamente una simulación– concebido para instruirnos acerca de crisis nucleares potenciales. Había sido realizado anteriormente por otros equipos en la sede de la OTAN en Bruselas, así como por especialistas nucleares de Ucrania y Kazajstán, dos de las ex repúblicas soviéticas con armamento nuclear.

Cuando concluyó el ejercicio, habíamos examinado no simplemente lo que podría suceder, sino también los pasos que cabría dar de antemano para impedir por completo semejante crisis. Pero el auténtico ejercicio nuclear no es desde luego cosa del pasado. De hecho, se hace más ominoso cada día. Porque, como la propia guerra, se ve transformado por la llegada de la civilización de la tercera ola y de sus tecnologías basadas en el conocimiento.

La antítesis mortal

Vale la pena recordar que los artefactos nucleares no surgieron en sociedades agrarias ni constituyeron parte de la forma bélica de la primera ola. Aparecieron en la última fase de una industrialización en ascenso. Representan la culminación de la búsqueda de una destrucción masiva eficaz en paralelismo con la búsqueda de una producción en serie eficaz. Concebidos para conseguir muertes indiscriminadas, representan en realidad la expresión militar definitiva de la civilización de la segunda ola.

En la actualidad, las armas más avanzadas son todo lo contrario. Se hallan concebidas, como hemos visto, para desmasificar en vez de masificar la destrucción. Pero mientras que los ejércitos de la tercera ola se apresuran a desarrollar armas de precisión que limiten el daño y armas no letales que limiten las bajas, países más pobres como Corea del Norte, todavía en el camino hacia el desarrollo industrial de la segunda ola, se apresuran a construir, comprar, robar o recibir prestados los más indiscriminados agentes de mortalidad masiva jamás creados, químicos y biológicos así como atómicos. Una vez más hay que recordar que la aparición de una nueva forma bélica en modo alguno excluye el empleo de otras anteriores, incluyendo sus armas más virulentas.

El próximo Chernóbil

Durante la mayor parte de la guerra fría sólo un puñado de naciones pertenecieron al llamado «club nuclear». Estados Unidos y la Unión Soviética eran miembros fundadores. Luego ingresaron Gran Bretaña, Francia y, ulteriormente, China.

La repentina división de la Unión Soviética dejó en manos de Kazajstán, Bielorrusia y Ucrania, recientemente independientes, 2.400 ojivas nucleares y 360 cohetes balísticos intercontinentales[2]. Unas negociaciones tortuosas condujeron al acuerdo de que, en un período de siete años, estos países destruirían sus armas estratégicas o las enviarían a Rusia para que fuesen desmanteladas. Pero Ucrania pronto se echó atrás, y exigió dinero por el uranio o el plutonio de sus ojivas bélicas. Los demás remolonearon y regatearon. Estados Unidos se mostró lento a la hora de entregar los fondos prometidos para acelerar el proceso. Como resultado, apenas ha comenzado la tarea de envío y desmantelamiento.

Según el diario ruso *Izvestia,* las instalaciones y el mantenimiento de los silos ucranianos de misiles son tan deficientes que se cierne la perspectiva de otro Chernóbil. Los trabajadores se hallan expuestos a niveles de radiación dobles de lo tolerable y los sistemas de seguridad se han quebrado en veinte emplazamientos de armas. Mientras tanto el ministro ucraniano de Medio Ambiente ha denunciado que Rusia, supuestamente encargada de atender y cuidar las ojivas bélicas ucranianas, se ha negado a hacerlo hasta que Ucrania admita que son propiedad rusa, condición que la ex república soviética rechaza.

Esos gigantescos misiles balísticos intercontinentales de cabeza nuclear siguen apuntando en consecuencia a Estados Unidos. Es posible que en el Kazajstán haya además algunos que apunten a China. Ni siquiera está claro si alguien ha logrado acceder a sus claves de control y si existe algún país capaz de dispararlos por su cuenta.

Candados y Pershings

Aún es más grave el problema de los artefactos nucleares «pequeños» o tácticos. Aunque los explosivos atómicos tácticos no pueden «hacer saltar el mundo», es teóricamente posible que una lluvia de estos artefactos alcance diez o más ciudades al mismo tiempo. Cada uno de los explosivos tácticos puede convertir en cristales radiactivos hasta un kilómetro cuadrado de tierra y todo lo que allí se encuentre. Los hay muy pequeños, de unos pocos centímetros de diámetro y de aproximadamente medio metro de longitud. Muchos son granadas de artillería. Y hoy existen al menos entre veinticinco mil y treinta mil artefactos de este tipo.

Estados Unidos ha retirado de Alemania y Corea del Sur sus armas nucleares tácticas. Como las ex repúblicas soviéticas accedieron a devolver las suyas a Rusia, cabe suponer que hoy hay en ese país unas quince mil ojivas bélicas de esa naturaleza. Pero son muchas más las que han quedado diseminadas, no entregadas o no contadas en las inspecciones oficiales. Algunas de estas armas, afirma uno de los mejores expertos del Pentágono, «eran artefactos viejos y primitivos, carentes de mecanismos de seguridad. Puede que estén protegidas por un simple candado. Son de todo tipo y se hallan repartidas por ese enorme imperio.

¿Han vuelto todas a Rusia? Estadísticamente, ¿quién sabe?».

Es tan grande la incertidumbre que después de que, en conformidad con el Tratado sobre Fuerzas Nucleares Intermedias, Estados Unidos destruyese los misiles nucleares de alcance medio que tenía en Europa, el ejército norteamericano se mostró, según afirma un especialista nuclear del Pentágono, «horrorizado al descubrir que tenía otra plataforma de Pershing ... que no había contado. Creíamos haber acabado con todas. ¡Luego, Dios mío, hallamos otra más!». Y los Pershings de cabeza nuclear son más fáciles de contar y de identificar que las armas tácticas, más pequeñas y muchísimo más numerosas.

En la supuestamente «segura» Rusia, esas «pequeñas» armas se encuentran almacenadas en instalaciones totalmente inadecuadas. Vitali Sevastianov, miembro del Parlamento y ex cosmonauta soviético, ha declarado: «Los arsenales existentes están repletos de ojivas bélicas y hay incluso algunas guardadas en vagones ferroviarios.»[3] Los rusos carecen de personal técnico, de estructuras y, sobre todo, de dinero para tener a buen recaudo estar armas.

Gobiernos, sindicatos del crimen y grupos terroristas de todo el mundo anhelan poner sus manos en algunas de ellas. A su vez los militares rusos, entre ellos los de unidades supuestamente destinadas a cuidar de estas ojivas, están mal pagados, mal alojados y no son inmunes a la corrupción. En transacciones bajo cuerda, ciertos oficiales rusos han vendido ya otras armas a compradores ilegales[4].

En un guión de pesadilla que nos describió un especialista del Pentágono, un corrompido coronel ruso vende una ojiva bélica a un grupo revolucionario terrorista radicado, por ejemplo, en Irán. Cuando Norteamérica o la ONU exigen conocer qué ha pasado, tanto el Gobierno ruso como el iraní niegan saber nada. Y es posible que en este caso ambos digan la verdad. Cabe la posibilidad, empero, de que a uno o a los dos no se les crea. Nadie sabe qué represalia equivocada podría producirse entonces.

Existen, al fin y al cabo, muchas razones para no creer en estas cuestiones a ninguno de estos dos gobiernos (ni tampoco a cualquier otro). Puede que los iraníes mientan cuando dicen que toda su actividad nuclear tiene fines pacíficos. Irak y Corea del Norte afirman exactamente lo mismo. De acuerdo con ciertas fuentes de información, Irán ha construido una red secreta de centros de investigación nuclear. Y, como Irak antes, Irán ha burlado a los inspectores de la Agencia Internacional de Energía Atómica. Cuando solicitaron visitar el emplazamiento de Moallem Kalayah, próximo a Teherán, fueron conducidos a otra aldea del mismo nombre.

Según el Muyahidin Jalq[5], un relevante grupo de la oposición iraní, ese país ha conseguido comprar en Kazajstán cuatro ojivas nucleares. Cuando en diciembre de 1992 los autores fueron recibidos en Alma Ata por Nursultan Nazarbayev, presidente del Kazajstán, y se refirieron concretamente a esa noticia, la calificó de simple rumor. La realidad es que nadie –quizá ni siquiera los presidentes y sus ministros– saben toda la verdad.

¿A quién habría que creer? El ministro del Interior de Azerbaiyán[6], durante un discurso pronunciado en Bakú en plena guerra con Armenia, se jactó de haber adquirido ya seis armas atómicas. Es posible que fuera una fanfarronada. O tal vez no. Y el mundo apenas prestó atención cuando el primer ministro de la diminuta Osetia del Sur, una región autónoma de Georgia, amenazó con emplear contra las fuerzas paramilitares georgianas armas nucleares pertenecientes a la ex Unión Soviética. Nadie está ya seguro de quién es y quién no es miembro de ese «club nuclear» antaño tan exclusivo.

Inspectores burlados

Mientras los artefactos nucleares eran propiedad de regímenes grandes, poderosos y estables, resultaba relativamente simple el modo de enfocar los problemas de la proliferación en el mundo que caracterizó a la segunda ola. A lo largo de los años se creó un sistema de tratados y organismos para vigilar a los posibles proliferadores: se suponía que el Tratado de No Proliferación Nuclear[7] y la Agencia Internacional de Energía Atómica tenían que impedir la difusión de artefactos nucleares; se estableció un Sistema de Control de Tecnología de Misiles para contener la proliferación de estos artefactos; entraron en vigor otros acuerdos para prevenir la multiplicación de armas químicas y biológicas. Pero en el mejor de los casos estos instrumentos eran débiles.

El Tratado de No Proliferación Nuclear ha sido alabado como «control de armamentos que en toda la historia ha registrado mayor número de adhesiones», porque ha obtenido 140 ratificaciones. Pero los países se «adhieren» al Tratado de No Proliferación Nuclear en proporción directa a su ausencia de dentición. Las bombas nucleares se fabrican con plutonio o con uranio muy enriquecido. De las tres mil toneladas de este último producto ahora diseminadas por el mundo, sólo treinta –un simple uno por ciento– se hallan realmente sometidas a la vigilancia de la Agencia Internacional de Energía Atómica. De las mil toneladas de plutonio que se sabe que existen, menos de un tercio están teóricamente bajo salvaguardia internacional. La tarea fundamental de la Agencia Internacional de Energía Atómica ha consistido además en disponer que sus inspectores visiten las centrales declaradas y civiles de energía nuclear para asegurarse de que su uranio o su plutonio no sea destinado a la producción de bombas. Pero éste no es ya el problema principal. Tal como han mostrado Irak y Corea del Norte, el problema más grave estriba en las centrales «no declaradas» o secretas. Y hay países que hoy pueden conseguir esos materiales por otros medios.

Desde el final de la guerra del Golfo el público se ha acostumbrado a ver en televisión imágenes de grupos numerosos de la Agencia Internacional de Energía Atómica que acuden audazmente a Bagdad. Pero este organismo no es más que un mosquito en la piel de un rinoceronte radiactivo.

En noviembre de 1990, tres meses después de que Saddam invadiese Kuwait, la Agencia Internacional de Energía Atómica envió a un equipo a Bagdad. Tras visitar sólo lo que el dictador quería que viesen, dieron a Irak, no hace falta decirlo, un certificado de que su comportamiento era satisfactorio. Había que leer la letra pequeña para advertir que el equipo constaba exactamente de dos (2) inspectores que supuestamente habían de comprobar la intención pacífica de lo que resultó ser uno de los proyectos más agresivos y polifacéticos de fabricación de bombas.

Incluso después de la guerra del Golfo, cuando los inspectores de la Agencia Internacional de Energía Atómica se presentaron en Bagdad por mandato del Consejo de Seguridad de la ONU, el rendimiento de ese organismo fue pavoroso. En septiembre de 1992, su inspector principal, Maurizio Zifferero, anunció que el programa iraquí de fabricación de bombas se hallaba en «cero»[8]. Pero a comienzos de 1993 sus inspectores descubrieron otro conjunto de instalaciones que desdecía claramente su optimismo prematuro y quizá autoengañoso.

Análisis de pollos

Antes de la guerra del Golfo la Agencia Internacional de Energía Atómica[9] empleaba sólo el equivalente de 42 inspectores en jornada completa para vigilar un millar de centrales declaradas de energía nuclear repartidas por todo el mundo. Mientras que Estados Unidos tiene empleados a 7.200 inspectores en jornada completa para detectar la presencia de *salmonella* o psitacosis en los productos cárnicos y avícolas, 171 por cada inspector enviado por la comunidad mundial para vigilar la propagación mundial de la enfermedad nuclear. Con el fin de asegurarse de que sus pollos y vacas están en buenas condiciones, Norteamérica gasta en realidad dos veces y media más cada año de lo que la Agencia Internacional de Energía Atómica invierte en garantizar la seguridad nuclear en el planeta (473 millones de dólares frente a 179 millones).

Pero incluso el fortalecimiento de la Agencia Internacional de Energía Atómica tras la guerra del Golfo y el apoyo prestado por el Consejo de Seguridad de las Naciones Unidas resultan risibles a los violadores del tratado y quienes no lo han firmado. El mosquito sigue siendo un mosquito.

Con todos los satélites, espías y detectores del mundo, se puede pensar que descubrir artefactos nucleares o instalaciones atómicas es ya relativamente simple. Mas, como demuestra el caso de Irak, no es así en absoluto. Una ojiva nuclear forrada con plomo y parafina suficientes y bien enterrada, puede pasar completamente inadvertida. Las tecnologías de detección no han llegado siquiera al nivel de las formas más primitivas de ocultación.

La existencia de nuevas centrales pacíficas de energía nuclear ha aumentado simultáneamente la producción mundial de desechos radiactivos con los que pueden construirse ojivas bélicas. Se multiplican además con rapidez los canales del comercio internacional y entre éstos hay vías para el contrabando de materiales nucleares y/u ojivas bélicas[10]. Y, en palabras del *Moscow Times*, «las fronteras de Rusia se han convertido en cribas a través de las cuales escapa todo tipo de mercancía en cualquiera de sus estados físicos, líquido, sólido y gaseoso».

Cuando fuimos recibidos en Moscú por el ministro ruso de Energía Atómica, Viktor Mijailov[11], escuchamos palabras dulzonas de confianza. Pero tras la desaparición en un instituto de Podolsk, cerca de Moscú, de kilo y medio de uranio muy enriquecido, el propio jefe de seguridad interna del ministerio, Alexander F. Mojov, declaró: «Los robos fueron perpetrados por personas directamente relacionadas con los procesos técnicos, que conocían a la perfección. Sabían cómo robar, poco a poco, para que el hecho pasara inadvertido.»[12] En Austria, Bielorrusia y Alemania la policía ha capturado a presuntos contrabandistas menos instruidos y material menos enriquecido. En estos países se han registrado más de un centenar de casos de desplazamientos ilegales de materiales nucleares.

La situación radicalmente nueva de la década de los noventa confirmó la advertencia formulada en 1975 por el estratega nuclear Thomas Schelling: «En 1999 no seremos capaces de regular las armas nucleares en todo el mundo más de lo que ahora podemos controlar el tráfico de armas cortas de fuego, la heroína o la pornografía.»

Todo esto induce a que algunos pesimistas duden de que sea posible un control total de las armas nucleares. Pocos se muestran al respecto tan sombríos como Carl Builder[13], analista de estrategia de la RAND Corporation. Algunos de sus colegas consideran excesivo su pesimismo, pero como primer director de la salvaguardia atómica para la Comisión Reguladora Nuclear de Estados Unidos, difícilmente cabría desoírle. Hubo una época en que Builder fue enteramente responsable de la seguridad de todos los materiales nucleares en manos civiles en Norteamérica, algunos del nivel tecnológico de las bombas.

Builder cree que los principales problemas nucleares del futuro no procederán en absoluto de las naciones-Estado, sino de los que en nuestra obra *Powershift* llamamos «gladiadores nucleares». Éstos son organizaciones terroristas, movimientos religiosos, empresas y otras fuerzas no nacionales; muchas de estas asociaciones, señala Builder, podrían acceder a las armas nucleares.

Ante estas declaraciones se puede llegar a imaginar al Ejército Republicano Irlandés anunciando que ha adquirido su propia bomba nuclear. Una llamada a la BBC advierte que «si las tropas británicas no evacuan en 72 horas Irlanda del Norte, un artefacto nuclear...». Los chapuceros que devastaron parte del World Trade Center de Nueva York pudieron haber borrado del mapa Wall Street si alguien más avispado les hubiese proporcionado un explosivo nuclear táctico. Builder estima incluso que algún día bandas como las del cártel de cocaína de Medellín podrían ser capaces de fabricar sus propias armas atómicas.

Según informa *The Economist*: «Se han registrado ya más de cincuenta tentativas de obtener dinero de Estados Unidos con amenazas nucleares, algunas de ellas realmente verosímiles.» Peor aún, a la lista actual de riesgos posibles es preciso añadir otro, en buena parte pasado por alto: no sólo los gobiernos, los terroristas y los jefes del narcotráfico sino también los cabecillas militares pueden estar buscando armas nucleares.

En muchas regiones del mundo existen, ignorados a menudo por los organismos de control de armamentos, ejércitos particulares dirigidos por delincuentes que combinan en su territorio actividades políticas y económicas. El equivalente de los señores de la guerra puede hallarse desde Filipinas a Somalia y el Cáucaso, allí donde el control del Estado resulte débil. La desintegración de las fuerzas nacionales de la antigua Unión Soviética da lugar en medida creciente a la aparición de estos ejércitos privados. Hay además razones para creer que grupos económicos mafiosos de la Rusia de hoy alimentan, alojan, visten y dirigen unidades enteras del ex Ejército Rojo. En suma, retornan los ejércitos privados, los mercenarios y los señores de la guerra de la primera ola. La idea de que estos generalísimos locales lleguen a controlar armas atómicas debería causar un escalofrío colectivo.

La perspectiva de proliferación que pronostica Builder nos obliga sin embargo a enfrentarnos con un caso extremo. Como la pólvora, indica este analista, «las armas nucleares se difundirán ... Iré aún más lejos para afirmar que, si no durante mi vida, tal vez en un futuro previsible, llegarán a proliferar hasta el nivel individual. Será posible que alguien fabrique un artefacto nuclear con materiales comercialmente accesibles».

Familias de la mafia, fieles del culto davidiano, grupúsculos arqueotrotskistas, maoístas de Sendero Luminoso, cabecillas somalíes o del Sudeste asiático, nazis serbios e incluso quizá individuos aislados podrían extorsionar a naciones enteras. Peor todavía, Builder considera: «No cabe disuadir a un adversario con la represalia atómica si no existe sociedad definible a la que amenazar.» En consecuencia, afirma, «nos aguarda una asimetría aterradora».

La presa rota

La presa que supuestamente retiene aún las aguas de las armas de destrucción masiva no depende simplemente de tratados y sistemas de inspección ineficaces, sino también de la aplicación de controles de exportación. Establecidos por diversos gobiernos, estos controles impiden, en teoría, la transferencia de componentes y materiales necesarios para las armas de destrucción masiva. Pero según Diana Edensword, del Proyecto Wisconsin sobre Control de Armas Nucleares, sólo en Estados Unidos hay toda una red de «organismos de exportación que se superponen, carentes de coordinación»[14].

Así pues, globalmente resulta todavía más evidente la ausencia de coordinación. Cada país aplica normas y definiciones distintas, listas diferentes de los productos o las tecnologías vedados a la exportación; varían constantemente los niveles de aplicación de esas disposiciones; y si los programas de prevención antinuclear son un caos, aún existe menos coherencia o coordinación entre los referentes a misiles, armas químicas o las toxinas de la guerra biológica. No hay, en suma, un *sistema* eficaz para detener la difusión de armas de destrucción masiva de la segunda ola.

Cuando estudiamos todos estos hechos punto por punto, descubrimos una situación revolucionaria jamás imaginada por los organismos oficiales de control de armamentos, los grupos pacifistas o los expertos en la no proliferación.

Aunque se ignorara por completo la creciente amenaza de los grupos no oficiales y se pensara exclusivamente en las naciones Estados, se puede llegar a la conclusión de que aproximadamente veinte países están en el «club nuclear» o llaman a su puerta. Según el ex embajador Richard Burt, que contribuyó a negociar los acuerdos de reducciones nucleares entre Estados Unidos y Rusia, de cincuenta a sesenta países se hallan desde luego en disposición de adquirir este tipo de armas. Y si en lugar de un club nuclear, imaginamos un «club de destrucción masiva», con muchos más miembros entre los que figuren países con la capacidad o la ambición de contar con armas químicas y biológicas, el número daría un salto notable. Puede que acabemos en un mundo donde una tercera parte o la mitad de todos los países tengan encerradas en sus arsenales armas aterradoras de aniquilamiento en masa.

Cuando se les pregunta qué fue mal, cómo se escapó el genio de la botella, la mayoría de los expertos culpan al quebrantamiento del mundo de la guerra fría; pero semejante respuesta resulta inadecuada.

Es la llegada de la tercera ola –con sus tecnologías de conocimiento intensivo, su impacto corrosivo sobre las naciones y las fronteras, su explosión de la información y de las comunicaciones, su globalización de las finanzas y del comercio– la que ha pulverizado las premisas sobre las que hasta la actualidad se basaban los programas de control de armamentos.

Los esfuerzos de la segunda ola por prevenir la difusión de las armas de destrucción masiva se fundaban en diez supuestos claves:

1. Las nuevas armas podrían ser monopolizadas por unas cuantas naciones fuertes.
2. Las naciones que ambicionaran estas armas tendrían que fabricarlas por su cuenta.
3. Las naciones pequeñas carecían, por lo general, de los recursos precisos.
4. Sólo algunas armas o unos cuantos tipos encajarían en la definición de armas de destrucción masiva.
5. Estas armas dependían de un puñado de materias primas que cabía vigilar y controlar.
6. También dependían de tecnologías específicas e identificables cuya difusión podía ser asimismo vigilada y controlada.
7. Sería además escaso el número real de «secretos» necesarios para impedir la proliferación.
8. Los organismos reguladores, como la Agencia Internacional de Energía Atómica, podrían recoger y distribuir información para que fuese empleada por la industria nuclear del mundo sin revelar unos conocimientos que ayudasen a los proliferadores de armas.
9. Las naciones existentes seguirían siendo estables y no se desintegrarían.

10. Las naciones-Estado constituían los únicos proliferadores posibles.

Hoy en día, todos y cada uno de esos supuestos son demostrablemente falsos. Con la llegada de la tercera ola ha quedado transformada por completo la amenaza de destrucción masiva de la segunda.

Tecnologías flexibles

Una de las relativamente pocas personas que se preocupa constantemente de esta revolución es Larry Seaquist, un intelectual de la Marina de rostro encendido. Para ser intelectual, su carrera resulta un tanto extraña.

Hijo de un matrimonio de granjeros de la parte oriental de Idaho, Seaquist reveló desde pequeño un afán por la aventura, alentado por los ejemplares del *National Geographic Magazine*. Gracias a la suerte y a su espíritu de iniciativa, Seaquist consiguió empleo en una compañía privada que realizaba, en el Ártico, lecturas meteorológicas relacionadas con la línea de estaciones de radar de alarma a distancia, desde Groenlandia a Alaska, pasando por Canadá, a lo largo del paralelo 70, 320 kilómetros al norte del círculo polar. Mientras invernaba allí, supo que el Servicio Meteorológico de Estados Unidos buscaba voluntarios para ir al Polo Sur con una expedición argentina. Tras pasar cierto tiempo en una escuela de idiomas para aprender español, Seaquist participó en el primer vuelo argentino hasta el polo y permaneció catorce meses en los hielos del Ártico; cuando cumplió veintitrés años, conocía ambos extremos del planeta.

Seaquist ingresó más tarde en la Marina norteamericana, llegó a mandar el famoso crucero *Iowa*, el buque que sufrió una devastadora explosión fortuita años después de que este intelectual del ejército ya no estaba entre su tripulación. Después de desempeñar diversos puestos de mando en la Marina, Seaquist se convirtió en un alto estratega, fue a Washington con su esposa Carla, autora dramática, y empezó a trabajar en el Pentágono al servicio de la Junta de jefes del Estado Mayor. Después pasó a la oficina del secretario de Defensa como coordinador especial de un pequeño grupo responsable de reconsiderar lo impensable.

Uno de los resultados de su trabajo es una redefinición radical de toda amenaza de proliferación[15]. Seaquist define la proliferación como «la difusión desestabilizadora, sobre todo para países con intereses en regiones claves, de una amplia gama de peligrosas capacidades militares, de apoyo, tecnologías afines y/o técnicas aplicadas». En sí misma, esta definición representa una ruptura tajante con el pasado puesto que ahonda y ensancha al mismo tiempo el significado del término.

Hasta ahora, las políticas de «no proliferación» se limitaban estrictamente a las armas, los medios de lanzamiento y ciertos sistemas espaciales. El nuevo concepto recibe el nombre de «contraproliferación» y aborda las «capacidades» en general, entre las que figuran tecnologías y conocimientos. Así, a la hora de apreciar la política de un país respecto de las armas de destrucción masiva, la contraproliferación va más allá del material que la nación posea y repara en su doctrina militar, su adiestramiento y otros intangibles.

Esta nueva política de contraproliferación concentra especialmente su atención en la tecnología impulsada por el conocimiento de la tercera ola, las nuevas «técnicas flexibles» capaces de modificar constantemente su producción para atender a necesidades diversas. Estas tecnologías flexibles proporcionan la base del proceso de conversión bélica descrito en el último capítulo y alteran todas las ecuaciones de la proliferación.

Tal como explica Seaquist, «resulta muy importante la proliferación en todo el planeta de maquinaria manufacturera avanzada. En muchos países del Tercer Mundo existe hoy en día una maquinaria numéricamente controlada... Una fábrica de productos farmacéuticos que precisen... posee capacidad inherente para fabricar armas biológicas. Una maquinaria numéricamente controlada que produce en el Tercer Mundo buenos automóviles puede crear asimismo cohetes de excelente calidad».

La rápida difusión de estas máquinas típicas de la tercera ola altera profundamente el equilibrio militar y amenaza con privar a Estados Unidos de su supremacía. Este especialista sostiene que, excepto por una destreza superior en la integración de tecnologías avanzadas y fuerzas militares, Estados Unidos carece «virtualmente de monopolio tecnológico en un campo concreto».

De hecho, dice Seaquist, «jamás encontré a nadie que respondiera a mi reto de citar tres tecnologías que se hallen bajo control exclusivo de los militares de Estados Unidos. No ha quedado nada. Si había algo importante, solíamos mantenerlo fuera del alcance de los rusos. Y si ellos lo habían desarrollado, trataban de conservarlo fuera del nuestro. Seguíamos vías paralelas y todos los demás seguían atrás ... No como ahora».

Tras el material real está, desde luego, el intangible definitivo, la técnica aplicada. Existe una desmonopolización rápida y general de todo tipo de información. Ni siquiera los médicos son ya capaces de controlar el alud de información sanitaria que penetra en la sociedad a través de los medios de comunicación y de otros canales. Este proceso de desmonopolización, impulsado por necesidades comerciales y de otro género, posee unas amplias consecuencias democráticas bajo algunas circunstancias y unas desestabilizadoras implicaciones militares bajo otras.

Libertad de información (para los fabricantes de bombas)

Gran parte de las técnicas aplicadas precisas para la producción de armas nucleares (quizá no de los tipos más poderosos, pero bastante potentes) ha quedado diseminada al alcance de quien las busque, un terrorista, un chiflado maníaco o una nación paria. ¿Quiere fabricar una bomba? ¿Dispone de un ordenador personal? Pues empiece conectándolo con una base de datos accesible, el Sistema Internacional de Información Nuclear de la Agencia Internacional de Energía Atómica; recurra a los numerosos textos disponibles en bibliotecas técnicas; compre un libro clandestino de recetas nucleares titulado *Basement nukes,* del que examinamos un ejemplar cuando estábamos escribiendo el presente libro. (Ese folleto se halla también a la venta si usted sabe a quién recurrir.) Michael Golay, profesor de ingeniería nuclear en el Instituto Tecnológico de Massachusetts, asegura: «Lo que hoy en día resulta un secreto es cómo fabricar una buena arma, pero no cómo hacer un arma.»[16]

Mas la peligrosa y nueva realidad que se cierne sobre nosotros en la actualidad no es simplemente obra de la difusión de tecnologías flexibles o de la filtración de «secretos». Carl Builder, de la RAND Corporation, señala que «los programas militares tendrán en la naturaleza de la disuasión nuclear un efecto menor que los cambios políticos y sociales determinados actualmente por la era de la información».

Por ejemplo: «El Estado ya no es capaz de controlar de manera eficaz la corriente de información que entra o sale de su territorio; la información está en cualquier lugar y allí donde se encuentre es accesible. Participar en los multiplicados beneficios económicos del comercio mundial significa adoptar unas prácticas que socavan el control estatal...

»Durante la era industrial se estimaba que las raíces del poder nacional se encontraban en los recursos naturales y en las inversiones fabriles... En la era de la información [es decir, en la de la tercera ola], esas raíces parecen estar en el libre acceso a la información.»[17]

Ésta es la fuerza más honda que transforma el ambiente de amenazas y el problema de la proliferación. Por tal motivo, indica Builder, «la información necesaria para el desarrollo de armas nucleares se extenderá inevitablemente más allá del control de la nación Estado» y «el comercio hará que sean cada vez más accesibles a todo el mundo los materiales nucleares o los medios para su producción (o recuperación)».

Todo lo dicho referente a las armas nucleares resulta igualmente aplicable a otro tipo de armas. Eso obliga a quienes ansiamos un mundo más pacífico a reconocer el dilema del siglo XXI.

O se reduce el desarrollo y la difusión de nuevos conocimientos –lo que es inmoral si no imposible– para impedir guerras de destrucción masiva, o se tendrá que acelerar la recogida, la organización y la generación de nuevos conocimientos, canalizándolos hacia la promoción de la paz. En el saber radicará mañana la oposición a la guerra.

Pero los nuevos peligros con que se enfrenta el mundo a consecuencia de la conversión bélica y de la proliferación de armas se sitúan en un marco aún más amplio de amenazas a la paz, nuevos riesgos en un mundo nuevo. Para comprenderlos, hemos de superar la Zona de Ilusión.

XXI. LA ZONA DE ILUSIÓN

Uno de los efectos persistentes tras el éxtasis colectivo extendido por todo el mundo después de la caída del muro de Berlín es el convencimiento de que incluso si se multiplican las guerras en los próximos años, éstas apenas afectarán a las democracias de tecnología avanzada. La pesadumbre quedará circunscrita a conflictos locales o regionales, sobre todo entre pueblos pobres y de piel oscura de remotos lugares. Ni siquiera el estallido de la guerra y del genocidio en los Balcanes ha hecho mella en la complacencia de los europeos occidentales ante cuya puerta se está derramando sangre.

Crece desde luego la posibilidad de que estallen muchas guerras limitadas y autónomas en regiones de la primera y segunda olas, pero eso no debería llevarnos a la conclusión de que las grandes potencias se hallarán a salvo y en paz. El hecho de que haya disminuido el peligro de confrontación nuclear absoluta entre Estados Unidos y Rusia no significa la desaparición del propio riesgo de escalada. La creciente proliferación de armas de destrucción masiva, el auge de la aplicación de tecnología civil a fines militares y la debilidad de todos los sistemas anti y contraproliferación apuntan conjuntamente a la posibilidad de que guerras «pequeñas» se tornen mayores y más horribles y atraviesen las fronteras, incluyendo las de la llamada Zona de

Paz en donde moran las potencias de tecnología avanzada y la guerra es supuestamente inconcebible.

Cada vez resulta más difícil proteger ciertas partes del sistema global de la desorganización o la destrucción que se vive en otras zonas. Las masas de inmigrantes se filtran por las fronteras, llevando a veces consigo sus odios, sus movimientos políticos y sus organizaciones terroristas. El atropello de una minoría étnica o religiosa en un Estado desencadena más allá de sus límites repercusiones en otro.

La contaminación y los desastres no respetan fronteras y suscitan inquietud política. Cualquiera o todos podrían arrastrar a grandes economías de tecnología avanzada a conflictos que no deseen pero que no sepan limitar o impedir.

No hay lugar en este estudio para catalogar todos los conflictos sangrientos que en la actualidad bullen en el mundo, muchos con riesgos significativos de escalada y contagio; igualmente tampoco cabe analizar aquí los peligros planteados por una Rusia inestable y dotada de armamento nuclear.

Cabe incluso seguir ignorando el hecho de que el área del Pacífico asiático, que contiene las economías más boyantes e importantes, es cada vez más inestable tanto política como militarmente.

Aunque pocos parecen haberlo advertido, esta región, el meollo de toda la economía global, se halla más estrechamente rodeada por armas nucleares que cualquier otra parte del mundo. (El perímetro del área, desde Kazajstán, India y Pakistán a Rusia, China y Corea del Norte consta de países nucleares y casi nucleares, muchos políticamente volátiles.)

La India se halla desgarrada por el fanatismo religioso y combate al mismo tiempo varias insurgencias armadas diferentes. El futuro político de China sigue siendo un enigma, mientras que su Fuerza Aérea extiende su alcance con cazas Sujoi de origen ruso y capacidad para reabastecimiento en vuelo y su Marina ansía un portaaviones.

Taiwan responde a los gestos de China con la compra de 150 cazas F-16 de Estados Unidos y de cincuenta a sesenta reactores Mirage franceses. Se multiplican por la región otras carreras de armamentos. Observando todo esto, Japón –antaño la más ferviente nación antinuclear del mundo– anuncia de repente que no apoyará una prolongación indefinida del Tratado de No Proliferación, lo cual representa un claro indicio de que ya no descarta fabricar sus propias armas atómicas. Éste es, sin embargo, el momento en que los aislacionistas de Estados Unidos, contra los deseos cálidamente expresados por la mayoría de las naciones asiáticas, piensan en reducciones presupuestarias, en menguar su presencia militar en el Pacífico occidental, amenazando de hecho con arrancar o debilitar el último elemento estabilizador de la región.

Pero aunque se dejen a un lado estas y otras perturbaciones regionales en perspectiva, queda una serie de nuevos problemas *genéricos*, cualquiera de los cuales podría explotarnos en la cara dentro de una o de dos décadas. Estos «genéricos» globales nos obligan a poner en tela de juicio la teoría según la cual las grandes potencias o siquiera las grandes democracias habitan en una zona de paz donde la guerra es impensable. Hay que enterrar la noción de una zona de paz junto al cadáver de la geoeconomía.

Consideremos las posibilidades.

Desaparición del dinero

Imaginemos un aniquilamiento real y general del sistema monetario. Hasta ahora, desde el final de la guerra fría, las grandes economías sólo se han enfrentado a una tibia recesión. ¿Qué sucedería con la imposibilidad de la guerra en la llamada zona de paz si el mundo se hunde en una auténtica depresión global que aplaste los mercados? ¿Una depresión suscitada quizá por las guerras comerciales proteccionistas, por el comercio dirigido y por otras formas de competición «geoeconómica»?

El actual sistema financiero es en realidad extremadamente vulnerable, porque se halla en proceso de reestructuración para atender a una economía de la tercera ola en rápida globalización. Al liberalizar las corrientes de capital por encima de las divisiones nacionales, políticos y dirigentes financieros miopes han desmantelado muchos de los seguros y frenos que antaño podían haber limitado a una sola nación los efectos de un grave colapso. Poco es lo que han hecho para reemplazar esos seguros.

El último bache relativamente pequeño de la economía mundial coincidió con el terror neonazi en Alemania y los incendios de Los Angeles. Incluso Japón, la más ordenada de las sociedades, experimentó los primeros temblores de intranquilidad cuando estalló la burbuja de su economía. ¿Qué sería de la paz y de la estabilidad en la zona supuestamente inmune a la guerra si se desplomase realmente el sistema financiero, perspectiva que no cabe descartar?

Quiebra de fronteras

Los medios occidentales de comunicación describen los estallidos étnicos en los Balcanes y el Cáucaso en función de su «atraso». Es posible, empero, que pronto descubramos que la quiebra de fronteras no es sólo el resultado del «tribalismo» o de «primitivos enfrentamientos étnicos». Hay otras dos fuerzas que ponen en peligro las fronteras nacionales. La naciente economía de la tercera ola, basada en la manufactura y los servicios de conocimientos intensivos ignora cada vez más los límites nacionales existentes. Como ya sabemos, grandes empresas constituyen alianzas internacionales. Mercados, corrientes de capital, investigación y producción se extienden más allá de las fronteras nacionales. Pero esta bien conocida «globalización» representa tan sólo un lado de la historia.

Las nuevas tecnologías reducen simultáneamente el coste de ciertos productos y servicios hasta el punto de que ya no necesitan mercados nacionales que los mantengan. Nadie tiene que enviar ahora un carrete de fotos a la sede de Kodak en Rochester, Nueva York, para que se lo revelen, puede conseguirlo antes y con menor coste en la tienda de la esquina, mediante una tecnología en pequeña escala, económica y descentralizada. Se difunden con celeridad esas tecnologías reducidas, baratas y miniaturizadas.

Con el tiempo, suficientes tecnologías descentralizadas podrían alterar a su vez todo el equilibrio entre las economías nacionales y las regionales[1]. Éstas se tornarían más viables, fortaleciendo así las bazas de los movimientos separatistas que amenazan las fronteras. Simultáneamente, el número creciente de canales de televisión, tanto directos, de transmisión vía satélite o por cable, favorece una programación más localizada en más lenguas, del gaélico al provenzal, proporcionando un apoyo cultural a las fuerzas técnicas y económicas aquí mencionadas.

Europa está inundada de grupos secesionistas, autonomistas o regionalistas, desde la Italia septentrional a España y Escocia. Estas fuerzas tratan de configurar de nuevo sus mapas políticos y de restar poder a la nación-Estado en el mismo momento en que Bruselas y la Comunidad Europea asumen facultades de las naciones.

De tal modo unos cambios parejos, desde arriba y desde abajo, menguan la razón de ser de los mercados nacionales y de las fronteras que los justifican.

Estas presiones en pinza alientan a los nacionalistas, los regionalistas y los localistas exaltados, incluyendo a quienes aspiran a la «limpieza étnica» de su territorio, contra los europeístas más cosmopolitas. Resulta difícil creer que tal estado de cosas sea una garantía de estabilidad permanente en esa «zona de paz».

Ninguna frontera parece más permanente que la que existe entre Estados Unidos y Canadá. Pero muchos naturales de Quebec creen ya que pueden prosperar económicamente sin el resto de Canadá. Si Quebec, tras décadas de pugna, llegara a separarse de Canadá, la Columbia Británica y Alberta quizá solicitarían pronto su anexión a Estados Unidos. Otra perspectiva (ciertamente no plausible pero de ningún modo imposible) retrata la formación de una nueva entidad política –llámese o no nación-Estado– que una las provincias occidentales de Canadá con los estados norteamericanos de Washington, Oregon y quizá Alaska.

Una federación o confederación semejante podría empezar a vivir con vastos recursos, incluyendo el petróleo de Alaska; el gas natural y el trigo de Alberta; las industrias nucleares, aeroespaciales e informáticas de Washington; la madera y las industrias de tecnología avanzada de Oregon; gigantescos puertos y medios de transporte que sirven al comercio con el Pacífico asiático; más una fuerza laboral sumamente instruida. Al menos en teoría, esta unión se constituiría instantáneamente como un gigante económico con un enorme superávit comercial, una figura crucial en la economía mundial.

Algunos futurólogos conciben el mundo de mañana no con los 150-200 Estados de ahora sino con centenares e incluso miles de Estados minúsculos, ciudades-Estado, regiones y entidades políticas no contiguas. Las próximas décadas verán surgir posibilidades aún más extrañas cuando pierdan su legitimidad las actuales fronteras nacionales y sus adversarios empiecen a actuar en el corazón mismo de la zona de paz.

El gobierno de los medios de comunicación

La idea de que las democracias no combaten entre sí presupone además que seguirán existiendo como tales democracias. Mientras nosotros escribimos esto, muchos se preguntan, por ejemplo en Alemania, si es prudente tal supuesto.

La permanencia de la democracia sobrentiende a su vez un grado de estabilidad política o de cambio ordenado. Pero muchas de las naciones de la presunta zona de paz se precipitan hacia un turbulento período de *perestroika* o de reestructuración política.

Con el paso de las economías de base muscular a las de base mental, los despidos masivos y las graves dislocaciones acompañan al auge de una nueva fuerza política, un «cognitariado» muy diestro que desplaza al proletariado poco calificado. Cuando el conocimiento llega a ser el recurso económico crucial y las redes y medios de comunicación electrónica se convierten en la infraestructura crítica, quienes dominan el conocimiento y los medios de comunicación se apoderan de un poder político acrecentado[2].

Un indicio al respecto es la influencia política radicalmente mayor de los medios de comunicación, en ningún momento tan evidente como durante las elecciones norteamericanas de 1992, cuando una sola cadena de televisión, la CNN, desempeñó un papel decisivo en la derrota del presidente George Bush. Sólo un año antes, la misma CNN, con su amplia cobertura de la guerra del Golfo, había contribuido a elevar hasta cotas extraordinarias la popularidad del presidente.

Siete meses después el republicano Bush perdía su oportunidad de reelección. Ganó el demócrata Bill Clinton, aunque obtuvo menos votos que el anterior candidato de su partido, Michael Dukakis, derrotado en 1988. Clinton venció con un número inferior de sufragios porque un tercer candidato, Ross Perot, absorbió votos de los candidatos de los dos grandes partidos y porque una lucha interna, alentada por Pat Buchanan en el seno del Partido Republicano, perjudicó aún más a Bush.

Perot, el político multimillonario, fue virtualmente una creación de la CNN, puesto que inició su campaña frente a sus cámaras y apareció después frecuentemente en sus canales. Justo antes de su campaña política, Buchanan era de hecho invitado diario en el programa *Crossfire* de la CNN. En ninguna anterior contienda política norteamericana habían desempeñado un papel tan crucial los medios de comunicación y menos todavía un solo canal.

Pero los nuevos medios de comunicación hacen algo más que alterar los resultados electorales. Al concentrar las cámaras primero en una crisis y casi de la noche a la mañana en otra, los medios determinan cada vez más la agenda y obligan a los políticos a abordar una corriente constante de crisis y controversias. Aborto hoy, corrupción mañana, impuestos al día siguiente. Y luego el acoso sexual, el déficit oficial, la violencia racial, los servicios de protección civil, la delincuencia... El efecto es una aceleración de la vida política que fuerza a los gobiernos a tomar decisiones sobre materias cada vez más complejas a un ritmo que se hace más rápido día a día. Se convierten en víctimas, por así decirlo, del *shock* del futuro.

Pero lo que hemos visto hasta ahora es sólo el primer asalto de los medios de comunicación al poder político. Gran parte de la campaña de Clinton-Bush-Perot se libró en los programas de radio y televisión con llamadas telefónicas de los oyentes, la forma originaria y todavía primitiva de la interactividad de los medios. Desde entonces los programas radiofónicos con participación directa de los oyentes por teléfono, reaccionando de manera inmediata a propuestas oficiales, nombramientos y escándalos, han comenzado sistemáticamente a otorgar expresión al disentimiento político e incluso a organizarlo. Quienes dirigen estos programas pueden inundar Washington con cartas, con airadas llamadas telefónicas y pronto, sin duda, son delegaciones.

Pero, como se indicó anteriormente, todo esto sigue siendo un escarceo. La televisión del futuro simplificará y universalizará la interactividad, reduciendo el poder de las transmisiones de un solo sentido de las que dependieron los políticos y los gobiernos desde los orígenes de los medios de comunicación de masas en la primera parte de la revolución industrial.

Los congresos, los parlamentos y los tribunales de las democracias actuales con su lenta capacidad de respuesta son resultados de la primera ola. Los gigantescos ministerios y burocracias oficiales de hoy constituyen en gran medida productos de la segunda ola. Los medios de comunicación de mañana –desde la televisión por cable y la transmisión directa por satélite a las redes de ordenadores y otros sistemas– representan productos de la tercera ola. Quienes los dirigen van a desafiar a las elites políticas preexistentes y a transformar por eso la lucha política.

En toda democracia moderna, los políticos y los burócratas han librado hasta ahora una guerra incesante. Tal lucha soterrada por el poder es a menudo más importante que la batalla declarada entre partidos de la izquierda y de la derecha. Con raras excepciones, ésta es la auténtica naturaleza de la lucha política, desde París y Bonn hasta Tokio y Washington.

Mas con el aumento de la influencia de los medios de comunicación, la antigua contienda bilateral por el poder se ha convertido en una lucha a tres bandas en la que participan, constituyendo combinaciones inestables, parlamentarios, burócratas y los que dirigen los medios de comunicación.

Mientras tanto, huracanes de proselitismo religioso, propaganda política y cultura popular irrumpirán en cada país desde el otro lado de sus fronteras mediante las transmisiones directas por satélite y otros sistemas avanzados de telecomunicación, debilitando aún más lo mismo a políticos que a burócratas del país que los recibe. Redes digitales internacionales con nombres como GreenNet, GlasNet, PeaceNet y Alternex unen ya a activistas políticos de 92 países, desde Tanzania y Tailandia a Estados Unidos y Uruguay. Los neonazis cuentan con sus propias redes. En los futuros sistemas políticos «mediatizados», será cada vez más difícil elaborar un consenso a partir de la cumbre.

Como la lucha por el poder se libra entre políticos elegidos, burócratas nombrados y representantes de los medios de comunicación que no son ni elegidos ni nombrados, los jefes militares de los Estados democráticos se verán atrapados por un doble lazo. Puede que peligre el principio democrático del control civil de los militares. Como es posible que las amenazas y las crisis militares se materialicen con mayor rapidez que el logro de un consenso, cabe la posibilidad de que los militares queden paralizados cuando se requiera su intervención. O tal vez, a la inversa, que se precipiten a una guerra sin apoyo democrático.

En cualquier caso, la *perestroika* política promete exactamente lo contrario de la estabilidad que da por supuesta el concepto de zona de paz.

Diplomacia obsoleta

Peor aún, las viejas herramientas de la diplomacia se revelarán obsoletas, junto con la ONU y muchas otras instituciones internacionales.

Se han escrito muchas tonterías a propósito de una ONU nueva y más fuerte. A menos que sufra una reestructuración espectacular de sistemas que ni siquiera han sido sometidos a debate, es posible que en las próximas décadas la ONU desempeñe en los asuntos mundiales un papel menos eficaz y más reducido. Y eso será así porque esta organización internacional sigue constituyendo lo que fue, en un principio, un club de naciones-Estado. Pero el curso de los acontecimientos mundiales en los próximos años se hallará intensamente influido por agentes *no nacionales* como empresas globales, movimientos políticos que superan las fronteras como Greenpeace, movimientos religiosos como el islam y grupos étnicos en auge que desean reorganizar el mundo conforme a unas directrices étnicas, los paneslavos, por ejemplo, o ciertos turcos que sueñan con un nuevo imperio otomano donde se integren turcos y turcoparlantes desde Chipre en el Mediterráneo a Kirguizistán en la frontera china.

Las organizaciones internacionales incapaces de incorporar, cooptar, debilitar o destruir las nuevas fuentes no nacionales de poder acabarán por ser irrelevantes.

La amenaza de la interdependencia

Es preciso corregir un último mito tranquilizador surgido al calor de la noción de la zona de paz, el mito de la interdependencia pacífica.

Los geoeconomistas y otras personas pueden argumentar que los conflictos militares menguan cuando las naciones se tornan más dependientes unas de otras en el comercio y las finanzas. Veamos el ejemplo, dicen, de Alemania y Gran Bretaña, antiguos adversarios ahora en paz. Lo que este ejemplo pasa por alto es que cuando Alemania y Gran Bretaña se lanzaron a la guerra en 1914, cada uno de ellos era el asociado comercial más importante del otro. Los libros de historia proporcionan al respecto muchos otros casos.

Más importante y sin embargo menos observado es el hecho de que si bien la interdependencia crea lazos entre las naciones, también torna al mundo mucho más complejo. La interdependencia significa que el país A no puede adoptar una acción sin desencadenar consecuencias y reacciones en los países B, C, D, etc. Ciertas decisiones aprobadas en el Parlamento japonés tendrán quizá un impacto mayor en las vidas de los obreros de la industria automovilística o en los inversores inmobiliarios norteamericanos que las tomadas en el mismo Congreso de Estados Unidos y viceversa. El empleo de la fibra óptica en Norteamérica puede hacer bajar en principio los precios del cobre en Chile y provocar una inestabilidad política en Zambia, cuyos ingresos oficiales dependen de las exportaciones de cobre. Unas regulaciones ambientales en Brasil son susceptibles de modificar los precios de la madera y las vidas de los madereros de Malasia, lo que a su vez es posible que altere sus relaciones políticas entre su Gobierno central y los sultanes que rigen diversas regiones.

Cuanto mayor sea la interdependencia, más serán los países comprometidos y más complejas y ramificadas las consecuencias. Pero las interrelaciones resultan ya tan enmarañadas y complicadas que es casi imposible que ni siquiera los políticos más brillantes y expertos capten las consecuencias de primer o segundo orden de sus propias decisiones.

Ésa es otra manera de decir que, excepto en su sentido más inmediato, quienes adoptan las decisiones ya no entienden realmente lo que hacen. A su vez, esta ignorancia frente a una enorme complejidad debilita los vínculos entre objetivos y acciones e incrementa el nivel de conjetura. El azar desempeña un papel más importante. Crecen vertiginosamente los riesgos de consecuencias inimaginadas. Se multiplican los errores de cálculo.

La interdependencia, en suma, no tiene por qué hacer forzosamente más seguro el mundo. A veces significa justo lo contrario.

En resumen, hoy en día resultan muy dudosos los supuestos sobre los que se basa la teoría de la zona de paz: el desarrollo económico, la inviolabilidad de las fronteras, la estabilidad política, el tiempo para negociaciones y las consultas y la eficacia de las organizaciones e instituciones internacionales.

Aunque es posible que parezcan no guardar relación entre sí, cada una de las condiciones nuevas y más peligrosas aquí descritas constituye una consecuencia directa o indirecta del auge de un nuevo sistema de creación de riqueza. Estos problemas genéricos anuncian trastornos potencialmente mortales; integrados con la conversión civil y la proliferación de armas, no son heraldos de una era de paz geoeconómica, un orden mundial nuevo y estable, sino de un creciente riesgo de guerras, en las que intervendrían no sólo las naciones pequeñas y marginales, sino también las grandes potencias.

Tampoco se acaban aquí los peligros con que nos enfrentamos a largo plazo. Como veremos después, nos hallamos ante diversos retos de escala histórica y alcance aún mayores, cualquiera de los cuales podría dar lugar, si no a una guerra mundial, al menos a algo pavorosamente semejante.

Para reducir estos riesgos tenemos que mostrarnos brutalmente realistas acerca de las próximas transformaciones de la guerra y de la antiguerra. Necesitamos salir de la zona de ilusión.

XXII. UN MUNDO TRISECADO

Las elites han temido durante siglos las revueltas de los pobres, contra las que se protegían. La historia de las sociedades tanto agrícolas como industriales está salpicada de sangrientas rebeliones de esclavos, siervos y obreros. Pero la tercera ola llega acompañada de una evolución nueva y sorprendente, un creciente riesgo de rebeldía de los ricos.

Cuando se desintegró la URSS, las repúblicas que ansiaban más su independencia fueron los estados bálticos y Ucrania. Más próximas a Europa occidental, eran también las más opulentas e industrialmente las más desarrolladas.

En estas repúblicas de la segunda ola, las elites –principalmente burócratas del Partido Comunista y dirigentes industriales– se sentían desjarretadas y esquilmadas por Moscú. Mirando hacia el oeste, podían ver que Alemania, Francia y otras naciones se desplazaban ya de la industrialización tradicional hacia una economía de la tercera ola. Confiaban en enganchar sus propias economías al cohete de la Europa occidental.

En contraste, las repúblicas menos dispuestas a abandonar la Unión eran las más alejadas de Europa, las más pobres y las más agrarias. En estas repúblicas de la primera ola y con gran influencia musulmana, las elites se llamaban a sí mismas comunistas pero con frecuencia se asemejaban a corrompidos barones feudales, operando a través de redes familiares y rurales muy personales. Recurrían a Moscú para obtener protección y limosnas. Las regiones de la segunda ola y las de la primera se desplazaban así en direcciones opuestas.

Todos los bandos enmascararon sus propios intereses con apelaciones patrióticas de carácter étnico, lingüístico e incluso ecológico. Pero tras los enfrentamientos resultantes existían ambiciones económicas y políticas tajantemente opuestas. Cuando los enfrentamientos entre las elites regionales de la primera y de la segunda ola se tornaron demasiado fuertes para que Gorbachov pudiera reconciliarlos, estalló la gran quiebra soviética.

El síndrome de China

Las radiografías de otras grandes naciones revelan líneas similares de fractura, determinadas por diferencias entre la primera, la segunda y la tercera olas.

Veamos, por ejemplo, el caso de China, el país más poblado del mundo. De los 1.200 millones de habitantes con los que cuenta, por lo menos ochocientos son campesinos en el interior del país que trabajan la tierra de modo muy semejante a como lo hacían sus abuelos, en condiciones de la más desesperada pobreza. En Kuichou y Anjui los vientres hinchados[1] de niños hambrientos se pueden ver entre las chozas y otros signos de miseria. Ésta es la China de la primera ola.

En cambio, las provincias costeras de China figuran entre los territorios de desarrollo más veloz en todo el mundo. En la provincia de Kwangtung, repleta de fábricas, se alzan nuevos y deslumbrantes rascacielos y los empresarios (incluyendo a ex funcionarios comunistas) se hallan conectados con la economía global. Cerca, se puede ver a Hong Kong, Taiwan y Singapur que abandonan velozmente la segunda ola para convertirse en economías de tecnología avanzada de la tercera. Las provincias del litoral consideran a los llamados tres «Tigres» como modelos de desarrollo con los que vinculan sus propias economías locales.

Las nuevas elites –algunas afanadas en empresas de la segunda ola basadas en mano de obra barata y otras que ya instalan a un ritmo frenético tecnologías punta de la tercera ola– se muestran optimistas, extremadamente comerciales y agresivamente independientes. Equipadas con aparatos de fax, teléfonos inalámbricos y coches de lujo, hablando cantonés en vez de mandarín, se relacionan con comunidades chinas desde Vancouver y Los Angeles a Yakarta, Kuala Lumpur y Manila. Por su estilo de vida y sus propios intereses tienen más en común con los chinos de ultramar que con la China continental de la primera ola.

Tuercen ya el gesto ante los edictos que les llegan del Gobierno central de Pekín. ¿Cuánto tiempo transcurrirá hasta que decidan no tolerar la intromisión política de Pekín y se nieguen a contribuir a los fondos que necesita el Gobierno central para mejorar las condiciones rurales o acallar la inquietud agraria? A menos que Pekín les otorgue una completa libertad de acción financiera y política, cabe imaginar a las nuevas elites propugnando la independencia o algo semejante, un paso susceptible de desgarrar a China y de desencadenar una guerra civil.

Dadas las enormes inversiones que se hallan en juego, Japón, Corea, Taiwan y otros países podrían tomar partido y verse arrastrados así, contra su voluntad, a la conflagración que quizá sobreviniera. La perspectiva es reconocidamente una especulación, pero no resulta imposible. La historia abunda en guerras y rebeliones que parecían muy improbables.

Los ricos quieren separarse

La India, con 835 millones de habitantes, es el segundo país más poblado del mundo y experimenta una disgregación similar entre sus elites trisecadas. También en este país existe un vasto campesinado que vive como hace siglos; así como un amplio y próspero sector industrial de 100 a 150 millones de habitantes y otro de la tercera ola, diminuto pero de rápido desarrollo, cuyos miembros están conectados con Internet y la red mundial de comunicaciones, trabajan en casa con sus ordenadores personales, exportan programas informáticos y productos de tecnología avanzada y viven una realidad cotidiana radicalmente diferente de la del resto de su sociedad.

Una mirada a la MTV que atruena en los televisores indios o una visita al mercado de Lajpat-Rai[2] en el sur de Delhi evidencian la división existente entre los diferentes sectores. Allí los clientes regatean con los vendedores el precio de antenas parabólicas, pilotos, separadores de señal, vídeos y otros artículos necesarios para conectar con la corriente informativa mundial de la tercera ola.

La India está desgarrada por sangrientos movimientos separatistas basados en las que parecen ser diferencias etnorreligiosas; pero si se observa qué hay sosteniendo estos enfrentamientos encontramos, como en China y en Rusia, tres elites opuestas, cada una con sus propias aspiraciones económicas y políticas, desmembrando la nación bajo la apariencia de luchas religiosas o étnicas.

También bullen los 155 millones de brasileños. En este país, casi el 40 por ciento de la fuerza laboral sigue siendo agrícola y en buena parte vive en las condiciones más abominables. Un amplio sector industrial y otro minúsculo pero creciente de la tercera ola constituyen el resto de Brasil.

Mientras masas de campesinos de la primera ola padecen hambre en el nordeste y migraciones incontroladas abruman a un São Paulo y a un Río de Janeiro de la segunda ola, Brasil se enfrenta ya con un movimiento separatista[3] organizado en Río Grande Do Sul, opulenta región meridional con una tasa de alfabetización del 89 por ciento y un teléfono en cuatro de cada cinco hogares.

El sur crea el 76 por ciento del producto interior bruto del país y su representación práctica en el Estado es inferior a la del norte y a la del nordeste cuya aportación económica, medida en estos términos, alcanza sólo el 18 por ciento. El sur afirma además que subvenciona al norte. Pero los meridionales ya no bromean cuando dicen que Brasil sería rico simplemente con tal de que acabase al norte de Río. Aseguran que envían a Brasilia el 15 por ciento de su producto interior bruto y que sólo les devuelven el 9 por ciento.

«El separatismo –ha declarado el líder de un partido consagrado a la fragmentación del país– es el único modo de que Brasil se desembarace de su atraso.» Puede ser también el camino de un conflicto civil.

En cualquier parte del mundo se pueden escuchar los gruñidos premonitorios de los opulentos airados en un ambiente de civilizaciones enfrentadas. Los ricos quieren separarse.

Muchos piensan, aunque no lo digan en voz alta: «En el exterior podemos comprar lo que necesitamos y vender nuestros productos. ¿Por qué soportar a un ejército de analfabetos mal alimentados cuando en el futuro, al avanzar la tercera ola, es posible que nuestras fábricas y oficinas necesiten menos asalariados pero más diestros?»

La eventualidad de que estas divisiones se traduzcan en violencia y el modo en que puedan afectar a las grandes potencias dependerá en parte de cómo se entrecrucen con la tentativa de escindir la economía global en bloques proteccionistas.

El reto asiático

A mediados del siglo XX, Norteamérica, que gozaba de la única economía de la segunda ola no quebrantada por la Segunda Guerra Mundial, ejercía un monopolio virtual en muchos artículos de exportación, desde automóviles a electrodomésticos, maquinaria y otros productos manufacturados.

Cuando Japón y Europa, ayudados por Estados Unidos, se recobraron de los desastres de la contienda, llegaron a ser competitivos en unas cuantas líneas de producción. Pero sólo en la década de los setenta, al empezar a introducir sistemáticamente métodos de producción de la tercera ola y a transferir numerosas funciones de la segunda ola a economías asiáticas menos desarrolladas, Japón fue capaz de invadir fuertemente los mercados norteamericanos y europeos con artículos de precisión de soberbia calidad.

Mientras acumulaba enormes beneficios, Japón invertía en muchos países del Sudeste asiático, estimulando a su vez el desarrollo de éstos. Pronto estas naciones se convirtieron asimismo en exportadoras agresivas, haciendo aún más dura la competición global. Hoy en día, cuando la zona del litoral de China entra en liza, la batalla por los mercados se pone al rojo vivo. Y será aún más encarnizada cuando estos países también reemplacen progresivamente sus fábricas de mano de obra barata de la segunda ola por centrales complejas de la tercera.

Frente a esta intensa corriente de competición, las fuerzas patronales de Estados Unidos, respaldadas por los sindicatos, han orquestado una inmensa campaña de propaganda, pidiendo al Tío Sam que proteja o subvencione su producción doméstica. En Europa se desarrolla de forma paralela una campaña aún más fuerte contra las importaciones asiáticas.

La cerilla encendida

Los historiadores dicen que en la década de los treinta, cuando todos los países erigieron barreras aduaneras, destrozaron la economía de los demás, agravaron el desempleo, inflamaron las pasiones nacionales, se vieron arrastrados por el paroxismo político, nutrieron el nazismo y el stalinismo y prendieron la cerilla que contribuyó a incendiar el mundo con la guerra más destructiva de la historia. Con todo, hoy en día, aunque los economistas y los políticos evoquen estos recuerdos y destaquen los peligros de bloques comerciales regionales cerrados, se preparan para construirlos.

En ningún campo resulta tan desvergonzada la hipocresía. Los japoneses son ya maestros veteranos en limitar la competencia del exterior, bombear sus propias exportaciones en cada hueco del mercado mundial, negar que protegen sus mercados y prometer simultáneamente reabrirlos.

Asimismo, Estados Unidos, pese a toda su retórica acerca del comercio libre y de «allanar los campos de juego», impone unas tres mil tarifas y cuotas a cualquier producto, desde jerseys y zapatos deportivos a helados y zumo de naranja. Este país ha negociado con Canadá y México unos acuerdos de libre comercio, creando en el proceso una zona que algún día podría cerrarse herméticamente a las exportaciones y al capital asiáticos. Asimismo, Norteamérica está llevando a cabo un «proteccionismo monetario», promoviendo un dólar bajo, para elevar así el coste de las importaciones y favorecer a corto plazo a los fabricantes nacionales. A su vez Europa, mientras clama contra Japón, subvenciona a sus agricultores, a sus industrias aeroespaciales y electrónicas y acomete otras prácticas comerciales espurias. Entretanto ciertas naciones del Sudeste asiático murmuran que piensan crear su propio bloque.

Los argumentos económicos quedan reforzados progresivamente por agresiones mutuas en la prensa, ataques racistas, retórica del peligro amarillo y otras formas de fomentar el odio que pueden acarrear violencias. Si los grandes mercados no se abren pronto a productos antes inexistentes, como las tecnologías ambientales avanzadas, la capitulación ante el proteccionismo, bajo la apariencia incluso de «comercio dirigido» y otras fórmulas eufemísticas, varias naciones podrían verse empujadas a la desesperación y desencadenar enfrentamientos desastrosos en un mundo más erizado que nunca de armas.

La división del Pacífico en bloques comerciales, trazando por su mitad la que en efecto es una línea étnico-racial, sería capaz de abrir la división más peligrosa en un sistema global ya amenazado por múltiples fracturas.

De entre los muertos

Todas estas tensiones ensanchan otras divisiones globales. El auge del fanatismo religioso (al que conviene diferenciar del simple integrismo) promueve en todo el mundo la paranoia y el odio. Una minoría de extremistas islámicos conjura fantasías de una nueva cruzada, con la unión de una *yihad* o guerra santa de todo el mundo musulmán contra la judeocristiandad. Por otro lado, los fascistas de Europa occidental se presentan como los últimos defensores de la cristiandad frente a un islam asesino. Desde Rusia, donde los fascistas se envuelven en la bandera del cristianismo ortodoxo, a la India, donde se llevan a cabo pogromos de musulmanes, y el Oriente Próximo, donde Irán alienta el terror en nombre del islam, el mundo contempla asombrado a millones y millones de individuos que parecen dispuestos a retroceder hasta el siglo XII.

Este resurgir súbito y aparentemente inexplicable de la religión en general y del integrismo en particular sólo se torna comprensible en el contexto del enfrentamiento de civilizaciones. Cuando la segunda ola comenzó a extender la civilización industrial en Europa occidental, la Iglesia, gran terrateniente típico, se unió a las elites agrarias de la primera ola contra las nacientes clases comerciales-industriales y sus aliados intelectuales y culturales. Éstos a su vez atacaron a la religión como fuerza reaccionaria, anticientífica y antidemocrática e hicieron del secularismo la impronta virtual de la civilización industrial.

Esta gran guerra cultural, que hirvió a lo largo de dos siglos, determinó eventualmente el triunfo del modernismo, la cultura de la industrialización. Así pues, se crearon escuelas e instituciones seculares y se vivió un retroceso generalizado de la religión en los países industrializados. «¿Ha muerto Dios?», preguntaba la revista *Time* en una portada de abril de 1966.

Sin embargo, hoy en día, con las economías de la tercera ola ya en marcha y con la civilización de la segunda ola en crisis terminal, el secularismo es presa de un ataque en pinza. Por un lado, es vilipendiado por los extremistas religiosos que nunca renunciaron a su odio a la modernidad y desean reinstaurar los integrismos preindustriales. Por otro lado, es atacado por los cada vez más numerosos movimientos espirituales y religiosos de la «nueva edad», muchos esencialmente paganos pero, a pesar de todo, religiosos.

Tanto en Estados Unidos como en el mundo en general, el secularismo de la segunda ola ya no es considerado automáticamente como la filosofía avanzada y progresista del futuro.

A escala mundial, la vuelta a la religión constituye el reflejo de la búsqueda desesperada de algo que sustituya a las creencias desaparecidas de la segunda ola, tanto si se trata de marxismo o de nacionalismo como, viniendo al caso, de cientifismo. El mundo de la primera ola se alimenta con recuerdos de la explotación de la segunda ola. Así, es el regusto del colonialismo lo que torna a las poblaciones islámicas de la primera ola tan resentidas con Occidente. Es el fracaso de socialismo lo que empuja a los yugoslavos y a los rusos hacia un delirio chovinista y religioso. Son la alienación y el miedo a los inmigrantes los que impulsan a muchos europeos occidentales a un furibundo racismo que se camufla como defensa del cristianismo. Son la corrupción y los fallos de las formas democráticas de la segunda ola los que muy bien podrían enviar a algunas repúblicas ex soviéticas al autoritarismo ortodoxo o al fanatismo musulmán.

Pero las pasiones religiosas, tanto las genuinas o como las enmascaran otros sentimientos, pueden ser avivadas por políticos demagogos y con harta facilidad pueden ser convertidas en violencia febril. La pesadilla étnico-religiosa de los Balcanes prefigura simplemente lo que cabría muy bien que sucediese en cualquier lugar del mundo.

La revolución incontenible

Estas divisiones que se multiplican y ensanchan representan amenazas a la paz en gran escala durante las próximas décadas. Todas ellas proceden del conflicto fundamental de nuestra era, suscitado por el auge de una civilización nueva y revolucionaria que no puede quedar contenida dentro de la estructura bisecada del poder mundial surgida tras la revolución industrial.

Lo que veremos en las próximas décadas es una trisección gradual del sistema mundial en estados de la primera, la segunda y la tercera olas, cada uno con sus propios intereses vitales, sus propias elites enfrentadas, sus crisis y sus proyectos. Éste es el gran contexto histórico en el que puede observarse la conversión civil de la guerra, la proliferación de las armas nucleares, químicas y biológicas y de los misiles y la aparición de una forma bélica de la tercera ola que carece por completo de precedentes.

La humanidad se precipita hacia un período diferente y extraño de su historia. Quienes deseen impedir o limitar la guerra deben tomar en consideración estos nuevos hechos, advertir las conexiones ocultas entre ellos y reconocer las oleadas de cambio que transforman nuestro mundo.

En el período de turbulencia y de peligros extremados que sobreviene, la supervivencia dependerá de que hagamos algo que nadie ha hecho al menos durante dos siglos. Del mismo modo que hemos inventado una nueva forma bélica, tendremos que inventar una nueva «forma de paz».

Y de esto es de lo que tratan las restantes páginas de este libro.

SEXTA PARTE

PAZ

XXIII. SOBRE LAS FORMAS DE LA PAZ

Uno de los más famosos relatos de combates de toda la cultura occidental es la narración bíblica de la lucha del israelita David contra el filisteo Goliat. El insignificante David mata a su gigantesco antagonista con la ayuda de un arma de tecnología avanzada, la honda.

Su duelo constituye un ejemplo de uno de los métodos de salvar vidas introducido por los pueblos primitivos para tornar mínimos los efectos de la violencia. En lugar de luchar entre sí tribus o clanes enteros, muchos grupos primitivos zanjaban sus disputas concertando un combate singular para el que elegían a un campeón que representara a cada bando[1].

En la leyenda homérica, el griego Menelao y el troyano Paris libran un duelo igualmente decisivo. Los antropólogos han hallado pruebas de combates singulares entre las tribus de los tlingit en la Alaska meridional, los maoríes de Nueva Zelanda y otras comunidades desde Brasil a Australia.

Otra innovación social que salvaba vidas entre ciertas tribus primitivas era la inmunidad, por ejemplo, de mujeres y niños, de los neutrales o de los mensajeros enviados por el enemigo. Una tercera idea exceptuaba no a personas sino a ciertos sitios (sabemos que en las Nuevas Hébridas, las tribus en guerra marcaban un inviolable «sendero de paz»). Asimismo existía una convención que fijaba épocas en que la lucha debía cesar, un tiempo, por ejemplo, para celebrar determinadas ceremonias religiosas.

Con el surgimiento de la civilización de la primera ola, apareció una forma característica de paz que se correspondió con su forma bélica, es decir una nueva serie de métodos para prevenir la guerra o mitigar su violencia.

Por ejemplo, la revolución de la primera ola que elevó la guerra por encima del nivel de las escaramuzas tribales también cambió el destino de los cautivos. Hasta entonces los prisioneros vivos resultaban inútiles para la tribu victoriosa, sólo utilizaban a los hombres como sustitutos de los guerreros caídos o a las mujeres para la reproducción. Pero, una vez que la agricultura tornó posible la creación de excedentes agrícolas y los prisioneros pudieron generar más víveres de los precisos para alimentarles, fue más beneficioso esclavizarles que devorarles o matarles. Por horrible que la esclavitud fuese, constituyó una de las numerosas innovaciones de la primera ola que tuvo el efecto de reducir el número de muertos en el campo de batalla. Era parte de la forma de paz de la civilización de la primera ola.

Lo mismo sucedió con la llegada de la revolución industrial: la civilización de la segunda ola también creó sus propios métodos bélicos y una forma de paz correspondiente.

Cuando surgió, por ejemplo, la industrialización en Europa occidental, se otorgó un gran énfasis a las relaciones contractuales. Los contratos se convirtieron así en parte de la vida económica cotidiana. Los sistemas políticos se hallaban típicamente justificados en términos de un «contrato social» entre dirigentes y dirigidos. Fue un paso natural de las naciones de la segunda ola firmar contratos unas con otras. Los tratados y los acuerdos se convirtieron de este modo en elementos clave de la forma de paz de esta etapa de la historia. Algunos fijaron límites éticos a la conducta del soldado.

Aunque «las ideas humanitarias existan desde hace miles de años... –declara un informe del Departamento de Investigaciones sobre la Paz y el Conflicto de la Universidad sueca de Upsala–, sólo en los siglos XVII y XVIII los estados de Europa formularon unos artículos de guerra, que fijaron ciertas reglas normativas para el tratamiento de los beligerantes»[2].

Estos códigos establecieron la base de tratados, usos y decisiones judiciales. En 1864 las naciones acordaron considerar como neutrales a los médicos y los enfermos, fuera cual fuese su nacionalidad, que atendieran a los soldados heridos y enfermos en el campo de batalla. En 1868 se prohibieron ciertas balas explosivas. En 1899, durante la I Conferencia de Paz en La Haya se debatió (pero no se aceptó) una moratoria sobre armamentos. Se impuso, empero, restricciones a armas y métodos bélicos, como el empleo de proyectiles lanzados desde globos, y se estableció un tribunal de arbitraje para las disputas entre las naciones.

Desde entonces el mundo ha negociado tratados, acuerdos y otros pactos para prohibir o limitar las armas químicas y bacteriológicas, humanizar aún más el trato de los prisioneros de guerra, impedir el genocidio y restringir las armas nucleares. Pero la impronta industrial en el «trabajo por la paz» fue mucho más allá de las disposiciones contractuales.

Los renovadores que constituyeron las sociedades de la segunda ola crearon mercados nacionales y dieron lugar a lo que hoy en día concebimos como nación Estado. La guerra pasó de los conflictos entre ciudades-Estado o familias reales a la violencia organizada por naciones enteras cuyos gobiernos controlaban economías integradas de carácter nacional.

Asimismo, los renovadores racionalizaron la imposición fiscal (proporcionando a los gobiernos nacionales más fondos para guerras), vincularon sus poblaciones a sistemas nacionales de transporte y comunicaciones y llenaron las cabezas de la población con propaganda nacionalista bombeada por sus colaboradores intelectuales y por los medios nacionales de comunicación.

También se crearon para el mantenimiento de la paz instituciones totalmente nuevas. Al proceder así, no es sorprendente que todos los esfuerzos se concentraran en las naciones.

La Sociedad de Naciones tras la Primera Guerra Mundial y la ONU tras la Segunda Guerra Mundial difirieron en muchos aspectos; pero ambas fueron constituidas en torno de las naciones. Las dos organizaciones reconocieron la soberanía nacional, la inviolabilidad de todas las fronteras nacionales y el derecho de las naciones independientes (y sólo de éstas) a estar plenamente representadas en su seno.

El concepto mismo de «seguridad nacional», en cuyo nombre se produjo el vasto desarrollo militar del pasado medio siglo, refleja un énfasis en la paz y en la seguridad de las naciones, diferenciadas de la paz dentro de las naciones o la paz de las religiones, los grupos étnicos o las civilizaciones.

La Sociedad de Naciones, exaltada en su tiempo como una esperanza para la humanidad, se redujo a la insignificancia en la década de los años treinta e hizo poco por impedir la Segunda Guerra Mundial. La ONU, paralizada por la guerra fría durante la mayor parte de su existencia, ha comenzado a salir actualmente de su coma precisamente en el momento en que su unidad fundamental –la nación Estado– se está tornando menos, y no más, importante en el orden global. Y estas instituciones fueron desde luego concebidas fundamentalmente para impedir el tipo de contiendas de destrucción masiva de la segunda ola.

En consecuencia, la civilización de la segunda ola, exactamente igual que antes lo hiciera la de la primera, inventó una forma de paz de acuerdo con sus característicos métodos bélicos.

Tal como sucede con la forma bélica, la creación de una nueva concepción de paz no elimina la anterior existente. Pero una nueva forma bélica crea nuevas amenazas para la paz, determinando así, habitualmente tras un larguísimo lapso de tiempo, una nueva forma de paz que se corresponda con las nuevas condiciones y con el carácter de la civilización en cuestión.

La crisis con que se enfrenta el mundo en la actualidad estriba en la ausencia de una forma de paz de la tercera ola que se corresponda con las nuevas condiciones en el sistema global y con las realidades de la forma bélica de esta etapa histórica.

XXIV. LA PRÓXIMA FORMA DE LA PAZ

Hacer la paz no puede depender de la solución previa de todos los males morales, sociales y económicos del mundo. Es posible que tengan razón quienes dicen que la guerra es un resultado de la pobreza, la injusticia, la corrupción, la superpoblación y la miseria, aunque la fórmula parece excesivamente simplista. Pero si hay que eliminarlas antes de que la paz sea viable, entonces la prevención o limitación de la guerra se convierte en un ejercicio utópico.

El problema no consiste en el modo de promover la paz en un mundo perfecto, sino en hacerlo en el que actualmente tenemos y en el nuevo que estamos creando. En el mundo real actual contamos con un nuevo sistema global en proceso de creación y con una forma nueva de hacer la guerra y, sin embargo, son escasas hasta el momento las innovaciones correspondientes en el modo de tratar de conseguir la paz.

En 1931, un autor británico, A. C. F. Beales, comenzaba su libro *The history of peace* con la observación de que «todas y cada una de las ideas hoy vigentes acerca de la paz y de la guerra son las que hace un siglo postulaban diversas instituciones»[1]. Se refería a la época en que se constituyeron en Inglaterra, en 1815, las primeras «sociedades pacifistas». Éstas surgieron precisamente en el período en que Napoleón había desarrollado y extendido rápidamente la forma bélica de la segunda ola, y a lo largo de los años estas instituciones contribuyeron a su vez a la elaboración de lo que sería la forma de paz de la segunda ola. Pero ya no resultan admisibles los supuestos más fundamentales sobre los que se creó esa vivencia de la paz.

Está ya anticuada, por ejemplo, la idea de la segunda ola de que los gobiernos nacionales son los únicos que pueden mandar una fuerza militar. Se pueden ver cada vez más unidades militares desgajadas del control de un Gobierno central. Algunas, como en Rusia, se encuentran de hecho bajo el control de intereses económicos locales; otras, como en las regiones productoras de droga, pueden venderse a sindicatos del crimen; hay unas terceras que actúan al servicio de movimientos étnicos o religiosos, y también existen las que operan con independencia de cualquier autoridad exterior. Algunas, como las de los serbios de Bosnia, corresponden simultáneamente a varias de estas categorías. Tras el desarrollo de la tercera ola, es posible que se lleguen a conocer más variedades. ¿Cuáles son exactamente las nuevas amenazas a la paz, si la nación Estado está perdiendo su «monopolio de la violencia»? ¿Qué clase de orden global puede hacer frente a la violencia desmonopolizada?

Generaciones enteras de antibelicistas de la segunda ola hicieron campañas contra el complejo industrial-militar. Pero ¿qué sucede cuando éste se convierte, como hemos visto, en un complejo civil-militar? ¿Se debe montar una campaña política, con pancartas incluidas, para protestar contra la fabricación de algún producto civil inocente que simplemente tiene una aplicación militar?

Durante el período de la segunda ola los activistas de la paz se opusieron sistemáticamente a las exportaciones de armas; pero ahora resulta que el armamento de la segunda ola y el de la tercera son muy diferentes. ¿Deben considerarse iguales unas armas para la matanza indiscriminada y otras concebidas para que sean mínimas las bajas colaterales? Si se ignora esta distinción, ¿no se estará pasando por alto modos importantes de reducir la hemorragia en los próximos años?

Oponerse a la guerra en sí misma es moralmente satisfactorio. Pero en un mundo que se divide rápidamente en civilizaciones de la primera, la segunda y la tercera olas, hay que evitar o limitar tres formas claramente diferentes de actividad bélica junto con sus diversas combinaciones. Es posible que cada una de ellas requiera una serie diferente de respuestas de quienes defienden la paz o la logran.

Ahí está la ONU, donde tantos millones de personas de todo el mundo ponen sus más fervientes esperanzas de paz. Asumir, como muchos hacen, que la paz se hallaría más asegurada si esta organización dispusiera de su propio brazo armado permanente y para todos los fines en vez de unas fuerzas modulares concebidas para cada misión es aplicar un modo de pensar anacrónico de la segunda ola. La variedad de guerras requiere una variedad de fuerzas antibélicas, no una unidad singular concebida para todos los propósitos.

Por desgracia, resulta igualmente ingenuo suponer que la ONU, con su actual estructura, podría extinguir las llamas de la guerra sólo con que contara con el apoyo financiero adecuado. Son demasiadas las cosas que no puede hacer esta organización internacional, aunque dispusiera de todo el dinero que pretende.

El hecho mismo de que la ONU conste exclusivamente de naciones-Estado representa una camisa de fuerza en el mundo actual. La posibilidad de que esta organización opere con entidades privadas no lucrativas en zonas catastróficas, por ejemplo, o de que extienda el rango «consultivo» a otras organizaciones no gubernamentales enmascara una realidad más grave: estas entidades así como los agentes no estatales son considerados todavía por la ONU como una molestia en el mejor de los casos y, en el peor, como una fuente rival de poder. Según la National Public Radio, las fuerzas de la ONU en Bosnia se negaron a proteger un convoy de ayuda humanitaria organizado conjuntamente por organizaciones asistenciales católicas y musulmanas. Los cascos azules explicaron que su mandato no se extendía a la protección de los esfuerzos de entidades particulares. Pero en un mundo donde las fuerzas no nacionales ejercen un poder cada vez mayor, no es posible lograr o mantener la paz sin su concurso. Para que la ONU opere eficazmente en las Bosnias y

Camboyas del futuro tendrá que compartir poder en el nivel más alto con estas organizaciones no gubernamentales, por no mencionar a las empresas mundiales y a otras entidades. Todos habrán de intervenir plenamente en la formulación de las estrategias de la ONU para la paz.

Si el dinosaurio de la ONU no puede dejar de ser una organización burocrática de la segunda ola y convertirse en una organización más flexible de la tercera, que represente junto con las naciones a agentes no estatales, surgirán centros que compitan por el poder global en competencia, entidades similares a la ONU, constituidas por estas diferentes agrupaciones excluidas.

Diplomacia en apuros

Los supuestos e instituciones de la segunda ola contribuyeron a la parálisis del mundo ante la reciente violencia en los Balcanes, con todas sus atrocidades, violaciones en masa y «limpieza étnica» al estilo nazi. Vale la pena examinar brevemente esta guerra puesto que es un modelo posible de otras que aún no han estallado.

Lo que el mundo contempla en los Balcanes es, en parte, una contienda de la primera ola, librada por fuerzas irregulares mal armadas, mal adiestradas, apresuradamente organizadas e indisciplinadas. Algunas cuentan con el apoyo de militares de la segunda ola de la antigua Yugoslavia. La ONU no está dispuesta a luchar. Los europeos y los norteamericanos no quieren librar una guerra de la primera o de la segunda ola, arguyendo que los Balcanes son simplemente un cenagal.

Pero no se ha hecho ningún intento de explotar la forma bélica de la tercera ola que, como veremos más adelante, podría haber reducido la matanza. El mundo contempla, por el contrario, una miopía estratégica, una hipocresía moral, un forcejeo fútil acerca del empleo de la fuerza aérea e interminables titubeos diplomáticos.

Suponiendo que el mundo exterior desease realmente acabar con los horrores de esa guerra (lo que resulta por lo menos discutible), la cuestión nunca ha sido si la fuerza aérea podría contribuir o no a sofocar la lucha. La auténtica cuestión no estriba en el aire, la tierra o el mar, sino en la primera, la segunda o la tercera olas. Como advertiremos, ha existido la posibilidad de tomar medidas para reducir al mínimo la tragedia sin arriesgar fuerzas terrestres o pilotos.

No se ha visto en esta guerra ni imaginación ni reflexión alguna fuera del marco convencional de referencia de la segunda ola. Aun suponiendo que se requiriesen fuerzas terrestres, no se han explorado muchas opciones. ¿No existen alternativas si, por razones políticas, tales fuerzas no pueden proceder de la ONU o de Europa o de Norteamérica?

PAZ, SA

Ya que las naciones han perdido el monopolio de la violencia, ¿por qué no considerar la creación de fuerzas voluntarias de mercenarios organizadas por entidades privadas para librar guerras sobre la base de una remuneración contratada por la ONU, los *condottieri* de ayer armados con algunas de las armas del mañana, incluyendo las no letales?

Los gobiernos que no quisieran enviar a sus jóvenes a morir en combate contra fuerzas irregulares serbias, croatas o bosnias, en las que figuran violadores y genocidas, tal vez mostrasen menos reservas a la hora de permitir que la ONU recurriera a una fuerza armada apolítica y profesional, constituida por voluntarios de muchas naciones, una unidad de despliegue rápido. O una contratada sólo por la ONU.

Claro está que habría que fijar unas normas internacionales estrictas para impedir que estas empresas se tornaran incontrolables: consejo directivo multinacional, inspección oficial de su financiación, tal vez acuerdos especiales para alquilarles equipos con fines concretos en vez de permitir que constituyeran inmensos arsenales propios. Pero si los gobiernos son incapaces de desempeñar directamente la tarea, el mundo muy bien puede recurrir a empresas que consigan realizarla.

En cambio, cabe imaginar también la creación algún día de unas «sociedades de paz» con estatuto internacional, cada una de ellas asignada a una región del globo. En vez de ser remuneradas por librar una contienda, su única fuente de beneficios procedería de la limitación de la guerra en su comarca. Su «producto» consistiría en la reducción de bajas en comparación con las registradas en algún período que se tomara como base.

Reglas especiales con sanción internacional permitirían a estas empresas una amplia libertad militar y moral para realizar operaciones heterodoxas de pacificación, para hacer lo preciso, desde el soborno legalizado, la propaganda a la intervención armada limitada y la instalación de fuerzas pacificadoras en la región. Cabría hallar inversionistas privados que financiaran este tipo de empresas si, por ejemplo, la comunidad internacional o unos grupos regionales accediesen a pagar unos honorarios por sus servicios más una subvención adicional en los años en que hubieran menos bajas. Y si esto no funcionara, quizá haya otros medios de sembrar por el mundo instituciones muy motivadas que preserven la paz. ¿Por qué no hacer que la paz sea rentable?

Todas estas ideas parecen ridículas y quizá lo sean. Pero, buenas o malas, se hallan fuera del marco común de referencia y han sido citadas aquí sólo para ilustrar que tal vez hallemos alternativas imaginativas para superar la parálisis que existe al respecto, si reflexionamos al margen del marco convencional de la segunda ola.

Cielos y mentes abiertos

A veces es posible promover la paz con medidas económicas o impuestas por la fuerza; pero éstos no son los únicos instrumentos disponibles. En el alba del siglo XXI la paz requiere la aplicación quirúrgica de un arma menos tangible, pero con frecuencia más potente: el conocimiento.

Desde luego, resultará inadecuada cualquier reflexión acerca de la paz que ignore el recurso económico crucial de la civilización de la tercera ola, que es también la clave de su poder militar. Después de todo, ¿no tendrán éxito algunos esfuerzos antibélicos gracias a la superioridad de la información que asimismo permite la victoria en ciertas guerras?

Lo que se echa de menos palpablemente, en el momento incluso en que los ejércitos comienzan a reflexionar en términos estratégicos sobre el empleo del conocimiento, es un conjunto de estrategias coherentes del conocimiento para la paz.

Existen desde hace mucho tiempo elementos rudimentarios de esas estrategias, aunque no se considere necesariamente la relación que los une. Por ejemplo, el concepto de «transparencia».

La idea de que el acceso pleno a la información militar puede reducir suspicacias y proporcionar a todos los bandos una amplia advertencia acerca de posibles evoluciones amenazadoras respaldó el proyecto «Cielos abiertos»[2] presentado por primera vez por el presidente Dwight Eisenhower al dirigente soviético Kruschev en la cumbre del 21 de julio de 1955.

Como un paso hacia la reducción de tensiones nucleares y del peligro de un ataque por sorpresa, Eisenhower propuso que Estados Unidos y la Unión Soviética «intercambiaran planos completos de los establecimientos militares, desde el principio hasta el fin, de un extremo al otro de cada uno de los países» y que cada nación otorgase a la otra medios para el reconocimiento aéreo «donde uno pueda hacer todas las fotografías que quiera y llevarlas a su país para estudiarlas».

Los soviéticos rechazaron inmediatamente esta idea. Mas a partir de entonces, durante las mismas décadas en que se contempló cómo la información cobraba una importancia progresiva en las economías avanzadas, muchas naciones comenzaron a aceptar la vigilancia, la observación mutua y la recogida de datos, incluyendo el derecho de un país a efectuar inspecciones «intrusas» en zonas de otra nación con el fin de comprobar que se cumplen los acuerdos sobre control de armamentos[3]. Por ejemplo, en 1971 el Tratado sobre Fondos Marinos permitió tanto a la ONU como a cualquier nación signataria exigir una comprobación. En 1986, 35 países representados en la conferencia de desarme de Estocolmo acordaron admitir las inspecciones *in situ*, con aviso inmediato y sin derecho a negativa. Claro está que el caso de Irak pone de relieve ciertas debilidades y la resistencia con que todavía tropiezan los inspectores extranjeros. Pero en la práctica internacional se ha incorporado ya el principio de la necesidad de datos, información y conocimientos en apoyo de la paz, y eso incluye el derecho de acceso.

En 1989 el presidente Bush revivió la propuesta de Eisenhower. Para entonces, los satélites y los detectores complejos en el espacio podían complementar el reconocimiento aéreo. Occidente brindaba así una versión más amplia de «cielos abiertos» amén de una inspección *in situ* de instalaciones militares no sólo en Estados Unidos sino también en Canadá y Europa. Los rusos estaban dispuestos a negociar, dijeron, y aceptaron permitir el empleo de un radar de abertura sintética, capaz de «ver» con cualquier tiempo y también de operar de noche; pero deseaban reducir la capacidad de definición de los detectores espaciales. Mientras que Occidente quería localizar con sus aparatos objetos de tres o más metros, los rusos pretendían fijar el límite en los diez metros.

Pero toda esta negociación peca de miope. Es probable que con el tiempo el espacio se pueble de muchos más satélites de vigilancia, incluyendo los comerciales, capaces de localizar objetos aún más pequeños, como tubos de morteros y armas portátiles; en el futuro resultará identificable el lugar que ocupe cada combatiente serbio, croata o bosnio; el mal tiempo y el terreno abrupto supondrán obstáculos menores: los cielos se abrirán, quiéranlo o no los gobiernos. Y no sólo los cielos, las profundidades submarinas y la propia superficie terrestre van a ser más transparentes.

En vez de lamentarnos del coste de las tecnologías espaciales de observación y de los detectores marítimos y terrestres, es preciso considerarlos como gastos sociales vitales para la conservación de la paz. Necesitamos acuerdos para compartir ampliamente tanto la información que dispensan como su coste. Y donde los mercados comerciales no basten para espolear su desarrollo, habrá que crear unos modelos multinacionales, quizá mezcla de lo público y lo privado.

El intercambio de datos, información y conocimientos en un

mundo cada vez más caracterizado por las carreras regionales de armamentos es una herramienta de la tercera ola para la paz.

Registro tecnológico

No todas las carreras armamentistas conducen a la guerra, tal como prueba la mayor de toda la historia, la desarrollada entre Estados Unidos y la Unión Soviética. Pero las ventas clandestinas de armas, las acumulaciones insólitas, las introducciones repentinas de armas en una región tensa y cambios sorprendentes en los equilibrios militares imposibilitan toda previsión y, en consecuencia, suscitan riesgo de violencias. Ante este panorama, la ONU ha propuesto la creación de un «registro de armas» que controlaría oficialmente las exportaciones e importaciones de los estados miembros. Algunos de los que, en Norteamérica, postulan el control de armamentos han sugerido que Estados Unidos prive de ayuda a los países que se nieguen a informar a la ONU sobre transferencias de armas.

La idea del registro presenta muchos fallos. Las transferencias más peligrosas son las que menos probabilidad ofrecen de ser divulgadas y tal proyecto da una vez más por supuesto que las naciones son los únicos agentes que cuentan. Sin embargo, la propuesta denota un nuevo reconocimiento de la importancia que para el mantenimiento de la paz tiene una información organizada.

Se necesita más, y no menos, información para disminuir en mayor grado la proliferación de las armas de destrucción masiva. Sobre todo tras el paso de tecnologías de uso único a las de empleo dual o múltiple, la vigilancia no debe circunscribirse a las armas sino que ha de englobar la difusión de tecnologías, incluyendo las anticuadas.

Cuando se trató de determinar si Irak fabricaba armas nucleares, la Agencia Internacional de Energía Atómica y otros expertos nucleares fueron engañados no sólo por Saddam Hussein y por la falta de datos sobre la existencia de tales armas, sino por una suposición vergonzosamente estúpida[4]. Todos estos especialistas rechazaron la idea de que Irak podía emplear la tecnología del calutrón para separar el uranio 235 del uranio 238, puesto que ya había medios más eficaces de lograr un material que pudiera ser empleado con fines bélicos. Pero Saddam prosiguió en su empeño por diversas vías, una de ellas fue precisamente utilizar técnicas consideradas anticuadas en el mundo de la tecnología avanzada.

«Es sorprendente», dijo Glenn T. Seaborg, ex presidente de la Agencia de Energía Atómica de Estados Unidos. «Es cataclísmico», afirmó Leonard S. Spector, especialista nuclear de la dotación Carnegie para la Paz Internacional. El comentario más corrosivo correspondió a J. Carson Mark, que trabajó en el laboratorio de Los Álamos donde se fabricaron las primeras bombas atómicas del mundo: «¿Por qué gastar tanto dinero en servicios de información cuando al parecer resulta evidente que no nos enteramos de nada?»

La experiencia iraquí ha demostrado que la mejor fuente informativa acerca de la proliferación de armas nucleares procede a veces del interior. Fue un disidente iraquí el que advirtió a Occidente del empleo de calutrones por parte de Saddam.

Si la clave de la acción antibelicista consiste en una mayor información, ¿por qué no reconocer su inmenso valor? ¿Por qué la dotación Carnegie para la Paz Internacional o alguna otra institución, o la ONU o, asimismo, la propia Agencia Internacional de Energía Atómica no anuncian a todo el mundo que ofrecen una recompensa de un millón de dólares a cualquiera que aporte datos verosímiles sobre contrabando nuclear o proliferación de armas? La oferta de poder hacerse millonarios fácilmente debería seducir bastante a los delatores. Un premio a la delación podría llegar a ser más eficaz que buena parte de la vigilancia que supuestamente protege hoy día al mundo de los horrores atómicos. ¿Por qué la Agencia Internacional de Energía Atómica no está pagando ya semejante información?

Pero, al margen del esfuerzo por detectar la difusión de armas específicas, en la actualidad es necesario tender una red mucho mayor y recoger datos sobre materiales y máquinas ya sean anticuados o productos de la más alta tecnología. Esto plantea a su vez problemas cognitivos difíciles si no insolubles. Por ejemplo, ante un agresor potencial es posible que sea más importante conocer sus programas informáticos que la maquinaria que posea. ¿Qué haremos entonces? Los que luchen contra la guerra tendrán que pensar en lógica, lenguajes, inteligencia artificial e incluso en epistemologías alternativas para su aplicación a la paz.

Sobre las futuras transacciones en armas gravitarán también nuevas preocupaciones, que obligarán asimismo a reconsiderar otros modos de actuar. Por ejemplo, ¿a quién se le debe permitir que adquiera de otros armas inteligentes?

Es posible que llegue el día, si aún no se ha dado el caso, en que se vendan armas de componentes suficientemente «inteligentes» para limitar (o prevenir) su empleo bajo condiciones especificadas de antemano. Los fabricantes de armas norteamericanos, franceses o rusos o de cualquier otro país de economía avanzada podrían, por ejemplo, introducir subrepticiamente *chips* autodestructivos en los aviones, las plataformas de cohetes, los carros de combate o los misiles que exporten, previendo la posibilidad de que el comprador se torne enemigo o venda el arma en cuestión a un adversario. Unas instrucciones determinarían la expulsión del piloto de un caza o la explosión de la aeronave. Tecnologías futuras basadas en datos de satélites de localización global serían verosímilmente capaces de programar un sistema de armas que fallase o un sistema de navegación que no funcionara una vez que el vuelo superase los límites geográficos fijados de antemano por el vendedor.

¿Son estas especulaciones simple ciencia ficción? No lo cree así un destacado ejecutivo de la industria bélica. De hecho, nos dijo: «Nosotros podríamos codificar todos los aviones que vendemos; podríamos incluir un identificador en todos los *chips* de aviones que exportamos a Oriente Próximo ... En caso de acción hostil, nosotros seríamos capaces de establecer comunicación con ese *chip* y lograr que fallase. Esto ha de suceder de una forma o de otra.» Ese ejecutivo no fue el único en hacer referencia a semejante posibilidad.

¿Lograría encontrar el comprador el componente introducido, prestando gran atención a lo que compre? «Es muy difícil –dicen los especialistas–, extremadamente difícil... casi imposible.»

De ser así, éste constituye un ejemplo de actividad bélica muy avanzada del conocimiento. Pero, de igual modo que los fabricantes de armas son capaces de *trucar* sus exportaciones, ¿no conseguirían los intrusos de los ordenadores acceder, supuestamente en beneficio de la paz, a los procesos de fabricación y reprogramar ciertos sistemas para que no funcionen nunca en combate?

LOS CRÍMENES IRRESUELTOS DEL MAÑANA

Asimismo, existe, como se ha señalado anteriormente, el problema de la fuga de cerebros, que probablemente se agravará en el futuro. En el sector privado surge todo un nuevo cuerpo legal referido a la propiedad intelectual. General Motors pretende litigar con un ex ejecutivo por haberse llevado a Volkswagen, según dice, catorce cajas de disquetes y documentos. IBM demanda a un antiguo empleado para impedirle que trabaje en Seagate, un fabricante de controladores de disco duro. Estas acciones representan tentativas de contener la fuga de cerebros entre empresas por razones puramente comerciales.

La rivalidad estriba simplemente en el dinero. A un nivel mucho más alto, se está viendo cómo los gobiernos occidentales aportan fondos para mantener empleados en Rusia a ciertos especialistas a fin de que no emigren a países volátiles, llevándose consigo lo que guardan en sus cerebros, técnicas de aplicaciones nucleares, por ejemplo.

Pero hay otra forma más drástica de control del saber. En 1980 Yahva El Meshad apareció muerto en una habitación del hotel Meridien de París. En marzo de 1990 otro hombre, llamado Gerald Bull, fue asesinado a tiros en Bruselas[5]. Ambos casos permanecen «irresueltos» hasta ahora.

Se sabe, sin embargo, que El Meshad, de nacionalidad egipcia, era una figura clave en el esfuerzo de Saddam Hussein por fabricar una bomba nuclear y que Bull, nacido en Canadá, trataba de construir un «supercañón» para Irak. A medida que el conocimiento se torne aún más valioso en términos económicos y militares, es muy probable que se sucedan en todo el mundo otros crímenes irresueltos.

En un mundo anárquico es posible imaginar que algunos países, o incluso algunas organizaciones privadas, pongan un precio a las cabezas de ciertos especialistas técnicos que hayan aportado su pericia a la construcción de armas prohibidas. Este tipo de asesinatos podrían incluso ser sancionados algún día por una autoridad regional o global, como perpetrados en interés de la paz, aunque es mucho más probable que se produzcan «no oficialmente». De un modo u otro, en la turbulencia anárquica del futuro, el control de las corrientes del conocimiento se convertirá en un asunto cada vez más importante para la paz y los pacificadores.

Trueque de armas

Las formas de la paz y de la guerra del mañana plantearán angustiosas cuestiones morales y obligarán a tomar duras decisiones. Por ejemplo, aparte de tratar de evitar que ciertos tipos de conocimientos técnicos lleguen a manos de perturbadores potenciales, quizá sea prudente que las naciones de tecnología más avanzada proporcionen información técnica aplicada a estados que no sean precisamente amigos.

Si algún «estado paria» logra desarrollar armas de destrucción masiva, el resto del mundo se enfrentará con una decisión crítica. ¿Es preferible que el gobierno proliferador mantenga esas armas bajo un control atento para que no caigan clandestinamente en manos de otros no autorizados? En caso afirmativo, ¿se le deberían facilitar unas tecnologías complejas de control como «enlaces de acciones toleradas»[6]? ¿O sería mejor mantener en la ignorancia al gobierno «malo», aunque eso supusiera el riesgo de una pérdida de control sobre sus armas de destrucción masiva? Una vez más, es necesario advertir que el control del conocimiento constituye la clave del proceso de conservación de la paz.

Más aún: puesto que las armas de conocimiento intensivo de la tercera ola son más precisas y en teoría pueden matar a menos soldados y civiles que las de destrucción indiscriminada de la segunda ola, ¿no iría mejor el mundo si las naciones de tecnología avanzada vendiesen armas de la tercera ola a ejércitos militarmente subdesarrollados, quedándose a cambio con sus armas de la segunda ola para destruirlas bajo supervisión internacional? ¿Qué tal un trueque semejante con armas no letales?

Estas ideas son sólo un atisbo de las extrañas cuestiones con que se enfrentarán en un futuro tanto los ejércitos como quienes postulan la paz.

Cuando se habla de una estrategia del conocimiento al servicio de la paz, ¿qué papel tiene que jugar el adiestramiento? ¿Deben establecerse centros internacionales de adiestramiento especializado para soldados asignados a la ONU, a otras misiones pacificadoras o a prestar ayuda en caso de desastres? ¿Qué decir de la aplicación de la simulación por ordenador en la mediación, la ayuda en siniestros, en situaciones de emergencia a causa del hambre y la resolución de conflictos interculturales?

Habrá que determinar sobre todo los tipos de patrones, análisis y recogida de datos que contribuyan a desplazar del presente al futuro todo el foco de la acción antibélica: la reflexión previsora en vez de esfuerzos contundentes después de que haya empezado a correr la sangre. Eso no sólo requiere un conocimiento de equilibrios militares, movimientos de tropas, etc., sino también información acerca de las facciones políticas y las presiones estructurales, los acicates y limitaciones que determinen en cada estado la toma de decisiones.

Finalmente, y esto nos devuelve a los Balcanes, ninguna estrategia cognitiva para la paz puede ignorar a una de las fuentes más importantes de información, contrainformación y desinformación, los medios de comunicación.

Los gobiernos europeos y norteamericano formularon largas listas de razones para no arriesgar ni tropas terrestres ni pilotos en defensa de los pueblos que sufren en los Balcanes, sean bosnios, croatas o serbios. Pero ningún gobierno ha explicado hasta ahora por qué no se han adoptado unas medidas por completo eficaces y baratas para sofocar o al menos limitar esa contienda.

La guerra no constituyó una erupción incomprensible de odio milenario entre pueblos que habían vivido en paz, juntos y consanguíneos durante generaciones. Fue deliberadamente provocada.

Cuando los dirigentes comunistas de diversas comarcas de Yugoslavia se hundieron en el descrédito durante la época posterior a la guerra fría, trataron de mantenerse en el poder sustituyendo la ideología marxista por el tribalismo religioso. Intelectuales irresponsables que medraban del poder les proporcionaron teorías de superioridad étnica o religiosa y una abundante munición hiperemocional. Los medios de comunicación aportaron la artillería.

En palabras de Milos Vasic, director de *Vreme*, la única revista independiente de Belgrado, la explosión de violencia fue «una guerra realmente artificiosa, producida por la televisión. Bastaron unos cuantos años de propaganda feroz, desenfrenada, chovinista, intolerante, expansionista y belicista para crear el odio suficiente con que desencadenar la lucha»[7].

Para entender lo sucedido, declaró Milos Vasic a unos norteamericanos de visita en plena guerra, «imagínense que en Estados Unidos cada pequeña emisora de televisión adoptase la misma posición política, conforme a las consignas de David Duke. Ustedes también tendrían guerra al cabo de cinco años». La periodista albanesa Violeta Orosi viene a decir otro tanto cuando afirma que «la desintegración de Yugoslavia comenzó como una guerra de los medios de comunicación»[8].

En todas las regiones los fanáticos controlaban los principales medios de comunicación; censuraban, aniquilaban o marginaban deliberadamente a los moderados. A pesar de todo eso, los grupos pacifistas y los diarios y las revistas de difusión limitada lucharon desesperadamente por sofocar las llamas del odio. Verna Pesic, director del Centro de Acción contra la Guerra, en Belgrado, suplicó al mundo exterior que reconociera la existencia de «quienes no apoyan las políticas nacionales de odio y de guerra». Hubo marchas por la paz en Belgrado. Incluso en Banja Luka, plaza fuerte de los serbios de Bosnia, y en plena contienda, un grupo de bosnios, serbios y croatas constituyeron una organización denominada Foro Cívico para luchar contra los odios étnicos y religiosos.

Pero ninguna de las potencias occidentales, Estados Unidos, Francia, Alemania y el Reino Unido –por no citar al resto del mundo– proporcionó ayuda económica o política a quienes desde el interior se oponían a una guerra cuya carnicería denunciaban diariamente esos mismos gobiernos. Tampoco éstos ni la ONU concibieron algo semejante a una estrategia informativa que contrarrestara la propaganda del odio y moderase la violencia.

Frente a la costa los buques de guerra supervisaban el embargo de armas; pero con transmisores en las cubiertas de esas naves o instalados en suelo próximo de Italia o Grecia, la propia ONU podría haber prestado fácilmente una voz para los moderados silenciados en cada región, inyectando un poco de cordura a esas ex repúblicas yugoslavas. ¿Por qué no un embargo de la propaganda del odio junto a un embargo de las armas? Si hubiesen querido, la ONU o las grandes potencias habrían interferido los programas locales. Asimismo, tanto esa organización internacional como los gobiernos occidentales tenían la posibilidad de controlar todos los servicios postales y las telecomunicaciones hacia y desde los países en guerra. Pero no sucedió nada de eso.

Durante la guerra del Golfo, los expertos en guerra psicológica dejaron caer sobre Irak veintinueve millones de octavillas. ¿No habrían podido lanzar unos cuantos miles de receptores baratos y minúsculos sintonizados con una «frecuencia de la paz» para que los combatientes escuchasen algo mejor que las mentiras de su propio bando?

En Norteamérica, Grace Aaron, del comité directivo de Acción por la Paz[9] de California del Sur, suplicó a la Agencia de Información de Estados Unidos que «iniciase frente a la costa unas emisiones que permitieran a los ciudadanos de todas las ex repúblicas yugoslavas recibir una información precisa e imparcial sobre la guerra» no sólo en las zonas de combate sino también en Belgrado y Zagreb.

Otros apremiaron a Radio Europa Libre o a Radio Liberty para que asumiesen esta tarea. ¿Dónde estaban la BBC o la CNN? ¿Y la NHK del Japón pacifista? Una simple traducción de sus emisiones regulares podría haber fortalecido a quienes deseaban acabar los combates.

Fue preciso que transcurrieran dos años de guerra para que Norteamérica anunciase por fin la creación de una Radio Serbia Libre[10], pero sólo en onda corta; se explicó de mala manera que las emisiones en onda media requerirían transmisiones más potentes cerca del área en cuestión. En 1920 la compañía Marconi emitió desde el Reino Unido un recital de la soprano Nellie Melba[11] que fue captado nada menos que en Grecia, y sin embargo en 1993 resulta en cierto modo imposible llegar a Zagreb o a Belgrado desde Italia o un área cercana del mar (!). Para entonces había en Serbia y Montenegro quinientas mil antenas parabólicas y cuarenta mil más en Croacia, pero ningún organismo internacional aprovechó esta circunstancia.

En la era digital, cuando el mundo se precipita hacia una época de medios de comunicación globales e interactivos y las gigantescas redes de medios se apresuran a sacar partido de las futuras tecnologías de la comunicación, la propaganda pacifista continúa todavía en el tiempo de la onda corta.

Lo que se precisa de manera evidente, y no sólo por parte de Norteamérica sino también de la propia ONU, si pretende proseguir su misión pacificadora, es una fuerza emisora preparada para una intervención rápida en una contingencia, capaz de llegar a cualquier parte, instalarse y empezar a transmitir noticias para los que carecen de información, y no sólo por radio sino también por televisión.

Según Aaron, que ha producido programas para la televisión

norteamericana por cable sobre la guerra y la paz, los grupos balcánicos son «increíblemente sofisticados en sus medios de propaganda». Ella ha recibido vídeos propagandísticos de los tres bandos en liza, algunos claramente adulterados. Varios procedían de programas de la televisión serbia, captados vía satélite en Estados Unidos y grabados para su distribución entre activistas norteamericanos proserbios.

Pese a la persecución por parte de fanáticos y de los propios gobiernos de cada una de las regiones en guerra, los periodistas, los comentaristas y los equipos de televisión y otras personas pugnan por revelar la verdad. Y Aaron afirma: «Los grupos y los medios de comunicación pacifista deberían haber recibido al menos algún equipo, ordenadores portátiles, videocámaras, magnetoscopios, impresoras de láser, módems, programas informáticos y abonos a los servicios informativos del mundo exterior.»

Pero no se refiere exclusivamente a los Balcanes: «Vamos a ser testigos de una epidemia de conflictos regionales. Éstos significarán la bancarrota de las naciones de tecnología avanzada si estas últimas tratan de sofocarlos con la fuerza militar. ¿Por qué no emplear "armas inteligentes" para la paz?»

¿Por qué no, por ejemplo, unos miniseriales de televisión donde, en vez de narcotraficantes, proxenetas, gángsters y policías corrompidos, el protagonista sea un casco azul de la ONU o una de las personas heroicas que se alzan contra la limpieza étnica con riesgo de sus propias vidas?

Por sí solas, las armas del conocimiento, aunque incluyan el empleo de los medios de comunicación quizá no basten para impedir una guerra o limitar su difusión. Pero resulta inexcusable que no se desarrollen estrategias sistemáticas utilizables. La transparencia, la vigilancia, el control de armamentos, el empleo de tecnología de la información, los servicios informativos, la interdicción de servicios de comunicación, la propaganda, el paso de las armas mortales a las de letalidad baja o nula, el adiestramiento y la educación son todos ellos elementos de una forma futura de paz.

Aunque a menudo los ejércitos y los movimientos pacifistas

aborden las cuestiones desde posiciones diametralmente opuestas, hay veces en que sus intereses coinciden realmente. Si había razones morales y estratégicas para que Estados Unidos hubiese preferido la estabilidad a la guerra en los Balcanes, al desarrollar una estrategia del conocimiento para el logro de este objetivo los militares podrían haber colaborado con los pacifistas norteamericanos en apoyo de sus colegas bloqueados en la zona de guerra. Los pacifistas habrían requerido de los militares naves desde donde transmitir programas de radio o aviones para enviar equipos de comunicación a los balcánicos moderados.

Existe desde luego un nivel más hondo donde la paz y el pacifismo dependen del conocimiento. En un documento elaborado para una conferencia de militares y expertos en información de Estados Unidos, la doctora Elin Whitney-Smith, directora de Micro Information Systems, Inc., ha señalado, como nosotros llevamos haciéndolo desde hace años en nuestros libros, que un amplio acceso a la información y a la comunicación constituye un requisito previo del desarrollo económico. Dado que la pobreza no hace buenas migas con la paz, Whitney-Smith propuso el empleo de «nuestros militares y el poder de la revolución digital para conseguir del resto del mundo tanta información y tanta tecnología de la información [como sea posible] con el fin de que los habitantes de las naciones subdesarrolladas puedan llegar a ser parte de la comunidad global...

»En interés de la seguridad nacional –añadió–, tenemos que utilizar ese conocimiento para llevar la prosperidad al resto del mundo antes de que todos sus pobladores se tornen inmigrantes, refugiados o pensionistas de Occidente»[12].

Sus palabras sonarán indudablemente utópicas en muchos oídos; pero harán falta cuantas ideas de la tercera ola se puedan conseguir, junto con los esfuerzos de pacifistas y soldados, para sobrevivir a los cataclismos que acompañarán a la trisección del sistema global.

El antiguo orden mundial, construido a lo largo de siglos de industrialización, ha quedado hecho añicos. Tal como se ha expuesto en el presente libro la aparición de un nuevo sistema de creación de riqueza y de una nueva forma bélica exigen una forma nueva de la paz, pero a menos de que ésta refleje con precisión las realidades del siglo XXI, resultará quizá no sólo irrelevante sino además peligrosa.

Mas para diseñar una forma de paz del futuro, se necesita un mapa preliminar del sistema global del siglo XXI. Ese mapa quedará trazado en las páginas que siguen.

XXV. EL SISTEMA GLOBAL DEL SIGLO XXI

Pocas palabras se manejan ahora con tanta imprecisión como el término «global». Se dice que la ecología constituye un problema «global». Se afirma que los medios de comunicación están creando una aldea «global». Las empresas anuncian orgullosamente su «globalización». Los economistas hablan de crecimiento o de recesión «global». Y no hay político, funcionario de la ONU o santón de los medios de comunicación que no esté dispuesto a adoctrinarnos acerca del «sistema global».

Hay desde luego un sistema global, pero éste no es lo que la mayoría de la gente se imagina.

Los esfuerzos por prevenir, limitar, acabar o zanjar contiendas, tanto acometidos por ejércitos como por activistas de la paz o cualesquiera otras personas, exigen un cierto entendimiento del sistema dentro del cual se produce la guerra. Si nuestro mapa del sistema es obsoleto, porque lo presenta tal como era ayer y no como empieza velozmente a ser, incluso las mejores estrategias en pro de la paz pueden desencadenar algo opuesto. Por ese motivo la reflexión estratégica sobre el siglo XXI debe empezar con un mapa del sistema global del mañana.

Culpar al final de la guerra fría

La mayoría de las tentativas de cartografiar el sistema comienzan con el final de la guerra fría, como si éste fuese la fuerza principal que lo cambia. El final de la guerra fría continúa ejerciendo un impacto en el sistema global; pero, según la tesis de este libro, los cambios debidos a la quiebra de la Unión Soviética resultan secundarios y, de hecho, el sistema global se vería sometido a un trastorno revolucionario, aunque no se hubiera desplomado el muro de Berlín y todavía existiese la Unión Soviética. Culpar de los cataclismos actuales al final de la guerra fría es renunciar a la reflexión.

Por el contrario, la humanidad presencia la repentina erupción en el planeta de una nueva civilización, que conlleva un modo de conocimiento intensivo de creación de riqueza que está trisecando y que transforma ahora el conjunto del sistema global. Todo ese sistema cambia ya, desde sus componentes básicos al modo en que se interrelacionan, a la velocidad de sus interacciones, a los intereses por los que contienden los países, a los tipos de guerras que pueden resultar y que es preciso prevenir.

La aparición del Estado impreciso

En principio, cabe analizar los componentes. Durante los tres últimos siglos la unidad básica del sistema mundial ha sido la nación-Estado; pero esta pieza de construcción del sistema global está a su vez cambiando.

El hecho sorprendente es que aproximadamente una tercera parte de los actuales miembros de la ONU se halla amenazada por significativos movimientos rebeldes, disidentes o gobiernos en el exilio. Desde Birmania con sus masas de fugitivos musulmanes y sus rebeldes armados Karen, hasta Mali, donde la tribu tuareg reclama la independencia, de Azerbaiyán a Zaire, los Estados nacionales se enfrentan con el tribalismo prenacional, aunque en sus consignas se aluda a veces a la nacionalidad.

Cuando Warren Christopher, que evidentemente no es un

alarmista, compareció ante la Comisión de Relaciones Exteriores del Senado norteamericano antes de tomar posesión del cargo de secretario de Estado, advirtió que «si no hallamos algún modo de que diferentes grupos étnicos puedan vivir juntos en el país ... tendremos cinco mil naciones en vez del centenar largo con que ahora contamos»[1].

En Singapur nosotros hablamos con el viceprimer ministro George Yao, que estudió en Cambridge y Harvard. General de brigada a los 37 años y con una mente analítica, Yao imagina una futura China compuesta por centenares de ciudades-Estado como Singapur[2].

Muchos de los actuales Estados van a fragmentarse o transformarse y es posible que las unidades resultantes no sean en absoluto naciones integradas, en el sentido moderno, sino una variedad de entidades diferentes, desde federaciones tribales a ciudades-Estado de la tercera ola. La ONU puede acabar siendo, en parte, un club de ex o de falsas naciones, otros tipos de entidades políticas que simplemente adopten las apariencias formales de una nación.

Pero éste no es el único cambio que asoma en el horizonte. En el mundo de la tecnología avanzada, la base económica de la nación desaparece bajo sus pies. Allí, como se advirtió previamente, los mercados nacionales se tornan menos importantes que los locales, los regionales y los globales. En lo que se refiere a la producción, resulta casi imposible decir de qué país llega un coche o un ordenador determinado, porque las piezas y los programas informáticos proceden de fuentes muy diversas. Los sectores más dinámicos de la nueva economía no son nacionales, sino sub, supra o multinacionales.

Más aún, mientras los grupos pobres, inermes e inmaduros exigen la «soberanía», los Estados más poderosos y económicamente desarrollados están perdiendo la suya. Los gobiernos más fuertes y sus bancos centrales ya no son capaces de controlar la cotización de sus monedas en un mundo anegado por las mareas inconstantes del dinero electrónico; ni siquiera son dueños de sus fronteras como en el pasado: hasta cuando tratan de cerrar herméticamente sus puertas a las importaciones o a los inmigrantes –empeños ambos harto difíciles– los Estados de tecnología avanzada se ven cada vez más invadidos por corrientes de dinero, terroristas, armas, drogas, cultura, religión, música pop, ideologías, información y muchas otras cosas. En 1950 veinticinco millones de personas cruzaron las fronteras de sus propias naciones. A finales de la década de los ochenta esa cifra anual se había remontado a 325 millones, sin contar los ilegales en número desconocido y desconocible. Las fronteras antiguas y sólidas de las naciones-Estado sufren una erosión.

En consecuencia, y como se ha explicado hasta ahora, se quiebran los componentes más básicos del sistema global. Hay dentro del sistema más Estados y no todos son naciones, pese a su retórica.

Algunos, como las frágiles ex repúblicas soviéticas, son esencialmente inmaduros y prenacionales, sociedades de la primera ola desgarradas por cabecillas locales; otros constituyen naciones de la segunda ola, y un tercer grupo corresponde a un nuevo tipo de entidad política, el de los Estados posnacionales de límites imprecisos. Lo que sucede en realidad es que se está produciendo la transición de un sistema global basado en *naciones* a otro de tres órdenes basado en *Estados*.

El archipiélago de la tecnología avanzada

Dispuestos a ser incluidos en el tercer grupo del sistema figuran los «tecnopolos»[3] regionales. En palabras de Riccardo Petrella, director de previsiones científicas y tecnológicas de la Comunidad Europea, «las multinacionales están creando redes que escapan del marco de la nación-Estado...

»Hacia la mitad del próximo siglo, naciones-Estado como Alemania, Italia, Estados Unidos o Japón ya no serán las entidades socioeconómicas más relevantes y la configuración política definitiva. En su lugar, áreas como el condado californiano de Orange, Osaka en Japón, la región de Lyon en Francia o la *Ruhrgebiete* alemana adquirirán un rango socioeconómico predominante ... Los auténticos poderes que en el futuro tomarán las decisiones ... serán las empresas multinacionales, aliadas con los gobiernos urbano-regionales». Estas unidades, dice Petrella, podrían constituir «un archipiélago de tecnología avanzada ... en el mar de una humanidad empobrecida».

Estas unidades regionales cobran viabilidad económica en aquellos lugares donde está más adelantada la tercera ola; resultan menos viables en economías de la segunda ola, constituidas aún sobre la producción en serie para sus mercados nacionales. Estas unidades regionales reflejan el carácter más descentralizado de las sociedades de la primera ola, sólo que con una base de alta tecnología.

Ejecutivos, monjes e imanes

Otros dos aspirantes obvios al poder en el sistema global son las grandes empresas multinacionales y las religiones, que cobran fuerza y alcance cada vez mayores. Ya no cabe considerar simplemente como «nacionales» a empresas como Unilever, cuyas quinientas filiales[4] operan en 75 países, o como Exxon, cuyos ingresos proceden en un 75 por ciento de fuera de Estados Unidos o, viniendo al caso, IBM, Siemens y la British Petroleum.

AT&T, una de las mayores firmas de telecomunicaciones de todo el mundo, estima que necesitan sus servicios globales de dos a tres mil grandes empresas. La ONU considera multinacionales a unas 35.000 sociedades. Estas compañías cuentan con 150.000 empresas afiliadas[5]. Esta red se ha hecho tan amplia que se considera que una cuarta parte del comercio mundial corresponde a ventas entre filiales de la misma empresa. Este organismo colectivo y creciente, ya no sujeto a la nación-Estado, representa un elemento crucial en el sistema global del mañana.

De modo similar, apenas hay que documentar la influencia ascendente de las religiones globales, desde el islam y la ortodoxia rusa a las diferentes sectas que se multiplican actualmente con rapidez. Todos serán jugadores claves en el sistema mundial del siglo XXI.

Además de Estados, «tecnopolos» regionales, empresas y religiones, crece también la importancia de otro tipo de unidad: miles de asociaciones y organizaciones multinacionales surgen hoy en día como hongos tras la lluvia. Médicos, ceramistas, físicos nucleares, golfistas, artistas, metalúrgicos sindicados, escritores, grupos industriales de campos tan diversos como los plásticos y la banca, agrupaciones sanitarias, sindicatos y asociaciones ecologistas disponen en la actualidad de unos intereses que superan el ámbito nacional y sus propias organizaciones y proyectos globales. Estas organizaciones no gubernamentales desempeñan un papel cada vez más activo en la gestión del sistema mundial y asimismo incluyen, como clase especial, una multitud de movimientos políticos multinacionales.

Un ejemplo obvio es Greenpeace, la organización ecologista que dispone de una considerable financiación, y sin embargo tan sólo es uno del creciente número de este tipo de agentes políticos globales. Muchos de ellos resultan muy complejos, disponen de ordenadores y aparatos de fax y pueden acceder a las redes de superordenadores, transponedores de satélites y todos los demás medios de las comunicaciones avanzadas. Cuando unos cabezas rapadas irrumpieron en una barriada de inmigrantes de Dresde[6], Alemania, las noticias de la agresión fueron transmitidas al instante por ComLink, una red electrónica a la que se hallan interconectados unos cincuenta grupos locales de ordenadores en Alemania y Austria. De allí pasaron a la GreenNet de Gran Bretaña que a su vez está conectada con redes «progresistas» desde América del Norte y del Sur a las ex repúblicas soviéticas. Los periódicos de Dresde fueron bombardeados por mensajes de fax de todo el mundo en los que se protestaba contra el ataque racista.

Pero las redes electrónicas internacionales no son monopolio de los pacifistas que se oponen a la violencia; todos pueden acceder a ellas, desde ecologistas extremistas a quienes interpretan la Biblia al pie de la letra, fascistas del zen, grupos delictivos y admiradores platónicos de los terroristas peruanos de Sendero

Luminoso; todos ellos forman parte de una «sociedad civil internacional» en rápido desarrollo que quizá no siempre actúa con civismo.

También aquí se opera una trisección del sistema global. Las organizaciones multinacionales son débiles o inexistentes en las sociedades de la primera ola; resultan más numerosas en las de la segunda ola, y se reproducen a una velocidad extraordinaria en las sociedades de la tercera.

En suma, el sistema global construido en torno de unos cuantos *chips* de naciones-Estado está siendo reemplazado por un ordenador global del siglo XXI, un «cuadro de distribución» de tres niveles, por así decirlo, al que se hallan conectados miles y miles de *chips* extremadamente variados.

Hiperconexiones

Los componentes del sistema mundial se entrelazan mediante sistemas innovadores. La experiencia convencional nos dice que las naciones del mundo se tornan cada vez más interdependientes; pero en el mejor de los casos, ésta es una simplificación excesiva y engañosa. Resulta que algunos países están hipoconectados con el resto del mundo mientras que otros se encuentran posiblemente hiperconectados.

Es posible que ciertos Estados de la primera ola dependan en medida considerable de que uno o varios países adquieran sus artículos agrícolas y sus materias primas. Zambia vende su cobre, Cuba su azúcar, Bolivia su estaño, pero de modo típico sus economías carecen de diversificación. Una agricultura de una sola cosecha, la concentración en uno o en pocos recursos, un sector manufacturero con pocos recursos y servicios subdesarrollados reducen la necesidad de vínculos con el mundo exterior. Lógicamente, estos países figuran con puestos bajos en la escala de la interdependencia o de las conexiones.

Como sus economías y sus estructuras sociales son más complejas, los países de la segunda ola necesitan conexiones más variadas con el mundo exterior, sin embargo la interdependencia global resulta limitada incluso entre las naciones más industrializadas. Sin ir más lejos, en la década de los treinta, Estados Unidos mantenía sólo 34 tratados o acuerdos con otros países. En 1968, a pesar de haber comenzado ya la transición a una economía de la tercera ola, Norteamérica sólo estaba ligada por 282 de esos «contratos». Las naciones de chimeneas fabriles son en general por eso moderadamente interdependientes.

En cambio, las fuerzas de la tercera ola empujan a los países de tecnología avanzada hacia las hiperconexiones. Internamente, estos países experimentan un doloroso proceso de desmantelamiento y reconstrucción de su economía: las empresas gigantescas y las burocracias estatales se reorganizan, fragmentan o pierden importancia; surgen otras que ocupan su lugar; se multiplican unidades pequeñas de todo tipo que forman alianzas y consorcios temporales, entrecruzando la sociedad con organizaciones modulares que se conectan y desconectan; los mercados se fracturan en segmentos cada vez más pequeños a medida que se desmasifica la propia sociedad de masas.

Este proceso interno, detalladamente explicado anteriormente, ejerce a su vez un impacto en las relaciones exteriores de la sociedad. A medida que se desarrolla, las empresas, los grupos sociales y étnicos y las instituciones despliegan un vasto número de conexiones variadas con el mundo exterior. Cuanto más heterogéneos se tornan, más viajan, exportan, importan, se comunican e intercambian información con las demás partes del mundo y más empresas mixtas, alianzas estratégicas, consorcios y asociaciones se forman por encima de las fronteras. Se desplazan, en suma, hacia una fase de hiperconexiones.

Esto explica la razón de que, a partir de la década de los setenta haya crecido exponencialmente el número de acuerdos y tratados conjuntos entre Estados Unidos y otros países. Actualmente, Norteamérica es parte de más de mil tratados y literalmente de decenas de miles de acuerdos, cada uno considerado sin duda como beneficioso, pero que asimismo impone limitaciones a la conducta de este país.

Así pues, actualmente puede contemplarse un nuevo y complejo sistema global constituido por regiones, empresas, religiones, organizaciones no gubernamentales y movimientos políticos; todos ellos contienden con intereses diferentes y reflejan grados diversos de interactividad.

Las hiperconexiones originan una paradoja tan sorprendente como inadvertida. Japón, Estados Unidos y Europa necesitan los vínculos, las relaciones más interdependientes con el mundo exterior para mantener sus economías avanzadas. La humanidad está creando así un mundo muy extraño donde los países más poderosos son también los más atados por sus compromisos exteriores. En este sentido sorprendente, los más poderosos son los menos libres. Estados pequeños, menos dependientes de vínculos exteriores, quizá tengan recursos inferiores, pero a menudo son capaces de emplearlos con mayor libertad y ésta es la razón de que algunos de los miniestados sobrepujen a Estados Unidos.

Tempos diferentes

Por añadidura, y cuando se conectan componentes más variados en el «cuadro de distribución» del mundo, vinculándolos de modos distintos, se está modificando también su reloj interno. De tal manera el sistema global opera, por así decirlo, con tres velocidades cronométricas profundamente diferentes.

Nada distingue tanto de modo más asombroso a este momento de la historia de otros períodos anteriores como la aceleración del cambio. Cuando hace muchos años nosotros formulamos por primera vez en *El shock del futuro* esta puntualización, aún era preciso convencer al mundo de que los acontecimientos se precipitaban. En la actualidad, son pocos los que lo dudan. Es palpable que los hechos se producen cada vez con mayor rapidez.

Esta aceleración, en parte impulsada por una comunicación más veloz, significa que casi de la noche a la mañana pueden materializarse los lugares conflictivos y estallar una guerra en el sistema global. Los acontecimientos dramáticos exigen una respuesta antes de que los gobiernos hayan tenido tiempo de digerir su significación. Los políticos se ven cada vez más forzados a tomar decisiones acerca de cosas que conocen cada vez menos y a un ritmo progresivamente más rápido.

Pero, como la conexión, la aceleración no es la misma en el sistema global entero. El ritmo general de la vida, desde las transacciones económicas a la cadencia de los cambios políticos, las innovaciones tecnológicas y otras variables, es más lento en las sociedades agrarias, un tanto más rápido en las sociedades industriales y progresa a una velocidad electrónica en los países que experimentan la transición a las economías de la tercera ola.

Estas diferencias originan concepciones notablemente distintas del mundo. Por ejemplo, a la mayoría de los norteamericanos, cuya vida cotidiana es una de las más estresantes del planeta y cuyos horizontes temporales se hallan truncados, le resulta difícil comprender los sentimientos de los árabes o de los israelíes que en su enfrentamiento recurren a alegatos dos veces milenarios. Para los norteamericanos, la historia se disuelve muy pronto en sí misma, dejando sólo el instante inmediato.

Estas diferencias en la conciencia del tiempo afectan incluso a la reflexión estratégica sobre la guerra. Sabedor de la impaciencia norteamericana, Saddam Hussein creía que Estados Unidos no podría soportar una guerra larga. (Puede que acertase, pero la que se desencadenó fue corta.) De igual modo, tal como se ha señalado anteriormente, la forma bélica de la tercera ola no sólo antepone los factores temporales a los espaciales, sino que depende muy considerablemente de la velocidad de la comunicación y de la del movimiento.

Dicho de otra manera, el sistema global que la humanidad está construyendo no sólo tiene tres niveles, sino que además opera en tres diferentes bandas de velocidad.

Lo necesario para sobrevivir

Esta trisección cambia también las cosas por las que en el futuro vivirán o morirán los países. Todos tratan de proteger a sus ciudadanos; requieren energía, alimentos, capital y acceso al mar y a los transportes aéreos; pero más allá de estas y otras cuestiones elementales, sus necesidades son diferentes.

Para las economías de la primera ola, la tierra, la energía, el acceso al agua de los regadíos, el aceite de cocina, los víveres en tiempos de escasez, una alfabetización mínima y los mercados para las cosechas comerciales o para las materias primas representan, por lo general, los elementos esenciales de su supervivencia. Al carecer de industria y de servicios exportables basados en el saber, estos países consideran a sus recursos naturales, desde bosques tropicales a suministros de agua y zonas pesqueras, como sus principales bienes vendibles.

Los países del grupo de la segunda ola, basados todavía en la mano de obra barata y en la producción en serie, son naciones de economías nacionales concentradas e integradas. Como se hallan más urbanizados, los Estados de la segunda ola precisan grandes importaciones alimentarias, bien de sus propias comarcas rurales o del exterior; necesitan aportaciones considerables de energía por unidad de producción; precisan grandes cantidades de materias primas para mantener en marcha sus fábricas; son sede de un pequeño número de empresas globales; son los principales productores de contaminación y de otros negativos ecológicos, y, sobre todo, necesitan mercados a los que exportar sus artículos producidos en serie.

Las «posnaciones» de la tercera ola forman el grupo más reciente del sistema global. A diferencia de los Estados agrarios, no experimentan una gran necesidad de territorio adicional. A diferencia de los Estados industriales, no requieren vastos recursos naturales propios. (Al carecer de este tipo de recursos, el Japón de la segunda ola se apoderó de Corea, Manchuria y otras regiones que se los proporcionaban. En cambio, el Japón de la tercera ola se ha hecho inconmensurablemente más rico sin colonias ni materias primas propias.)

Claro está que las «posnaciones» de la tercera ola, necesitan aún energía y alimentos, pero lo que también precisan es un saber convertible en riqueza: les hace falta el acceso o el control de bancos mundiales de datos y redes de telecomunicación; requieren mercados para productos y servicios de información intensiva, servicios financieros, asesoría de gestión, programas informáticos, programación de televisión, banca, sistemas de reservas, información sobre créditos, seguros, investigación farmacéutica, gestión de redes, integración de sistemas de información, información económica, sistemas de adiestramiento, simulaciones, servicios noticiosos, y todas las tecnologías de información y telecomunicaciones de que dependen éstos; necesitan protección contra la piratería de productos intelectuales, y, respecto a la ecología, quieren que los países «incólumes» de la primera ola protejan sus junglas, sus cielos y su vegetación en aras del «bien global», incluso a veces al precio de sofocar el desarrollo económico de esos países.

Las necesidades divergentes de las economías de la primera, la segunda y la tercera olas se reflejan en concepciones radicalmente diferentes del «interés nacional» (un término cada vez más anacrónico), que en los próximos años podrían originar agudas tensiones entre los países.

Cuando todos estos cambios quedan conectados –las diferencias en los tipos de unidades que constituyen el sistema; en sus conexiones; en su velocidad, y en sus requisitos para la supervivencia– se llega a una transformación que supera a todo lo que hizo preciso el final de la guerra fría. En suma, en este punto nos encontramos ante el sistema global del siglo XXI, el terreno donde se desarrollarán en el futuro las guerras y los esfuerzos antibelicistas.

El final del equilibrio (no de la historia)

Las teorías de la segunda ola acerca del sistema global tendían a suponer que éste es equilibrador, que dispone de elementos de autocorrección y que las inestabilidades constituyen excepciones a la regla. Las guerras, las revoluciones y los trastornos son «perturbaciones» lamentables de un sistema por lo demás ordenado. La paz es la condición natural.

Esta concepción del orden global se correspondía estrechamente con las nociones científicas de la segunda ola acerca del orden en el universo. Las naciones eran así como bolas newtonianas de billar que rebotaban unas contra otras. Toda la teoría del «equilibrio del poder» presuponía que si una nación se tornaba demasiado poderosa, las otras formarían una coalición para contrarrestarla, devolverla así a su auténtica órbita y restaurar una vez más el equilibrio.

En el Occidente opulento todavía se aceptan, por lo general, toda una serie de supuestos correlativos. Entre éstos figura la idea liberal de que nadie desea en realidad la guerra, que, en lo más hondo, nuestros adversarios constituyen imágenes especulares de nosotros mismos, que los gobiernos son por su naturaleza enemigos del riesgo, y que todas las diferencias pueden zanjarse pacíficamente con tal de que los oponentes mantengan el diálogo porque, en definitiva, el sistema global es esencialmente racional.

Pero ninguno de estos supuestos resulta hoy día válido. A veces algunos gobiernos desean de hecho la guerra, incluso cuando no existe una amenaza exterior. (Los generales argentinos que en 1982 iniciaron la guerra de las Malvinas/Falkland procedieron así por razones políticas puramente internas en ausencia de una amenaza exterior.) Muchos líderes no rehuyen el riesgo, sino que medran políticamente con riesgos elevados. Nada es tan beneficioso para ellos como una crisis.

Cada vez son más los agentes de la escena mundial que asumen las características de los que Yehezkel Dror, un brillante especialista israelí en ciencias políticas, denominó una vez «Estados enloquecidos». Esto sucede sobre todo cuando el sistema global es presa de una revolución.

Lo que todavía no entienden muchos santones de la política internacional es que cuando unos sistemas se hallan «lejos del equilibrio» se comportan de maneras extrañas que violan las normas habituales. Se tornan no lineales, lo que significa que pequeñas causas pueden desencadenar efectos gigantescos. Un número reducido de votos en la pequeña Dinamarca bastó para retrasar o para hacer descarrilar todo el proceso de integración europea.

Una «pequeña» guerra en un lugar remoto puede degenerar en gigantesca conflagración a través de una serie de acontecimientos, a menudo, imprevisibles. Asimismo, es posible que una gran guerra determine cambios sobremanera limitados en la distribución general del poder. La contienda entre Irán e Irak de 1980-1988 causó seiscientas mil bajas pero acabó en tablas. Existe una correlación decreciente entre el volumen de una aportación y el tamaño de la producción.

El sistema mundial está cobrando características prigoginianas, es decir, se parece cada vez más a los sistemas físicos, químicos y sociales descritos por Ilya Prigogine[7], científico galardonado con el premio Nobel que identificó por primera vez lo que él denominó «estructuras disipadoras». En éstas, todas las partes de un sistema se encuentran en fluctuación constante. Las partes de cada sistema se tornan extremadamente vulnerables a influencias exteriores: un cambio en los precios del petróleo, un auge repentino del fanatismo religioso, una modificación en el equilibrio de las armas, etc.

Se multiplican los bucles de retroinformación positiva: una vez en marcha, ciertos procesos cobran vida propia y, lejos de estabilizarse, introducen en el sistema inestabilidades aún mayores. *Vendettas* étnicas generan batallas étnicas que producen guerras étnicas superiores a las que puede abarcar una determinada región. Una convergencia de fluctuaciones interiores y exteriores es susceptible de conducir al quebrantamiento total del sistema o a su reorganización en un nivel superior.

Finalmente, en este momento crítico, el sistema es cualquier cosa menos racional. Resulta de hecho más proclive que nunca al azar, lo que significa que su comportamiento es más difícil, quizá imposible, de prever.

Bienvenidos, pues, al sistema global del siglo XXI, no al nuevo orden mundial que en cierto momento pretendió el presidente Bush, ni a la estabilidad posterior a la guerra fría que prometieron otros políticos. Aquí y ahora somos testigos del intenso proceso de trisección que se halla en marcha, y que se evidencia, en el curso de nuestras vidas, con la aparición de una nueva civilización con unas necesidades diferentes para la supervivencia, su propia forma bélica característica y pronto, cabe esperar, una correspondiente forma de paz.

La humanidad está viviendo un momento fantástico de su historia. Ocultos tras la penumbra habitual, hay en el planeta varios cambios tremendamente positivos y humanizadores. La difusión de la economía de la tercera ola ha galvanizado toda la región asiática del Pacífico, introduciendo tensiones comerciales y estratégicas, pero ha abierto al mismo tiempo la posibilidad de sacar rápidamente del pozo de la pobreza a mil millones de seres humanos. Entre 1968 y 1990 se produjeron aumentos masivos de la población global, pero, a pesar de las previsiones catastrofistas, la oferta mundial de alimentos per cápita ha aumentado rápidamente según la FAO (Organización para la Agricultura y la Alimentación) y ha descendido en un 16 por ciento el número de los crónicamente desnutridos.

Mediante el empleo de tecnologías de la tercera ola que requieren menos energía y no son tan contaminantes se puede empezar a limpiar el caos ecológico causado por los métodos industriales de la segunda ola en la era de la producción en serie. El trabajo, hasta hace poco embrutecedor y mentalmente aniquilador para la mayoría de los que tenían la suerte de tenerlo y ganarse la vida con él, se puede transformar en algo que permita realizarse y que promueva el espíritu de quien lo desempeñe. La revolución digital, que está contribuyendo a impulsar la tercera ola, trae consigo el potencial necesario para educar a miles de millones de personas.

Y pese a las advertencias formuladas a lo largo de estas páginas acerca del peligro de guerras, conflictos civiles e incluso ataques nucleares, las buenas noticias consisten en que, si bien se han fabricado desde Hiroshima y Nagasaki entre cincuenta mil y sesenta mil ojivas nucleares y ha habido pruebas subterráneas y accidentes nucleares, ninguna de esas miles de bombas ha estallado con ira. Un cierto instinto humano de supervivencia ha retenido repetidamente el dedo que podría haber presionado sobre el botón.

Pero sobrevivir en el alba del siglo XXI exigirá algo más que instinto. Requerirá de todos nosotros, tanto civiles como soldados, un entendimiento profundo del vínculo nuevo y revolucionario entre el saber, la riqueza y la guerra. Estas páginas habrán servido a su propósito si han logrado aclarar esa relación. Para ello, hemos tratado de esbozar aquí una nueva teoría de la guerra y de la antiguerra. Nosotros, como autores de este libro, nos sentiremos reconocidos si hemos aportado un nuevo atisbo a esta conciencia o si hemos ayudado a acabar con una idea anticuada que cierra el camino hacia un mundo más pacífico.

Nosotros creemos que la promesa del siglo XXI se evaporará velozmente si se continúan empleando las armas intelectuales del pasado; desaparecerá con celeridad aún mayor si se llega a olvidar, siquiera sea por un momento, esas palabras sensatas de Leon Trotsky, citadas al comienzo de este libro: «Tal vez no te interese la guerra, pero a la guerra le interesas.»

AGRADECIMIENTOS

Este libro, más que muchos otros, no habría podido ser escrito sin la ayuda de numerosas personas. Ajenos a los militares y a la cultura militar, nos sentimos agradablemente sorprendidos ante la disposición mostrada por muchos jefes y oficiales, funcionarios de Defensa, investigadores y otras personas a hablar con nosotros durante horas acerca de lo que consideramos la transformación más espectacular en la naturaleza de la guerra y de la paz desde la Revolución Francesa. En todas estas personas hallamos siempre una profunda preocupación por hacer que la violencia disminuya en las próximas décadas.

Aunque sería imposible citar a todos aquellos con quienes hemos hablado y discutido estas cuestiones durante el proceso de elaboración de este libro, varios se mostraron singularmente solícitos. Entre ellos figuran muchos militares y funcionarios de categorías elevadas; confiamos que nos perdonen el habernos tomado la libertad de omitir sus diversos títulos y graduaciones, puesto que cambian con tanta celeridad que nos hubiera sido imposible actualizarlos.

Entre quienes nos dedicaron su tiempo para ayudarnos o compartir con nosotros sus ideas figuran Grace Aaron, Duane Andrews, John Arquilla, John Boyd, Carl Builder, Dick Cheney, Ray Cline, John Connally, Klaus Dannenberg, Michael

Dewar, William Forster, Lewis Franklin, Pierre Gallois, Newt Gingrich, Dan Goldin, Daniel Goure, Jerome Granrud, Steve Hanser, Jerry Harrison, Ryan Henry, Zalmay Khalilizad, Tom King, Andy Marshall, Andy Messing, Janet y Chris Morris, Joe Paska, Jim Pinkerton, Jonathan Pollack, Jonathan Regan, David Ronfeldt, Tim Rynne, Larry Seaquist, Stuart Slade, Donn Starry, Robert Steele, Bill Stofft, Paul Strassmann, Dean Wilkening y Henry Yuen. Como señalamos en el texto, Patti Morelli, viuda de Don Morelli, se mostró también extremadamente amable.

Asimismo, deseamos dar las gracias a nuestra hija, Karen Toffler, que, bajo condiciones difíciles, asumió la responsabilidad de comprobar las investigaciones y de preparar la bibliografía y el índice alfabético. Ella trabajó infatigablemente contra reloj para atenerse a los plazos previstos. Durante los primeros meses, Deborah Brown colaboró en la comprobación del manuscrito hasta que tuvo que dejarnos para escribir su propio libro sobre un tema diferente. Con las presiones consabidas de última hora, Robert Basile supervisó datos en la biblioteca y Valery Vásquez ayudó a la preparación del original. Desde luego, los autores asumen la responsabilidad de todos los errores que hayan podido deslizarse en el texto.

A lo largo de toda la tarea, Juan Gómez se aseguró de que cada papel se hallara donde correspondía, de que los coches y los aviones estuviesen donde fuera preciso, de las fechas y las horas de las entrevistas concertadas y de que obtuvieran respuestas oportunas y cordiales las llamadas de teléfono y de fax de todo el mundo. Él nos ayudó además de mil maneras menos perceptibles pero igualmente importantes.

El manuscrito fue mejorado considerablemente por Jim Silberman, antiguo amigo y ahora nuestro editor de Little, Brown. Recibimos un apoyo infatigable de nuestro agente, Perry Knowlton, y de los miembros de su equipo en Curtis Brown, sobre todo, de Grace Wherry, Dave Barbor y Tim Knowlton.

NOTAS

Las cifras que aparecen entre corchetes indican textos mencionados en la bibliografía adjunta. Así [1] remite a la primera mención en la bibliografía: *Bull's eye*, de James Adams.

Ciertas fuentes han mostrado una relevancia especial; entre éstas las que de manera consecuente figuran en el semanario *Defense News* y en las publicaciones del Instituto Internacional de Estudios Estratégicos.

I. ENCUENTRO INESPERADO

1. Los datos biográficos sobre el general de brigada Don Morelli se basan en el material cedido amablemente por su viuda, la señora Patti Morelli, y por el Mando de Adiestramiento y Doctrina del Ejército de Estados Unidos, así como en conversaciones personales con Morelli y entrevistas con militares que le conocieron.
2. Tercera ola: nuestra teoría de las olas de cambio se halla expuesta en [380] y [381].
3. Economía de la fuerza mental: [379], en especial caps. III-VIII.

II. EL FINAL DEL ÉXTASIS

1. Cifras de bajas: [2], p. 8; véase también «The post cold war and its implications for military expenditures in developing countries», de Robert McNamara, ponencia fechada en 25 de enero de 1991, especialmente el apéndice I.

2. Tres semanas de paz: «The "century of the refugee", a european century?», de Hans Arnold, *Aussenpolitik*, núm. III, 1991.

3. Desmantelamiento de buques de guerra: «Fulfilling the treaty», de H. A. MacMullan, *Scientific American*, julio de 1922.

4. Interdependencia económica: [183], [317].

5. Geoeconomía: «America's setting sun», *New York Times*, 23 de septiembre de 1991, y «U.S.-Japan treaty can turn things around», *Los Angeles Times*, 24 de marzo de 1992, ambos de Edward Luttwak; también «The primacy of economics», de C. Fred Bergsten, *Foreign Policy*, verano de 1992 y [376], p. 23.

6. Zona de paz: «The Pentagon & Pax Americana», de Sol W. Sanders, *Global Affairs*, verano de 1992, p. 95.

III. CHOQUE DE CIVILIZACIONES

1. Civilización: tal como lo empleamos en toda la obra, este término designa un estilo de vida asociado con un sistema específico de producción de riqueza, agrario, industrial y, en la actualidad, basado en el saber o informativo. En 1993 Samuel P. Huntington, director del Instituto Olin de Estudios Estratégicos de Harvard, planteó un debate entre los especialistas norteamericanos en política internacional al proclamar en el número de verano de *Foreign Affairs* y en el del 6 de junio de *New York Times* el declive del conflicto económico e ideológico en el mundo y la resurrección, en su lugar, de la guerra entre civilizaciones. Al proceder de tal modo, desafió a la escuela geoeconómica, que considera el conflicto comercial y la competición global como la fuente principal de rivalidades futuras.

En su artículo, Huntington identificó «siete u ocho grandes civilizaciones» entre las que figuran: «La occidental, la confuciana, la japonesa, la islámica, la hindú, la eslavo-ortodoxa, la latinoamericana y posiblemente la africana», añadiendo que «las líneas de fractura entre civilizaciones constituirán las líneas de combate del futuro». Pero el conflicto dominante será entre «Occidente y el resto de civilizaciones».

Nosotros también creemos que en el futuro chocarán las civilizaciones. Mas no a lo largo de las líneas que indica Huntington. Sobre el futuro se cierne una colisión potencial aún mayor, un conflicto matriz dentro del cual cabría incluir el choque de civilizaciones que pronostica Samuel P. Huntington. Se puede concebir como una colisión de «supercivilizaciones».

Aunque a lo largo de la historia han surgido y caído muchas civilizaciones y subcivilizaciones, sólo han habido dos grandes «supercivilizaciones» en las que encajan todas las demás. Una fue la gran «supercivilización» agraria que comenzó hace diez mil años con la primera ola de cambio y, en su momento, conoció las variantes confuciana, hindú, islámica y occidental. La otra fue la «supercivilización» industrial que lanzó una segunda ola de cambio sobre Europa occidental y Norteamérica y que todavía avanza por otras partes del mundo.

Hacia finales del siglo XIX también habían aparecido bolsas de industrialización en Japón, la China confuciana y la Rusia eslavo-ortodoxa. Con el transcurso del siglo XX, la industrialización (típica y erróneamente identificado como «occidentalización») llegó asimismo a la Turquía musulmana bajo Attaturk, al Irán del Sha y también al Brasil católico y a la India hinduista.

Puede que cada una de estas sociedades haya retenido en regiones agrarias elementos de su religión, de su cultura y de su etnia pero, allí donde aparecieron, estas fuerzas industriales debilitaron tales vínculos. La difusión de la industrialización aportó la urbanización y una adhesión mucho menos firme a las tradiciones religiosas y a los códigos morales y destrozó también muchas tramas culturales. En suma, la supercivilización industrial anegó civilizaciones locales allí donde se extendió.

De manera similar, la civilización actual de la tercera ola ya ha desarrollado unas versiones occidental, japonesa y confuciana. Por eso nosotros creemos inadecuada la definición tradicional de civilización en que se basa Huntington y que los numerosos choques que predice, si es que llegan a ocurrir, se producirán dentro de un marco mucho más amplio, en un mundo cada vez más dividido en tres supercivilizaciones distintas y que potencialmente chocarán.

Una vez entendido esto, podemos simplificar las cosas en las páginas que siguen. Continuaremos empleando el término «civilización» con referencia al agrarismo de la primera ola o a la industrialización de la segunda o a la naciente sociedad de la tercera ola, suponiendo que se sobrentiende el adjetivo «super».

2. Sobre la revolución industrial: véanse [42], [59], [61], [82], [83], [113], [151], [152], [158], [189], [238], [277], [395] y [398].

3. Aislamiento: en [379] aparece otro estudio del aislamiento, capítulo XXX.

IV. LA PREMISA REVOLUCIONARIA

1. Alejandro: [115], p. 149.
2. Estimaciones de alcance: véanse [99] y [44], pp. 35-36.
3. Ifícrates: [115], p. 160.
4. Papa Inocencio II: [236], p. 68.
5. 9.650 kilómetros: [92], p. 7.
6. Láser: «"Star Wars" chemical laser is unveiled», de Thomas H. Maugh, *Los Angeles Times*, 23 de junio de 1991.
7. Kennedy: [72], p. 2.

V. LA GUERRA DE LA PRIMERA OLA

1. Sobre las guerras tribales: [86], p. 183.
2. La guerra diferenciada del bandidaje: [38], p. 79.
3. Antigua China: el manual de Shang, con frecuencia desdeñado, es un documento sorprendente, repleto de observaciones y de normas minuciosas. Tajantemente lógico y fríamente cruel, si Shang se hubiese reencarnado en el siglo XX, podría haber sido el consejero más fulminante de Mao Tsé-tung [110].
4. Griegos contra griegos: [371], pp. 25-26; [144] introducción de Keegan y p. 35.
5. «El soberano de un país feudal...»: [397], p. 59.
6. Obligaciones de los vasallos: [148], p. 64.
7. «Golpes, heridas, duros inviernos...»: [95], p. 179.
8. Federico el Grande: [77], p. 17.

VI. LA GUERRA DE LA SEGUNDA OLA

1. Después de 1792: «Frederick the Great, Guibert, Bulow: from dynastic to national wars», de R. R. Palmer, en [278], p. 91.
2. Reclutamiento obligatorio en Estados Unidos y en Japón: [154], p. 432 y [193], p. 216; [145], pp. 22-23.
3. Mosquetes de Whitney: [249], pp. 136-138.
4. Evolución del ejército japonés [145], p. 47.
5. Base industrial de Estados Unidos en la Segunda Guerra Mundial: [298], especialmente pp. 880-881; [154], p. 787; véase también «The face of victory», de Gerald Parshall, *US News & World Report*, 2 de diciembre de 1991.
6. Ataques aéreos a Tokio: [176], p. 42.
7. Ludendorff y la guerra total: «Ludendorff: the german concept of total war», de Hans Speier, en [111], pp. 306-319.

VII. EL COMBATE AEROTERRESTRE

1. Perfil de Starry: entrevistas con Starry. También: [71], pp. 244-245.
2. Guerra del Yom Kippur: descripción de la batalla de los Altos del Golán tomada de [173], [320], [150], [73] y entrevistas con Starry.
3. Historia del *Combate aeroterrestre*: entrevistas con Starry, complementadas con [316]; también «The army does an about-face», de John M. Broder y Douglas Jehl, *Los Angeles Times*, 20 de abril de 1991; «Joint Stars in Desert Storm», de Thomas S. Swalm, en [53], pp. 167-168. Véase también: [410].
4. Revisión doctrinal de 1993: [411].

VIII. NUESTRO MODO DE CREAR RIQUEZA...

1. Conocimiento intensivo en economía: [379], especialmente capítulos III-VIII.
2. Nuevos productos: «New products clog groceries», de Eben Shapiro, *New York Times*, 24 de mayo de 1990.
3. IBM: «GM and IBM face that vision thing», de James Flanigan, *Los Angeles Times*, 25 de octubre de 1992.
4. Nabisco: «Technology helps Nabisco foods gain order in a turbulent business», *Insights* (Computer Sciences Corporation), primavera de 1991.
5. Vicepresidente Gore: «The information infrastructure project», Science, Technology, and Public Policy Program, John F. Kennedy School of Government, Universidad de Harvard, 26-27 de mayo de 1993; Declaración de John H. Gibbons, director de la Oficina de Política Científica y Tecnológica de la Casa Blanca acerca de «High performance computing and high speed networking applications act of 1993», 27 de abril de 1993; «High-speed computer networks urged as a bonn to business schools», de Lee May, *Los Angeles Times*, 21 de noviembre de 1991.

IX. LA GUERRA DE LA TERCERA OLA

1. Una muestra de la exageración en las previsiones de pérdidas en la guerra del Golfo: «Se estima que en veinte días serán treinta mil las bajas entre los soldados norteamericanos», de Jack Anderson y Dale Van Atta, *Washington Post*, 1 de noviembre de 1990.
2. Una muestra del pesimismo tecnológico: «¿Es un espejismo nuestra alta tecnología militar?», de Harry G. Summers, *New York Times*, 19 de octubre de 1990.
3. Viaje en *jeep* por Irak: entrevista con Gallois.
4. Por lo que se refiere a los F-117: [407], pp. 99, 116, 702-703.
5. Campen: [53], pp. IX-XI, 32-33.
6. Niveles superiores de mando: «Rapid proliferation and distribution of battlefield information», de Timothy J. Gibson, en [53], p. 109.
7. J-Stars: «Joint Stars in Desert Storm», de Thomas S. Swalm, en [53], pp. 167-169.
8. Primeros objetivos: [407], p. 96.
9. Mernissi: [240], p. 43.
10. Desconfianza en la autoridad: «When the anti-military generation takes office», de Steven D. Stark, *Los Angeles Times*, 2 de mayo de 1993.
11. Generales instruidos: «They can fight, too», *Forbes*, 18 de marzo de 1991.

12. El elemento humano: «Combat enters the hyperwar era», de los tenientes coroneles Rosanne Bailey y Thomas Kearney, *Defense News*, 22 de julio de 1991.

13. «No es una simple mula»: «Don't call today's combat soldier low skilled» (carta), del coronel W. C. Gregson, *New York Times*, 19 de febrero de 1991.

El aumento de destrezas requeridas se corresponde asimismo con la necesidad de otras nuevas en relaciones humanas, empeño difícil entre los militares de Estados Unidos. Día tras día, las revelaciones de acoso sexual a mujeres y de malos tratos a homosexuales en el seno de las fuerzas armadas muestran cuán profundamente arraigadas siguen estando en la cultura militar las viejas actitudes machistas. Pero en una sociedad de la tercera ola sometida a un rápido proceso de diversificación, los militares, como la nueva fuerza laboral, han de aprender a sacar partido de la heterogeneidad.

Los militares norteamericanos han aventajado a muchas empresas en lo que se refiere a la reorganización y cambio de la distribución de destrezas, pero hasta el momento han tenido resultados peores que los de numerosas entidades a la hora de enfrentarse con viejos valores. A medida que cobren más importancia para sobrevivir la moral, la capacidad de adaptación y de innovación y el conocimiento técnico, los militares tendrán que librarse de vestigios patriarcales y de intolerancia afincados en la raza, la religión o la preferencia sexual.

14. Lo opuesto a la microgestión: [349], pp. 140-150.

15. Mando soviético desde la retaguardia: [346], p. 43.

16. Misión de Pagonis: «General's star feat: desert armies come, and go», de Youssef M. Ibrahim, *New York Times*, 8 de noviembre de 1991.

17. Ciento dieciocho estaciones terrestres móviles: «Communications support for the high technology battlefield», de Larry K. Wentz, en [53], p. 10.

18. Setecientas mil conferencias telefónicas: «Desert Storm communications», de Joseph S. Toma, en [53], p. 1.

19. Aceleración: «The Gospel according to Sun Tzu», de Joseph J. Romm, *Forbes*, 9 de diciembre de 1991.

X. UNA COLISIÓN DE FORMAS BÉLICAS

1. Clausewitz en la «panorámica»: [64], p. 584.
2. Ametralladoras: [113], pp. 86-87.
3. Rebelión Satsuma: [145], pp. 30-32. Véase también [403].

XI. GUERRAS AUTÓNOMAS

1. Cita de Keyworth: Actas del simposio de Open Source Solutions, Inc., Washington, DC, 1-3 de diciembre de 1992, vol. 1.
2. Operaciones especiales en la guerra del Golfo: [407], pp. 114-115, 530, 532; también [330], p. 414.
3. Cifras y tipos de fuerzas de operaciones especiales: [197], [302] y [11].
4. En pro de LIC: entrevistas con Messing.
5. Tecnología en el primer ataque de operaciones especiales durante la guerra del Golfo: [407], p. 115.
6. Misión de liberación de rehenes en Irán: [386], p. 77.
7. Exhibición de operaciones especiales: entrevistas con Bumback.
8. Reunión de Old Colony: «Conferencia sobre operaciones especiales, conflictos de intensidad baja y lucha contra las drogas», 7-8 de noviembre de 1991.
9. Simpson y Childress: conferencia de Old Colony.
10. Desarrollo cronológico de la tecnología de Shachnow: presentación en John F. Kennedy Special Warface Course and School, durante julio de 1992 en Fort Bragg, Carolina del Norte.

XII. GUERRAS ESPACIALES

The First Information War, editada por Alan D. Campen, es una fuente indispensable de información técnica sobre la guerra del Golfo Pérsico, en especial con respecto al espacio.

1. Primer caso: [53], p. 135.
2. Anson y Cummings: «The first space war» en [53], p. 121-134.
3. Satélites y funciones: «Military space program faces a reality check» de Ralph Vartabedian, *Los Angeles Times*, 30 de octubre de 1992.
4. Agencia Espacial de la ONU: «"Space benefits" – A new aspect of global politics», de Kai-Uwe Schrogl, *Aussenpolitik* núm. IV, 1991, pp. 373-382.
5. Lanzamiento de misiles: «SDI and missile proliferation», de John L. Piotrowski, *Global affairs*, primavera de 1991, p. 62.
6. Misiles de Corea del Norte: «North Korea alarms the Middle East», de Kenneth R. Timmerman, *Wall Street Journal Europe*, 29-30 de mayo de 1992; también «N. Korea considers Scud exports boost», de Terrence Kiernan, *Defense News*, 26 de abril-2 de mayo de 1993.
7. Régimen de Control de la tecnología de misiles: [283], p. 131.
8. Proliferación de satélites: «Concern raised as emirates seek spy satellite from US», de William Broad, *New York Times*, 17 de noviembre de 1992; «UAE Satellite Plan Rattles US», de Vincent Kiernan y Andrew Lawler, *Defense News*, 16-22 de noviembre de 1992.

9. Defensa contra Misiles Balísticos: «The Rise and fall of strategic defense» y «BMD era requires vision, difficult choices», de Barbara Opall, *Defense News*, 17-23 de mayo de 1993; «"Star wars" era ends as Aspin changes focus», de Melissa Healy, *Los Angeles Times*, 14 de mayo de 1993.

10. Advertencia de Horner: «US space warfare chief pleads for orbiting interceptor», de Barbara Opall, *Defense News*, 10-16 de mayo de 1993.

11. Planes británicos: «Defense Ministry considers arming against Third World missile risk», de Michael Evans, *The Times* (Londres), 28 de octubre de 1992.

12. Planes franceses: «US, France discuss joint ATBM program», de Giovanni de Briganti, *Defense News*, 2 de septiembre de 1991.

13. Comunidad Europea: «Europe eyes missile defense», de Keith Payne, *Defense News*, 24-30 de mayo de 1993.

14. Necesidad de un arma contra satélites: «McPeak presses for ASAT option», de Neff Hudson y Andrew Lawler, *Defense News*, 19-25 de abril de 1993.

15. Un futuro no tan lejano: «After the battle», de Eliot Cohen, *New Republic*, 1 de abril de 1991.

16. Anuncio de armas soviéticas contra satélites: [46], pp. 76, 91.

17. Pruebas de armas contra satélites: «A response to the union of concerned scientists», de Robert da Costa, *Defense Science*, agosto de 1984.

18. El «sector vital» del espacio: [72], pp. 1, 23, 47-49.

XIII. GUERRAS DE ROBOTS

Una fuente primaria sobre robótica militar es *War without men*, vol. II, Future Warfare Series (Washington, DC: Pergamon-Brassey's, 1988), de Steven M. Shaker y Alan R. Wise.

1. «Nivel» de bajas: entrevista con Harrison.

2. Carro de combate sin piloto: entrevista con Yuen. También: «Lesson learned from the Middle East War – proposed emphasis of future research», Memorándum de TRW de Yuen, con fecha 6 de marzo de 1991.

3. Equipo A: entrevista con Harrison.

4. Documento de Meieran: «Roles of mobile robots in Kuwait and the Gulf War: what could have, might have, and should be happenning» Proceedings Manual, 18th Annual Technical Exhibit and Symposium, Association for Unmanned Vehicle Systems, Washington, DC, 13-15 de agosto de 1991.

5. Aviones robots japoneses: «New copter able to fly pilotless» de Sumihiko Nonoichi, *Japan Economics Journal*, 30 de marzo de 1991.

6. Material sobre el Merodeador: [339], pp. 52-54.

7. Terrorismo robótico: [339], p. 169.

8. Stone de TRW: «From smart bombs to brilliant missiles», de Evelyn Richards, *Washington Post National Weekly*, 11-17 de marzo de 1991.

9. Sentimiento antirrobótico: [339], pp. 170-171.

10. Vida artificial: «A-life nightmare», de Steven Levy, *Whole Earth Review*, otoño de 1992.

XIV. LOS SUEÑOS DE DA VINCI

1. Detectores y minas «inteligentes»: entrevista con Forster.

2. Blindaje «inteligente»: «DoD probes smart tank armor», de Vago Muradian, *Defense News*, 1-7 de marzo de 1993.

3. Un campo de batalla totalmente eléctrico y un traje exoesquelético. Entrevistas con Harrison y Forster.

4. Micromáquinas: «A robot ant can be tool or tiny spy», de Edmund L. Andrews, *New York Times*, 28 de septiembre de 1991.

5. Nanotecnología: [104], [308], p. 362; véanse también cartas de K. Eric Drexler, Susan G. Hadden y Jorge Chapa en *Science*, 17 de enero de 1992.

6. Armas químicas y biológicas: véanse Chemical Disarmament and International Security, *Adelphi Papers 267*, Instituto Internacional de Estudios Estratégicos; NBC Defense and Technology International, abril de 1986; «US studies of biological warfare defense could have offensive results», *Discover*, junio de 1986; «Soviet prods west on exotic weapons», *New York Times*, 11 de agosto de 1976; también [318] para defensa contra armas químicas.

7. Armas raciales: «Race weapon is possible», *Defense News*, 23 de marzo de 1992.

8. Romanos en Cartago: [138], p. 144.

9. En un plazo de treinta años: testimonio de Alvin Toffler ante la comisión de Relaciones Exteriores del Senado de Estados Unidos, 94.ª Legislatura, primera sesión, audiencias del 7 de mayo al 4 de junio de 1975, extractadas en *International Associations*, 1975, p. 593.

XV. ¿GUERRA INCRUENTA?

1. Misión del Consejo de Estrategia Global de Estados Unidos en la no letalidad: entrevistas con Cline.

2. Proyecto de no letalidad: entrevistas con los Morris.

3. Para una descripción general del proyecto del Consejo de Estrategia Global de Estados Unidos: «Nonlethality: development of a national

policy and employing nonlethal means in a new strategic era», documento sin fecha del Consejo de Estrategia Global de Estados Unidos.

4. Definiciones de la no letalidad: entrevistas con los Morris; documentos del proyecto del Consejo de Estrategia Global de Estados Unidos.

5. Oposición a las versiones tergiversadas de la no letalidad: entrevistas con los Morris.

6. La guerra nunca puede ser humana: «In search of a nonlethal strategy», de Janet Morris, un documento del proyecto de no letalidad del Consejo de Estrategia Global de Estados Unidos, sin fecha.

7. Reacciones al proyecto: «Futurists see a kinder and gentler Pentagon», *San Francisco Examiner*, 16 de febrero de 1992.

8. Comentario de Perry Smith: [349], p. 141.

9. Cita de Warden: «Pentagon forges strategy on non-lethal warfare», de Barbara Opall, *Defense News*, 16 de febrero de 1992.

10. Armas de láser: «Soviet beam weapons are near tactical maturity», de Leonard Perroots, teniente general (retirado) de las Fuerzas Aéreas de Estados Unidos, *Signal*, marzo de 1990.

11. Listas de tecnologías no letales: «Nonlethality: development of a national policy and employing nonlethal means in a new strategic era», documento sin fecha del Consejo de Estrategia Global de Estados Unidos.

12. Pensamiento doctrinal sobre la no letalidad: «Military studies unusual arsenal», de Neil Munro y Barbara Opall, *Defense News*, 19-25 de octubre de 1992.

13. Secreto y no letalidad: entrevistas con los Morris.

14. Diplomacia y no letalidad: entrevistas con los Morris.

XVI. LOS GUERREROS DEL SABER

1. Strassmann: los autores conocen a Strassmann desde hace muchos años. Este material se halla basado en buena parte en las entrevistas mantenidas con él.

2. Strassmann habla sobre la falta de una doctrina de la información: «DoD creates information doctrine», de Neil Munro, *Defense News*, 2 de diciembre de 1991.

3. Unidad de Estimación Neta: reunión con Andy Marshall y su equipo.

4. El conocimiento como un bien estratégico: «Pentagon wartime plan calls for deception, electronics», de Neil Munro, *Defense News*, 10-16 de mayo de 1993.

5. Panorámica de la actividad bélica del conocimiento: «Cyberwar is coming», de John Arquilla y David Ronfeldt, borrador de debate, Departamento de Política Internacional de Rand, junio de 1992.

6. El «secreto» de Silicon Valley: «ASAP interview/Tom Peters», *Forbes ASAP*, 29 de marzo de 1993.

7. Sobre capacidad de conexión: [407], p. 559.

8. Red global integrada: entrevista con Stuart Slade de Forecast International.

9. Significación política de las comunicaciones militares integradas: entrevista con Slade.

10. La frágil superioridad de la información: entrevista con Munro.

11. Vulnerabilidad de los ordenadores y las telecomunicaciones: «Exposure to "virus" is widespread among US funds transfer system», de Steven Mufson y «FBI investigates computer tapping in sprint contract», de John Burgess, ambos en *International Herald Tribune*, 22 de febrero de 1990; «New York business warned over threat of telecoms failure», *Financial Times*, 19 de junio de 1990; «US boosts information warfare initiatives», de Neil Munro, *Defense News*, 25-31 de enero de 1993; «Stealth virus attacks», de John Dehaven, *Byte*, mayo de 1993.

Véase también «Soft kill», de Peter Black, *Wired*, julio/agosto de 1993; el autor señala que se han creado unos «equipos informáticos de respuesta a emergencias» en los departamentos de Defensa y de Energía y en la Agencia Nacional de Seguridad para hacer frente a ataques de virus contra sus sistemas de ordenadores, pero que se trata de «pequeños servicios digitales contra incendios» y «no hay una gran estrategia para la defensa o la ofensiva» con respecto a la infraestructura de la información.

12. Depredadores víricos, etc.: [251], pp. 126-133.

XVII. EL FUTURO DEL ESPÍA

Véase también [379], cap. XXIV, «A market for spies».

1. Antecedentes de Kalugin: [10], pp. 483-484, 525-527.

2. Academia rusa de la Seguridad del Estado: entrevista con Kalugin.

3. «Muy bien cubierto», editorial: *New York Times*, 18 de marzo de 1993.

4. Nuevos «productos» de información: «Staying in the national security business: new roles for the US military», de John L. Petersen, actas del primer simposio de Open Source Solutions, Inc., Washington DC, 1-3 de diciembre de 1992, vol. I.

5. «Punto de venta» de la información: «Intelligence in the year 2002: a concept of operations», de Andrew Shepard, actas del I Simposio de Open Source Solutions, Inc., Washington DC, 1-3 de diciembre de 1992, vol. I.

6. Plan de Codevilla: «The CIA, losing its smarts», de Angelo Codevilla, *New York Times*, 13 de febrero de 1993.

7. Trigo y paja: se han debatido los problemas de evaluación de la

eficacia de la información en «Intelligence and US foreign policy: how to measure success?», de Glenn Hastedt, *International Journal of Intelligence and CounterIntelligence*, primavera de 1991, pp. 49-62.

8. Cambio de requisitos de la información: [26], p. 190.

9. Información personal precisa: [90], p. 137.

10. Localización de terroristas: «Visualizing patterns and trends in data», de Christopher Westphal y Robert Beckman. Proceedings of Symposium on Advanced Information Processing and Analysis Steering Group (Intelligence Community), Tysons Corner, Virginia, 2-4 de marzo de 1993.

11. Corporación de Ciencias Analíticas sobre seguimiento de venta de armas: ibíd.

12. Costes del secreto: Keyworth en actas del I Simposio de Open Source Solutions, Inc., Washington, DC, 1-3 de diciembre de 1992, vol. I.

13. El material sobre Steele se basa en entrevistas mantenidas con él y en sus artículos: «Applying the "new paradigm": to avoid strategic failures in the future», *American Intelligence Journal*, otoño de 1991; «E3I: ethics, ecology, evolution and intelligence», *Whole Earth Review*, otoño de 1992; además numerosos trabajos en *Intelligence, Selected Readings, Book One*, de la Academia de Mando y Estado Mayor, Cuerpo de Infantería de Marina de Estados Unidos, Universidad del Cuerpo de Infantería de Marina. También: «Welcoming remarks» en el primer simposio de Open Source Solutions, Inc., Washington DC, 1-3 de diciembre de 1992, vol. I.

XVIII. EL GIRO

1. Propaganda en la antigua Grecia: [371], p. 31.
2. *Dezinformatsia*: [345].
3. Medalla alemana: [371], p. 165
4. Veintinueve millones de octavillas: [407], p. 537.
5. El «ogro» prusiano: [371], p. 166.
6. Demonización: [372], pp. 6-7, 140, 211.
7. Dios de nuestra parte: [240], p. 102.
8. Seis semanas de televisión: [349], p. 123.
9. El poder logrado por la televisión: «L'ere du soupçon», de Ignacio Ramonet, *Le Monde Diplomatique*, mayo de 1991.
10. Batalla de Nueva Orleans: [354], pp. 220-221.
11. Media-tización: «La guerre du Golfe n'a pas en lieu!» en *Le Matin du Sahara*, 24 de junio de 1991.

XIX. ARADOS EN ESPADAS

1. Reclutamiento durante la Revolución Francesa: [289], pp. 10-11.
2. Prusia imita la forma bélica francesa: [136], p. 25.
3. La guerra electrónica se traduce...: «"Grandes oreilles" contre "cerveaux"», *Le Monde*, 1 de junio de 1992.
4. Tubos de mortero: comunicación personal, 11 de mayo de 1993.
5. Conversiones de Lockheed y Livermore: «The big switch», de Peter Grier, *World Monitor*, enero de 1993.
6. Servicios bélicos de consumo: entrevistas con Daniel Goure.
7. Reconocimiento de pautas: «The defense whizzes making it in civvies», *Business Week*, 7 de septiembre de 1992.
8. Prototipos rápidos de Baxter: «Slicing and molding by computer», de John Holusha, *New York Times*, 7 de abril de 1993.
9. Torno de sobremesa: «Fetish», *Wired*, mayo-junio de 1993.

XX. EL GENIO SUELTO

1. La simulación de una crisis nuclear en que participasen Estados Unidos y Corea del Norte estaba concebida para que fuera al tiempo correctiva e instructiva. En ella, los jugadores se ven obligados a considerar muchas cuestiones morales, políticas y técnicas que no resultan obvias y con las que habrían de enfrentarse quienes tomasen las decisiones en el caso de que la crisis fuera auténtica.
2. Los misiles y las ojivas nucleares estratégicos de las ex repúblicas soviéticas son en este momento los siguientes:

RUSIA		
SS-11 SEGO	280 misiles,	560 ojivas (aprox.)
SS-13 SAVAGE	40 misiles,	40 ojivas
SS-17 SPANKER	40 misiles,	160 ojivas
SS-18 SATAN	204 misiles,	2.040 ojivas
SS-19 STILETTO	170 misiles,	1.020 ojivas
SS-24 SCALPEL	36 misiles,	360 ojivas (ferr.)
SS-24 SCALPEL	10 misiles,	100 ojivas
SS-25 SICKLE	más de 260 misiles,	más de 260 ojivas
UCRANIA		
SS-19 STILETTO	130 misiles,	780 ojivas
SS-24 SCALPEL	46 misiles,	460 ojivas
KAZAJSTÁN		
SS-18 SATAN	104 misiles,	1.040 ojivas

BIELORRUSIA

SS-25 SICKLE	80 misiles,	80 ojivas

La lectura de esta lista debería hacer pensar en lo que podría suceder si se desintegrasen otras naciones dotadas de armamento nuclear. ¿Qué sería de la *force de frappe* francesa si alguna vez unos ultranacionalistas consiguieran el poder en París o si unos movimientos separatistas desgarraran Francia? ¿Quién se apoderaría de los artefactos nucleares de China si estallase una guerra civil diez años después de la muerte de Deng Xiaoping? ¿Y qué decir al respecto sobre la primera de las potencias nucleares, Estados Unidos? ¿Sería posible imaginar a Idaho, hogar de los silos de misiles estratégicos y de florecientes cultos neonazis, tratando algún día de liberarse de un supuesto dominio de Washington? Extremadamente improbable. Pero también hubo un tiempo en que resultaba igualmente difícil imaginar la independencia de Ucrania, Bielorrusia o Kazajstán, el propio «Idaho» de la Unión Soviética equipado con armas nucleares.

3. Artefactos almacenados en vagones ferroviarios rusos: «Parliament agrees to slash weapons stockpile», de Alexander Stukalin, *Commersant* (Moscú), 10 de noviembre de 1992. Estas condiciones peligrosas fueron también puestas de relieve en la entrevista con Viktor Alksnis, el llamado Coronel Negro, ex jefe del grupo Soyuz en el Parlamento soviético.
4. Sobre el contrabando de materiales nucleares rusos, véase «It's time to stop Russia's nuclear mafia», de Kenneth R. Timmerman, *Wall Street Journal*, 27-28 de noviembre de 1992. Véase también: «Smuggler's paradise», de Steve Liesman, *Moscow Times*, 5-6 de diciembre de 1992.
5. Muyahidin Jalq sobre la venta en Kazajstán de artefactos nucleares a Irán: «It's time to stop Russia's nuclear mafia», de Kenneth R. Timmerman, *Wall Street Journal*, 27-28 de noviembre de 1992. También: «Iran-Kazakhstan nuclear deal stories denied», *San Jose Mercury News*, 16 de octubre de 1992. El presidente Nazarbayev rechazó estos «rumores» durante la larga entrevista que mantuvimos con él en Alma Ata el 3 de diciembre de 1992.
6. Artefactos nucleares de Azerbaiyán: «Osetia amenaza a Georgia con lanzar un ataque nuclear», *ABC*, 2 de junio de 1992.
7. Tratado sobre No Proliferación Nuclear, el que más adhesiones ha obtenido: «Iraq and the future of nuclear nonproliferation: the roles of inspections and treaties», de Joseph F. Pilat, *Science*, 6 de marzo de 1992.
8. Programa nuclear de Irak en «cero»: «Iraq's bomb - an update», de Diana Edensword y Gary Milhollin, *New York Times*, 26 de abril de 1993.
9. Inspectores de la Agencia Internacional de Energía Atómica: Informe Anual de 1990, Agencia Internacional de Energía Atómica, julio de 1991; también «The nuclear epidemic», *U.S. News & World Report*, 16 de marzo de 1992.

10. Canales de comercio y contrabando: «Smuggler's paradise», de Steve Liesman, *Moscow Times*, 5-6 de diciembre de 1992.

11. Entrevista con Mijailov el 27 de noviembre de 1992 en Moscú.

12. Mojov habla sobre los robos de materiales nucleares: «Ex-soviets "loose nukes" sparking security concerns», de John-Thor Dahlberg, *Los Angeles Times*, 28 de diciembre de 1992.

13. Material de Builder: entrevista con Builder; también *The future of nuclear deterrence*, Carl H. Builder, Rand Paper P-7702, Rand Corporation, febrero de 1991.

14. Falta de coordinación en los controles de la exportación: «Iraq's bomb – an update», de Diana Edensword y Gary Milhollin, *New York Times*, 26 de abril de 1993. También entrevista con Edensword.

15. Reconsideración del problema de la proliferación: entrevistas con Seaquist. También un documento de trabajo de Counter-Proliferation Initiative de la Oficina del secretario de Defensa de Estados Unidos.

16. Golay: citado en «The nuclear epidemic», *U.S. News & World Report*, 16 de marzo de 1992. Para un ataque tajante a la difusión de información nuclear, véase también: «Proliferation 101: the presidential faculty», de Arnold Kramish, *Global Affairs*, primavera de 1993.

17. La corriente de información: *The future of nuclear deterrence*, Carl H. Builder, Rand Paper P-7702, Rand Corporation, febrero de 1991.

Si no se considera la amenaza nuclear como un fenómeno a corto plazo, sino como un problema a veinticinco o treinta años vista, se plantea la necesidad de una tarea de gran envergadura sobre las tecnologías para neutralizar o al menos reducir el peligro. Se necesitan mejores recursos técnicos para detectar la radiactividad, aunque ésta se halle acorazada o enterrada. Se sabe que por medios no nucleares es posible producir vibraciones electromagnéticas capaces de destrozar la electrónica de que dependen las armas atómicas. Unas armas de vibraciones electromagnéticas deberían tener una gran prioridad en los próximos proyectos de investigación. Se necesitan robots mejores que ayuden a proteger las actuales instalaciones nucleares contra terroristas, delincuentes y otros individuos que traten de penetrar en ellas o intenten dañarlas. Se requieren enlaces mejores y más seguros de acciones toleradas, detectores más sensibles, imágenes más nítidas de satélites y una integración más perfecta de datos, y una precisión mucho mayor en las armas alternativas. En suma, las tecnologías de conocimiento intensivo pueden contribuir a dismimuir la amenaza de las armas nucleares en el mundo.

No existe, empero, una seguridad absoluta contra maníacos dispuestos a la venganza o al suicidio colectivo, pero los instrumentos de la tercera ola son imprescindibles para neutralizar el arma definitiva de la segunda.

XXI. LA ZONA DE ILUSIÓN

1. Base tecnológica para la regionalización: el japonés Kenichi Ohmae ha trazado el auge de la región-Estado y ha descrito a la nación-Estado como «disfuncional». En el número de la primavera de 1993 de *Foreign Affairs* Ohmae señaló que el «vínculo primario» de las regiones-Estado las une a «la economía global y no a sus naciones anfitrionas». Pero Ohmae supone que las «cuestiones tradicionales de política exterior, seguridad y defensa» junto con las políticas macroeconómica y monetaria seguirán siendo «incumbencia de las naciones-Estado». El analista japonés apremia a estas últimas a tratar «amablemente» el poder creciente de las regiones-Estado y en el trabajo de *Foreign Affairs* limita las implicaciones políticas de las regiones bi e, incluso, trinacionales. Ohmae es uno de los analistas globales más agudos en la actualidad, pero nosotros creemos que subestima el seísmo político que probablemente desencadenará la aparición del poder regional.

Las regiones en período de auge no permitirán indefinidamente a las naciones-Estado que fijen sus impuestos, decidan sus políticas comerciales, manipulen su moneda y las representen diplomáticamente. (En el mismo número de *Foreign Affairs* aparece un artículo donde se pide a California que adopte su propia política exterior.) De manera inevitable las regiones se enfrentarán con el poder nacional y no existe razón para suponer que cuando esto suceda, las autoridades centrales las tratarán «amablemente». Por añadidura, el auge de la región no es simplemente una cuestión de racionalidad económica; implica la cultura, la religión, la etnia y otros conflictos muy emocionales y, por tanto, políticamente peligrosos.

2. Sobre redes electrónico-políticas: «Electronic Democracy», de Howard H. Frederick. *Edges* (Toronto), julio-septiembre de 1992.

XXII. UN MUNDO TRISECADO

1. Vientres hinchados en China: «As China leaps ahead, the poor slip behind», de Sheryl WuDunn, *New York Times*, 23 de mayo de 1993.
2. Mercado indio de Lajpat-Rai: «Dish-Wallahs», de Jeff Greenwald, *Wired*, mayo-junio de 1993.
3. Separatistas brasileños: «Trying to head off a brazilian breakaway», de Christina Lamb, *Financial Times*, 3 de noviembre de 1992.

XXIII. SOBRE LAS FORMAS DE LA PAZ

1. Intentos primitivos de mitigar la violencia: [86], pp. 176-179.
2. Normas para el trato a combatientes: [2], pp. 27-30.

XXIV. LA PRÓXIMA FORMA DE LA PAZ

1. Inmutabilidad de las ideas sobre la paz desde 1815: [23], p. V.
2. Cielos abiertos: [46], pp. 26-27.
3. Aceptación de la inspección: «Future of monitoring and verification», de Hendrik Wagenmakers, ponencia presentada en la Conferencia de las Naciones Unidas sobre «Un sistema internacional posterior a la guerra fría y retos a los esfuerzos en pro de un desarme multilateral», Kioto, Japón, 27-30 de mayo de 1991.
4. Fracasos de la Agencia Internacional de Energía Atómica: «Iraqi atom effort exposes weakness in world controls», de William J. Broad, *New York Times*, 15 de julio de 1991.
5. Asesinatos de Meshad y Bull: [1], pp. XIII, 18.
6. Enlaces de acciones toleradas: «Star wars in twilight zone», *New York Times*, 14 de junio de 1992.
7. Vasic: «Quiet voices from the Balkans», *The New Yorker*, 3 de marzo de 1993.
8. Orosi: «Albanian journalism: first victim of the media war», de Violeta Orosi en *Pristina*, reproducido en *War Report* (Londres), abril/mayo de 1993.
9. Acción por la Paz: entrevista con Aaron.
10. Radio norteamericana: «US plans radio free Serbia in bid to weaken Milosevic», de Doyle McManus, *Los Angeles Times*, 21 de junio de 1993.
11. Recital de Nellie Melba: [409], p. 176.
12. Revolución digital: «Information revolutions and the end of history», de Elin Whitney-Smith, ponencia presentada en el simposio de Open Source Solutions, Inc., Washingon, DC, 1-3 de diciembre de 1992.

XXV. EL SISTEMA GLOBAL DEL SIGLO XXI

1. Cinco mil naciones: «As ethnic wars multiply, US strives for a policy», de David Binder y Barbara Crossette, *New York Times*, 7 de febrero de 1993.
2. Ciudades-Estado como Singapur: entrevista con Yao.
3. Tecnopolos: «Techno-apartheid for a global underclass», de Riccardo Petrella, *Los Angeles Times*, 6 de agosto de 1992.
4. Quinientas filiales: «Inside Unilever: the evolving transnational company», de Floris A. Maljers, *Business Review*, septiembre-octubre de 1992.
5. Cifras de AT&T y la ONU: «Global link-up down the line», de Andrew Adonis, *Financial Times*, 5 de junio de 1993.
6. Cabezas rapadas de Dresde: «Electronic democracy», de Howard H. Frederick, *Edges* (Toronto), julio-septiembre de 1992.
7. Prigogine sobre el desequilibrio: [300].

BIBLIOGRAFÍA

[1] Adams, James, *Bulls's eye*, Times Book, Nueva York, 1992.
[2] Ahlstrom, Christer y Kjell-Ake Nordquist, *Casualities of conflict*, Universidad de Uppsala, Suecia, 1991.
[3] Al-Jalil, Samir, *Republic of fear. The politics of modern Iraq*, University of California Press, Berkeley (California), 1981.
[4] Aldridge, Robert C., *The counterforce syndrome*, Institute for Policy Studies, Washington, DC, 1981.
[5] Alexander, Yonah, Y. Ne'eman y E. Tavin, *Terrorism*, Global Affairs, Washington, DC, 1991.
[6] Alpher, Joseph, ed., *War in the Gulf: implications for Israel*, Jaffee Center Study Group, Jerusalén, 1992.
[7] Amalrik, Andrei, *Will the Soviet Union survive until 1984?*, Perennial Library, Nueva York, 1970.
[8] Andrew, Christopher, *Secret service*, William Heinemann, Londres, 1985.
[9] Andrew, Christopher, y David Dilks, eds., *The missing dimension*, University of Illinois Press, Urbana, 1985.
[10] Andrew, Christopher, y Oleg Gordievsky, *KGB: the inside story*, HarperPerennial, Nueva York, 1990.
[11] Arkin, William M., *et al*, *Encyclopedia of the US military*, Harper & Row, Nueva York, 1990.
[12] Aron, Raymond, *On war*, W. W. Norton, Nueva York, 1968.
[13] Arquilla, John, *Dubious battles*, Crane Russak, Washington, DC, 1992.
[14] Asprey, Robert B., *War in the shadows: vol. I y II*, Doubleday, Garden City (Nueva York), 1975.
[15] Bailey, Kathleen C., *Doomsday weapons in the hands of many*, University of Illinois Press, Chicago, 1991.

[16] Baker, David, *The shape of wars to come*, Patrick Stephens, Cambridge (Inglaterra), 1981.
[17] Bamford, James, *The puzzle palace*, Houghton Mifflin, Boston, 1982.
[18] Barcelona, Eduardo, y Julio Villalonga, *Relaciones carnales*, Planeta, Buenos Aires, 1992.
[19] Barnet, Richard J., *Roots of war,* Penguin, Baltimore, 1973.
[20] Barringer, Richard E., *War: patterns of conflict*, The MIT Press, Cambridge (Massachusetts), 1972.
[21] Baxter, William, William P., *Soviet airland battle tactics*, Presidio Press, Novato (California), 1986.
[22] Baynes, J. C. M., *The soldier and modern society*, Eyre Methuen, Londres, 1972.
[23] Beales, A. C. F., *The history of peace*, G. Bell and Sons, Londres, 1931.
[24] Beaumont, Roger A., *Military elites*, Bobbs-Merrill, Nueva York, 1974.
[25] Beckwith, Charlie A., y Donald Knox, *Delta force*, Harcourt Brace Jovanovich, Nueva York, 1983.
[26] Berkowitz, Bruce D., y Allan E. Goodman, *Strategic intelligence,* Princeton University Press, Princeton (Nueva Jersey), 1991.
[27] Best, Geoffrey, *War and society in revolutionary Europe: 1770-1870*, Fontana, Leicester (Inglaterra), 1982.
[28] Bibo, Istvan, *The paralysis of internal institutions and the remedies*, John Wiley & Sons, Nueva York, 1976.
[29] Bidwell, Shelford, ed., *World War 3*, Hamlyn Paperbacks, Feltham (Inglaterra), 1979.
[30] Bienen, Henry, *Violence and social change*, The University of Chicago Press, Chicago, 1970.
[31] —, ed., *The military intervenes*, Russell Sage Foundation, Hartford (Connecticut), 1968.
[32] Blackwell, James, *Thunder in Desert*, Bantam, Nueva York, 1991.
[33] Blechman, Barry, M., *et al, Force without war*, The Brookings Institution, Washington, DC, 1978.
[34] Bloomfield, Lincoln P., y Amelia C. Leiss, *Controlling small wars*, Knopf, Nueva York, 1969.
[35] Booth, Ken, *Strategy and ethnocentrism*, Croon Helm, Londres, 1979.
[36] —, ed., *New thinking about strategy and international security*, Harper-Collins Academic, Londres, 1991.
[37] Boserup, Anders, y Andrew Mack, *War without weapons*, Frances Pinter, Londres, 1974.
[38] Boulding, Kenneth, *The meaning of the twentieth century*, Harper, Nueva York, 1964.
[39] Braddon, Russell, *Japan against the world: 1941-2041*, Stein and Day, Nueva York, 1983.

[40] Brandon, David H., y Michael A. Harrison, *The technology war*, John Wiley & Sons, Nueva York, 1987.
[41] Braudel, Fernand, *The Mediterranean*, Harper & Row, Nueva York, 1973.
[42] —, *The structures of everyday life*, Harper & Row, Nueva York, 1979.
[43] Brockway, Fenner, y Frederic Mullally, *Death pays a dividend*, Victor Gollancz, Londres, 1992.
[44] Brodie, Bernard, y Fawn M. Brodie, *From crossbow to H-Bomb*, Indiana University Press, Bloomington, 1973.
[45] Bruce-Briggs, B., *The shield of faith*, Simon and Schuster, Nueva York, 1988.
[46] Brugioni, Dino A., *Eyeball to eyeball*, Random House, Nueva York, 1991.
[47] Brzezinski, Zbigniew, *Out of control*, Charles Scribner's Sons, Nueva York, 1993.
[48] Buchanan, Allen, *Secession*, Westview Press, Boulder (Colorado), 1991.
[49] Builder, Carl H., *The future of nuclear deterrence, P-7702*, The Rand Corporation, Santa Monica (California) 1990.
[50] Burr, John G., *The framework of battle*, J. B. Lippincott, Nueva York, 1943.
[51] Burrows, William E., *Deep black*, Random House, Nueva York, 1986.
[52] Burton, Anthony, *Revolutionary violence*, Crane, Russak, Nueva York, 1978.
[53] Campen, Aland D., ed., *The first information war*, AFCEA International Press, Fairfax (Virginia), 1992.
[54] Carlton, David, y Carlo Schaerf, eds., *International terrorism and world security*, Croom Helm, Londres, 1975.
[55] Carr, Harry, *Riding the tiger*, Riverside Press, Cambridge (Massachusetts), 1934.
[56] Chace, James, *The consequences of the peace*, Oxford University Press, Nueva York, 1992.
[57] Chakotin, Serge, *The rape of the masses*, Alliance, Nueva York, 1940.
[58] Chatfield, Charles, ed., *Peace movements in America*, Schocken, Nueva York, 1973.
[59] Cipolla, Carlo M., *Before the industrial revolution*, W. W. Norton, Nueva York, 1976.
[60] Clark, Doug, *The coming oil war*, Harvest House, Irvine (California), 1980.
[61] Clark, George, *Early modern Europe*, Galaxy, Nueva York, 1960.
[62] Clarke, I. F., *Voices prophesying war: 1763-1984*, Oxford University Press, Nueva York, 1966.

[63] Clausewitz, Carl von, *On war*, Viking Penguin, Nueva York, 1988.
[64] —, *On war*, Infantry Journal Press, Washington, DC, 1950.
[65] —, *Principles of war*, Stackpole, Harrisburg (Pensilvania), 1960.
[66] Clayton, James L., *Does defense beggar welfare?* National Strategy Information Center, Nueva York, 1979.
[67] Clutterbuck, Richard, *Kidnap and Ransom: the response*, Faber and Faber, Boston, 1978.
[68] Cohen, Eliot A., y John Gooch, *Military misfortunes: the anatomy of failure in war*, Vintage, Nueva York, 1991.
[69] Cohen, Sam, *The truth about the neutron bomb*, William Morrow, Nueva York, 1983.
[70] Colby, Charles C., ed., *Geographic aspects of international relations*, Kennikat Press, Port Washington (Nueva York), 1970.
[71] Coleman, J. D., *Incursion*, St. Martin's, Nueva York, 1991.
[72] Collins, John M., *Military space forces: the next 50 years*, Pergamon-Brasseys, Washington, DC, 1989.
[73] Cordesman, Anthony, y Abraham Wagner, *Lessons of modern war: the arab-israeli conflicts, 1973-1988*, vol. I, Westview Press, Boulder (Colorado), 1990.
[74] Corvisier, Andre, *Armies and societies in Europe: 1494-1789*, Indiana University Press, Bloomington, 1979.
[75] Crankshaw, Edward, *The fall of the house of Hapsburg*, Penguin, Nueva York, 1983.
[76] Crenshaw, Martha, ed., *Terrorism, legitimacy, and power*, Wesleyan University Press, Middletown (Connecticut), 1983.
[77] Creveld, Martin Van, *Command in war*, Harvard University Press, Cambridge (Massachusetts), 1985.
[78] —, *Supplying war*, Cambridge University Press, Nueva York, 1977.
[79] Croix, Horst de la, *Military considerations in city planning: fortifications*, George Braziller, Nueva York, 1972.
[80] Cross, James Eliot, *Conflicts in the shadows: the nature and politics of guerilla war*, Doubleday, Garden City (Nueva York), 1963.
[81] Crozier, Brian, *A theory of conflict*, Hamish Hamilton, Londres, 1974.
[82] Cunliffe, Marcus, *The age of expansion: 1847-1917*, G. & C. Merriman, Springfield (Massachusetts), 1974.
[83] Curtin, Philip D., ed., *Imperialism*, Walker, Nueva York, 1971.
[84] D'Albion, Jean, *Une France sans defense*, Calmann-Levy, Lonrai (Francia), 1991.
[85] Davidow, William H., y Michael S. Malone, *The virtual corporation*, HarperBusiness, Nueva York, 1992.
[86] Davie, Maurice R., *The evolution of war*, Yale University Press, New Haven (Connecticut), 1929.
[87] De Gaulle, Charles, *The edge of the sword*, Greenwood Press, Westport (Connecticut), 1962.

[88] De Jouvenal, Bertrand, *On power*, Beacon Press, Boston, 1969.
[89] De Lupos, Ingrid Detter, *The law of war*, Cambridge University Press, Nueva York, 1987.
[90] De Marenches, conde de, y David A. Andelman, *The Fourth World War*, William Morrow, Nueva York, 1992.
[91] De Marenches, conde de, y Christine Ockrent, *The evil empire*, Sidgwick & Jackson, Londres, 1988.
[92] De Seversky, comandante Alexander P., *Victory through airpower*, Simon and Schuster, Nueva York, 1942.
[93] Deacon, Richard, *A history of the russian secret service*, Frederick Muller, Londres, 1972.
[94] —, *The french secret service*, Grafton, Londres, 1990.
[95] Delbruck, Hans, *The barbarian invasions: history of the art of war*, vol. II, University of Nebraska Press, Lincoln, 1990.
[96] —, *Medieval warfare: history of the art of war*, vol. III. University of Nebraska Press, Lincoln, 1990.
[97] —, *Warfare in antiquity: history of the art of war*, vol. I, University of Nebraska Press, Lincoln, 1990.
[98] Derrer, Douglas S., *We are all the target*, Naval Institute Press, Annapolis (Maryland), 1992.
[99] Diagram Group, ed., *Weapons*, St. Martin's, Nueva York, 1990.
[100] Dolgopolov, Yevgeny, *The army and the revolutionary transformation of society*, Progress, Moscú, 1981.
[101] Donovan, James A., *US Military force - 1980: an evaluation*, Center for Defense Information, Washington, DC, 1980.
[102] Douhet, Giulio, *The command of the air*, Coward-McCann, Nueva York, 1942.
[103] Dower, John W., *War without mercy*, Pantheon, Nueva York, 1986.
[104] Drexler, Eric, y Chris Peterson con Gayle Pergamit, *Unbounding the future*, William Morrow, Nueva York, 1991.
[105] Drucker, Peter F., *Post-capitalist society*, HarperBusiness, Nueva York, 1993.
[106] Dunn, Richard S., *The age of religious wars: 1559-1715*, W. W. Norton, Nueva York, 1979.
[107] Dupuy, coronel T. N., *The evolution of weapons and warfare*, Jane's, Londres, 1980.
[108] —, *Numbers, predictions & war*, Bobbs-Merrill, Nueva York, 1979.
[109] —, *Understanding war*, Paragon House, Nueva York, 1987.
[110] Duyvendak, J. J. L., trad., *The book of lord Shang*, Arthur Probsthain, Londres, 1963.
[111] Earle, Edward Meade, ed., *Makers of modern strategy*, Princeton University Press, Princeton (Nueva Jersey), 1973.
[112] Edgerton, Robert B., *Sick societies*, The Free Press, Nueva York, 1992.

[113] Ellis, John, *The social history of the machine gun*, Pantheon, Nueva York, 1975.
[114] Fawcett, J. E. S., *The law of nations*, Basic Books, Nueva York, 1968.
[115] Ferrill, Arthur, *The origins of war*, Thames & Hudson, Londres, 1988.
[116] Finer, S. E., *The man on horseback: the role of the military in politics*, Pall Mall Press, Londres, 1969.
[117] Fletcher, Raymond, *60 pounds a second in defense*, MacGibbon & Kee, Londres, 1963.
[118] Ford, Daniel, *The Button*, Simon and Schuster, Nueva York, 1985.
[119] Franck, Thomas M., y Edward Weisband, *Secrecy and foreign policy*, Oxford University Press, Nueva York, 1974.
[120] Fromkin, David, *A peace to end all peace*, Avon, Nueva York, 1990.
[121] Fukuyama, Francis, *The end of history and the last man*, Avon, Nueva York, 1992.
[122] Galbraith, John Kenneth, *How to control the military*, Doubleday, Garden City (Nueva York), 1969.
[123] Gallagher, James J., *Low-intensity conflict*, Stackpole Books, Harrisburg (Pensilvania), 1992.
[124] Gallois, Pierre M., *Geopolitique: les voies de la puissance*, Fondation des Estudes de Defense Nationale, París, 1990.
[125] Gasparini Alves, Pericles, *The interest of nonpossessor nations in the Draft Chemical Weapons Convention*, Vantage, Nueva York, 1990.
[126] Geary, Conor, *Terror*, Faber and Faber, Londres, 1991.
[127] Geraghty, Tony, *Inside the SAS*, Ballantine, Nueva York, 1982.
[128] Gerard, Francis, *Vers l'unité federale du monde*, Denoel, París, 1971.
[129] Gervasi, Tom, *Arsenal of democracy*, Grove, Nueva York, 1977.
[130] Geyer, Alan, *The idea of disarmament!*, The Brethren Press, Elgin (Illinois), 1982.
[131] Giap, Vo Nguyen, *Banner of the people's war, the party's military line*, Praeger, Nueva York, 1970.
[132] Gilpin, Robert, *War and change in world politics*, Cambridge University Press, Nueva York, 1985.
[133] Ginsberg, Robert, ed., *The critique of war*, Henry Regnery, Chicago, 1970.
[134] Godson, Roy, *Intelligence requirements for the 1980's: domestic intelligence*, Lexington, Lexington (Massachusetts), 1986.
[135] Goerlitz, Walter, *History of the german general staff: 1657-1945*, Praeger, Nueva York, 1956.
[136] Gooch, John, *Armies in Europe*, Routledge & Kegan Paul, Londres, 1980.
[137] Goodenough, Simon, *Tactical genius in battle*, E. P. Dutton, Nueva York, 1979.
[138] Grant, Michael, *A history of Rome*, Scribner, Nueva York, 1978.

[139] Gray, Colin S., *House of cards*, Cornell University Press, Ithaca (Nueva York), 1992.
[140] Hackett, John, *The Third World War: the untold history*, Bantam, Nueva York, 1983.
[141] Halamka, John D., *Espionage in Silicon Valley*, Sybex, Berkeley (California), 1984.
[142] Hale, J. R., *Renaissance Europe, 1480-1520*, Collins, Londres, 1971.
[143] Halperin, Morton H., *Contemporary military strategy*, Little, Brown, Boston, 1967.
[144] Hanson, Victor Davis, *The western way of war*, Oxford University Press, Nueva York, 1989.
[145] Harries, Meirion, y Susie Harries, *Soldiers of the Sun*, Random House, Nueva York, 1991.
[146] Hart, B. H. Liddell, *Europe in arms*, Faber and Faber, Londres, 1937.
[147] —, *Strategy*, Meridien, Nueva York, 1991.
[148] Hartigan, Richard Shelly, *The forgotten victim: a history of the civilian*, Precedent, Chicago, 1982.
[149] Hartogs, Renatus, y Eric Artzt, *Violence: causes & solutions*, Dell, Nueva York, 1970.
[150] Herzog, Chaim, *The arab-israeli wars*, Random House, Nueva York, 1982.
[151] Hill, Christopher, *Reformation to industrial revolution: 1530-1780*, Penguin Books, Baltimore (Maryland), 1969.
[152] Hobsbawm, E. J., *Industry and empire*, Penguin, Baltimore (Maryland), 1969.
[153] Hoe, Alan, *David Stirling*, Little, Brown, Londres, 1992.
[154] Hofstadter, Richard, William Miller y Daniel Aaron, *The United States*, Prentice Hall, Englewood Cliffs (Nueva Jersey), 1967.
[155] Hohne, Heinze, y Hermann Zolling, *The general was a spy*, Coward, McCann & Geoghegan, Nueva York, 1972.
[156] Holsti, Kalevi J., *Peace and war: armed conflicts and international order, 1948-1989*, Cambridge University Press, Cambridge (Inglaterra), 1991.
[157] Honan, William H., *Bywater: the man who invented the Pacific war*, Macdonald, Londres, 1990.
[158] Hoselitz, Bert F., y Wilbert E. Moore, *Industrialización*, UNESCO - Mouton (sin mención de localidad), 1968.
[159] Howard, Michael, *The causes of wars*, Unwin Paperbacks, Londres, 1983.
[160] —, *War and the liberal conscience*, Rutgers University Press, New Brunswick (Nueva Jersey), 1986.
[161] —, *War in european history*, Oxford University Press, Nueva York, 1989.
[162] Hoyt, Edwin P., *Japan's war*, McGraw-Hill, Nueva York, 1986.

[163] Hughes, Wayne P., *Fleet tactics*, Naval Institute Press, Annapolis (Maryland), 1986.
[164] Huie, William Bradford, *The case against the admirals*, E. P. Dutton, Nueva York, 1946.
[165] Huntington, Samuel P., *The soldier and the State*, The Belknap Press, Cambridge (Massachusetts), 1957.
[166] Janowitz, Morris, *The military in the political development of new nations*, The University of Chicago Press, Chicago, 1971.
[167] —, ed., *The new military: changing patterns of organization*, Russell Sage Foundation, Nueva York, 1964.
[168] Johnson, James Turner, y George Weigel, *Just war and the Gulf war*, Ethics and Public Policy Center, Washington, DC, 1991.
[169] Jones, Ellen, *Red Army and society*, Allen and Unwin, Boston, 1985.
[170] Jones, J., *Stealth technology*, Aero, Blue Ridge Summit (Pensilvania), 1989.
[171] Joyce, James Avery, *The war machine: the case against the arms race*, Discus, Nueva York, 1982.
[172] Juergensmeyer, Mark, *The new cold war*, University of California Press, Berkeley (California), 1993.
[173] Kahalani, Avigdor, *The heights of courage*, Praeger, Nueva York, 1992.
[174] Kahan, Jerome H., *Security in the nuclear age*, The Brookings Institution, Washington, DC, 1975.
[175] Kaldor, Mary, *The baroque arsenal*, Hill and Wang, Nueva York, 1981.
[176] Kaplan, Fred, *The wizards of Armageddon*, Simon and Schuster, Nueva York, 1983.
[177] Katz, Howard S., *The warmongers*, Books in Focus, Nueva York, 1981.
[178] Kaufmann, William W. A., *Thoroughly efficient navy*, The Brookings Institution, Washington, DC, 1987.
[179] Keith, Arthur Berriedale, *The causes of war*, Thomas Nelson and Sons, Nueva York, 1940.
[180] Kellner, Douglas, *The persian Gulf TV war*, Westview Press, Boulder (Colorado), 1992.
[181] Kennedy, Gavin, *The military in the Third World*, Duckworth, Londres, 1974.
[182] Kennedy, Malcolm J., y Michael J. O'Connor, *Safely by sea*, University Press of America, Lanham (Maryland), 1990.
[183] Kennedy, Paul, *The rise and fall of great powers*, Random House, Nueva York, 1987.
[184] —, ed., *Grand strategies in war and peace*, Yale University Press, New Haven (Connecticut), 1991.
[185] Keohane, Robert O., y Joseph S. Nye, *Power and interdependance*, Little, Brown, Boston, 1977.

[186] Kernan, W. F., *Defense will not win the war*, Little, Brown, Boston, 1942.
[187] Kissin, S. F., *War and the marxists*, Westview Press, Boulder (Colorado), 1989.
[188] Knightly, Phillip, *The second oldest profession*, W. W. Norton, Nueva York, 1986.
[189] Knowles, L. C. A., *The industrial and commercial revolutions in Great Britain during the nineteenth century*, George Routledge, Londres, 1922.
[190] Kohn, Hans, *The idea of nationalism*, Collier, Toronto, 1944.
[191] Krader, Lawrence, *Formation of the State*, Prentice-Hall, Englewood Cliffs (Nueva Jersey), 1968.
[192] Kriesel, Melvin E., *Psychological operations: a strategic view - essays on strategy*, National Defense University Press, Washington, DC, 1985.
[193] Kull, Irving S., y Nell M. Kull, *The encyclopedia of american history*, Popular Library, Nueva York, 1952.
[194] Kupperman, Robert H., y Darrell M. Trent, *Terrorism: threat, reality, response*, Hoover Institution Press, Stanford (California), 1980.
[195] Laffin, John, *Links of leadership*, Abelard-Schuman, Nueva York, 1970.
[196] Lamont, Lansing, *Day of Trinity*, Signet, Nueva York, 1966.
[197] Lang, Walter, N., *The world's elite forces*, Salamander, Londres, 1987.
[198] Langford, David, *War in 2080: the future of military technology*, William Morrow, Nueva York, 1979.
[199] Landsdale, Edward Geary, *In the midst of wars: an american's mission to southeast Asia*, Harper & Row, Nueva York, 1972.
[200] Laqueur, Walter, *Guerrilla*, Weidenfeld & Nicolson, Londres, 1977.
[201] —, *Terrorism*, Weidenfeld & Nicolson, Londres, 1977.
[202] —, *A world of secrets*, Basic, Nueva York, 1985.
[203] Latey, Maurice, *Patterns of tyranny*, Atheneum, Nueva York, 1969.
[204] Laulan, Yves Marie, *La planete balkanisee*, Economica, París, 1991.
[205] Laurie, Peter, *Beneath the city streets*, Granada, Londres, 1983.
[206] Lea, Homer, *The valor of ignorance*, Harper & Brothers, Nueva York, 1909.
[207] Lederer, Emil, *State of the masses*, Howard Fertig, Nueva York, 1967.
[208] Lenin, V. I., *Lenin on war and peace*, Foreign Language Press, Pekín, 1966.
[209] Lentz, Theodore, F., *Towards a science of peace*, Bookman Associates, Nueva York, 1961.
[210] Levite, Ariel, *Intelligence and strategic surprises*, Columbia University Press, Nueva York, 1987.
[211] Levy, Jack S., *War in the modern great power system: 1495-1975*, University of Kentucky Press, Lexington, 1983.

[212] Lewin, Ronald, *Hitler's mistakes*, William Morrow, Nueva York, 1984.
[213] Liebknecht, Karl, *Militarism and anti-militarism*, River Press, Cambridge (Inglaterra), 1973.
[214] Lifton, Robert Jay, y Richard Falk, *Indefensible weapons*, Basic, Nueva York, 1982.
[215] Lloyd, Peter C., *Classes, crises and coups*, Praeger, Nueva York, 1972.
[216] London, Perry, *Behavior control*, Harper & Row, Nueva York, 1969.
[217] Lovell, John P., y Phillip S. Kronenberg, *New civil-military relations*, Transaction, New Brunswick (Nueva Jersey), 1974.
[218] Lupinski, Igor, *In the general's house*, Res Gestae Press, Santa Barbara (California), 1993.
[219] Luttwak, Edward, *On the meaning of victory*, Simon and Schuster, Nueva York, 1986.
[220] —, *The Pentagon and the art of war*, Simon and Schuster, Nueva York, 1984.
[221] Luttwak, Edward, y Stuart Koehl, *The dictionary of modern war*, HarperCollins, Nueva York, 1991.
[222] Luvaas, Jay, ed. y trad., *Frederick the Great on the art of war*, The Free Press, Nueva York, 1966.
[223] Maquiavelo, Niccolo, *The art of war*, Da Capo, Nueva York, 1990.
[224] Macksey, Kenneth, y William Woodhouse, *The Penguin Encyclopedia of modern warfare*, Viking, Nueva York, 1991.
[225] Mahan, Alfred T., *Lessons of the war with Spain*, Books for Libraries Press, Freeport (Nueva York), 1970.
[226] Mandelbaum, Michael, *The nuclear revolution*, Cambridge University Press, Nueva York, 1981.
[227] Mansfield, Sue, *The gestalts of war*, The Dial Press, Nueva York, 1982.
[228] Markham, Felix, *Napoleon*, Mentor, Nueva York, 1963.
[229] Markov, Walter, ed., *Battles of world history*, Hippocrene, Nueva York, 1979.
[230] Maswood, S. Javed, *Japanese defense*, Institute of Southeast Asian Studies, Singapur, 1990.
[231] Maxim, Hudson, *Defenseless America*, Heart's International Library Co., Nueva York, 1915.
[232] Mayer, Arno J., *The persistence of the old regime*, Pantheon, Nueva York, 1981.
[233] Mazarr, Michael J., *Missile defences and asian-pacific security*, Macmillan, Londres, 1989.
[234] McGwire, Michael, K. Booth y J. McDonnell, eds., *Soviet naval policy*, Praeger, Nueva York, 1975.

[235] McMaster, R. E., Jr., *Cycles of war*, Timberline Trust, Kalispell (Montana), 1978.
[236] McNeill, William, *The pursuit of power*, The University of Chicago Press, Chicago, 1982.
[237] Melvern, Linda, D. Hebditch y N. Anning, *Techno-Bandits*, Houghton Mifflin, Boston, 1984.
[238] Mendelssohn, Kurt, *The secret of western domination*, Praeger, Nueva York, 1976.
[239] Merleau-Ponty, Maurice, *Humanism and terror*, Beacon Press, Boston, 1969.
[240] Mernissi, Fátima, *Islam and democracy*, Addison-Wesley, Reading (Massachusetts), 1992.
[241] Merton, Thomas, ed., *Gandhi on non-violence*, New Directions, Nueva York, 1965.
[242] Meyer, Cord, *Facing reality: from world federalism to the CIA*, Harper & Row, Nueva York, 1980.
[243] Miller, Abraham H., *Terrorism and hostage negotiations*, Westview Press, Boulder (Colorado), 1980.
[244] Miller, Judith, y Laurie Mylroie, *Saddam Hussein and the crisis in the Gulf*, Times Books, Nueva York, 1990.
[245] Millis, Walter, *Arms and men*, Mentor, Nueva York, 1958.
[246] —, *The martial spirit*, The Riverside Press, Cambridge (Massachusetts), 1931.
[247] Mills, C. Wright, *The causes of World War Three*, Camelot Press, Londres, 1959.
[248] Minc, Alain, *La vengeance des nations*, Bernard Grasset, París, 1990.
[249] Mirsky, Jeanette, y Allan Nevins, *The world of Eli Whitney*, Macmillan, Nueva York, 1952.
[250] Mische, Gerald, y Patricia Mische, *Toward a human world order*, Paulist Press, Nueva York, 1977.
[251] Moravec, Hans, *Mind children*, Harvard University Press, Cambridge (Massachusetts), 1988.
[252] Morison, Samuel Eliot, *American contributions to the strategy of World War II*, Oxford University Press, Londres, 1958.
[253] Moro, D. Rubén, *Historia del conflicto del Atlántico Sur*, Fuerza Aérea Argentina, Buenos Aires, 1985.
[254] Moss, Robert, *The war for cities*, Coward, McCann & Geoghegan, Nueva York, 1972.
[255] Motley, James Berry, *Beyond the soviet threat*, Lexington, Lexington (Massachusetts), 1991.
[256] Mueller, John, *Retreat from doomsday: the obsolescence of major war*, Basic, Nueva York, 1990.
[257] Munro, Neil, *The quick and the dead: electronic combat and modern warfare*, St. Martin's, Nueva York, 1991.

[258] Murphy, Thomas Patrick, ed., *The holy war*, Ohio State University Press, Columbus, 1976.
[259] Nakdimon, Shlomo, *First strike*, Summit, Nueva York, 1987.
[260] Naude, Gabriel, *Considerations politiques sur les coups d'Etat*, Editions de Paris, París, 1988.
[261] Nazurbayev, Nursultan, *No rightists nor leftists*, Noy Publications, Nueva York, 1992.
[262] Nelson, Joan M., *Access to power*, Princeton University Press, Princeton (Nueva Jersey), 1979.
[263] Nelson, Keith L., y Spencer C. Olin, Jr., *Why war?*, University of California Press, Berkeley (California), 1980.
[264] Netanyahu, Benjamin, ed., *Terrorism*, Farrar, Straus and Giroux, Nueva York, 1986.
[265] Nicholson, Michael, *Conflict analysis*, The English Universities Press, Londres, 1970.
[266] Nolan, Keith William, *Into Cambodia*, Dell, Nueva York, 1991.
[267] Nye, Joseph S., Jr., *Bound to lead*, Basic, Nueva York, 1990.
[268] Nystrom, Anton, *Before, during and after 1914*, William Heinemann, Londres, 1915.
[269] O'Brien, Conor Cruise, *The siege: The saga of Israel and zionism*, Simon and Schuster, Nueva York, 1986.
[270] Odom, William E., *On internal war*, Duke University Press, Durham (Carolina del Norte), 1992.
[271] Ohmae, Kenichi, *The borderless world*, HarperCollins, Nueva York, 1990.
[272] Oppenheimer, Franz, *The State*, Free Life Editions, Nueva York, 1942.
[273] Oren, Nissan, ed., *Termination of wars*, The Magnes Press, Jerusalén, 1982.
[274] Organski, A. F. K., y Jack Kluger, *The war ledger*, The University of Chicago Press, Chicago, 1980.
[275] Osgood, Robert E., y Robert E. Tucker, *Force, order and justice*, John Hopkins Press, Baltimore, 1967.
[276] Ostrovsky, Victor, y Claire Hoy, *By way of deception*, St. Martin's, Nueva York, 1990.
[277] Owen, David Edward, *Imperialism and nationalism in the Far East*, Henry Holt, Nueva York, 1929.
[278] Paret, Peter, *Makers of modern strategy*, Princeton University Press, Princeton (Nueva Jersey), 1986.
[279] Parkinson, Roger, *Clausewitz*, Stein and Day, Nueva York, 1979.
[280] Parrish, Robert, y N. A. Andreacchio, *Schwarzkopf*, Bantam, Nueva York, 1991.
[281] Patai, Raphael, *The arab mind*, Scribner, Nueva York, 1983.
[282] Pauling, Linus, E. Laszlo, y J. Y. Yoo, *World encyclopedia of peace*, Pergamon Press, Oxford (Inglaterra), 1986.

[283] Payne, Keith B., *Missile defense in the 21st century*, Westview Press, Boulder (Colorado), 1991.
[284] Payne, Samuel B., Jr., *The conduct of war*, Basil Blackwell, Nueva York, 1989.
[285] Peeters, Peter, *Can we avoid a Third World War around 2010?*, The Macmillan Press, Londres, 1979.
[286] Pepper, David, y Alan Jenkins, eds., *The geography of war*, Basil Blackwell, Nueva York, 1985.
[287] Perlmutter, Amos, *The military and politics in modern times*, Yale University Press, New Haven (Connecticut), 1977.
[288] Peters, Cynthia, *Collateral damage*, South End Press, Boston, 1992.
[289] Petre, F. Loraine, *Napoleon at war*, Hippocrene, Nueva York, 1984.
[290] Pierre, Andrew J., ed., *The conventional defense of Europe*, Council on Foreign Relations, Nueva York, 1986.
[291] Pipes, Daniel, *In the path of God: islam and political power*, Basic, Nueva York, 1983.
[292] Pisani, Edgard, *La region... pour quoi faire?*, Calmann-Levy, París, 1969.
[293] Poggi, Gianfranco, *The development of the modern State*, Stanford University Press, Stanford (California), 1978.
[294] Polanyi, Karl, *The great transformation*, Beacon Press, Boston, 1957.
[295] Polenberg, Richard, *War and society: the United States, 1941-1945*, J. B. Lippincott, Nueva York, 1972.
[296] Polk, William R., *The arab world today*, Harvard University Press, Cambridge (Massachusetts), 1991.
[297] Polmar, Norman, ed., *Soviet naval development*, The Nautical and Aviation Publishing Company of America, Annapolis (Maryland), 1979.
[298] Polmar, Norman, y Thomas B. Allen, *World War II: America at war, 1941-1945*, Random House, Nueva York, 1991.
[299] Price, Alfred, *Air battle Central Europe*, The Free Press, Nueva York, 1987.
[300] Prigogine, Ilya, *Order out of chaos*, Bantam, Nueva York, 1984.
[301] Pujol-Dávila, José, *Sistema y poder geopolítico*, Buenos Aires, 1985.
[302] Quarrie, Bruce, *Special forces*, Apple Press, Londres, 1990.
[303] Read, James Morgan, *Atrocity propaganda, 1914-1919*, Yale University Press, New Haven (Connecticut), 1941.
[304] Reese, Mary Ellen, *General Reinhard Gehlen: The CIA connection*, George Mason University Press, Fairfax (Virginia), 1990.
[305] Renner, Michael, *Critical juncture: the future of peacekeeping*, Worldwatch Paper, Washington, DC, 1990.
[306] —, *Swords into plowshares: converting to a peace economy*, Worldwatch Paper, Washington, DC, 1990.
[307] Renninger, John P., *The future role of the United Nations in an interdependent world*, Martinus Nijhoff, Boston, 1984.

[308] Rheingold, Howard, *Virtual reality*, Summit, Nueva York, 1991.
[309] Rice, Edward E., *Wars of the third kind*, University of California Press, Berkeley (California), 1988.
[310] Richelson, Jeffrey T., *Foreign intelligence organizations*, Ballinger, Cambridge (Massachusetts), 1988.
[311] —, *The US Intelligence Community*, Ballinger, Cambridge (Massachusetts), 1985.
[312] Rinaldi, Angela, ed., *Witness to war: images from the Persian Gulf war*, Los Angeles Times, Los Ángeles, 1991.
[313] Rivers, Gayle, *The specialist*, Stein and Day, Nueva York, 1985.
[314] Robertson, Eric, *The japanese file*, Heinemann Asia, Singapur, 1979.
[315] Rogers, Barbara, y Zdenek Cervenka, *The nuclear axis*, Times Books, Nueva York, 1978.
[316] Romjue, John L., *From active defense to airland battle: the deployment of army doctrine, 1973-1982*, Historical Office - US Army Training and Doctrine Command, Fort Monroe (Virginia), 1984.
[317] Rosecrance, Richard, *The rise of the trading State*, Basic, Nueva York, 1986.
[318] Rothschild, J. H., *Tomorrow's weapons*, McGraw-Hill, Nueva York, 1964.
[319] Rustow, Alexander, *Freedom and domination*, Princeton University Press, Princeton (Nueva Jersey), 1980.
[320] Safran, Nadav, *Israel: the embattled ally*, The Belknap Press, Cambridge (Massachusetts), 1978.
[321] Sakaiya, Taichi, *The knowledge-value revolution*, Kodansha International, Nueva York, 1991.
[322] Sallagar, Frederick M., *The road to total war*, Van Nostrand Rheinhold, Nueva York, 1969.
[323] Sampson, Anthony, *The arms bazaar*, Coronet, Londres, 1983.
[324] Sanford, Barbara, ed., *Peacemaking*, Bantam, Nueva York, 1976.
[325] Sardar, Zauddin, S. Z. Abedin y M. A. Anees, *Christian-muslim relations: yesterday, today and tomorrow*, Grey Seal, Londres, 1991.
[326] Schevill, Ferdinand, *A history of Europe*, Harcourt, Brace, Nueva York, 1938.
[327] Schlosstein, Steven, *Asia's new little dragons*, Contemporary, Chicago, 1991.
[328] Schoenbrun, David, *Soldiers of the night*, E. P. Dutton, Nueva York, 1980.
[329] Schreiber, Jan, *The ultimate weapon: terrorists and world order*, William Morrow, Nueva York, 1978.
[330] Schwarzkopf, H. Norman, y Peter Petre, *It doesn't take a hero*, Bantam, Nueva York, 1992.
[331] Schweizer, Peter, *Friendly spies*, Atlantic Monthly Press, Nueva York, 1993.

[332] Scowcroft, Brent, ed., *Military service in the United States*, Prentice-Hall, Englewood Cliffs (Nueva Jersey), 1982.

[333] Seaton, Albert, *The german army: 1933-1945*, Meridian, Nueva York, 1985.

[334] Seaton, Albert, y Joan Seaton, *The soviet army: 1918 to the present*, New American Library, Nueva York, 1987.

[335] Seth, Ronald, *Secrets servants*, Farrar, Strauss and Cudahy, Nueva York, 1957.

[336] Seward, Desmond, *Metternich, the first european*, Viking, Nueva York, 1991.

[337] —, *Napoleon and Hitler*, Viking, Nueva York, 1989.

[338] Shafer, Boyd C., *Faces of nationalism*, Harvest, Nueva York, 1972.

[339] Shaker, Steven M., y Alan R. Wise, *War without men. Future warfare series*, vol. II, Pergamon-Brassey's, Washington, DC, 1988.

[340] Sharp, Gene, *Civilian-based defense*, Princeton University Press, Princeton (Nueva Jersey), 1990.

[341] —, *The politics of nonviolent action: part I-III*, Porter Sargent, Boston, 1984-1985.

[342] Shaw, Martin, *Post-military society*, Temple University Press, Filadelfia, 1991.

[343] Shawcross, William, *The quality of mercy*, Simon and Schuster, Nueva York, 1984.

[344] Sherwood, Robert M., *Intellectual property and economic development*, Westview Press Boulder (Colorado), 1990.

[345] Schultz, Richard H., y Roy Godson, *The strategy of soviet information*, Berkley, Nueva York, 1986.

[346] Simpkin, Richard, *Race to the swift*, Brassey's Defence Publishers, Nueva York, 1985.

[347] Singer, J. David, *Explaining war*, Sage Publications, Beverly Hills (California), 1979.

[348] Singlaub, John, y Malcolm McConnell, *Hazardous duty*, Summit, Nueva York, 1991.

[349] Smith, Perry, *How the CNN fought the war*, Birch Lane Press, Nueva York, 1991.

[350] Speiser, Stuart M., *How to end the nuclear nightmare*, North River Press, Croton-on-Hudson (Nueva York), 1984.

[351] Stableford, Brian, y David Langford, *The third millenium: a history of the world AD 2000-3000*, Knopf, Nueva York, 1985.

[352] Stanford, Barbara, ed., *Peacemaking*, Bantam, Nueva York, 1976.

[353] Starr, Chester, G., *The influence of sea power on ancient history*, Oxford University Press, Nueva York, 1989.

[354] Stephens, Mitchell, *A history of news*, Viking, Nueva York, 1988.

[355] Sterling, Claire, *The terror network*, Berkley, Nueva York, 1982.

[356] Stine, G. Harry, *Confrontation in space*, Prentice-Hall, Englewood Cliffs (Nueva Jersey), 1981.
[357] Stoessinger, John G., *Why nations go to war*, St. Martin's, Nueva York, 1974.
[358] Strachey, John, *The end of empire*, Random House, Nueva York, 1960.
[359] —, *On the prevention of war*, St. Martin's, Nueva York, 1963.
[360] Strassmann, Paul, *The business value of computers*, The Information Economics Press, New Canaan (Connecticut), 1990.
[361] Strauss, Barry S., y Josiah Ober, *The anatomy of error*, St. Martin's, Nueva York, 1990.
[362] Strausz-Hupe, Robert, *The balance of tomorrow*, G. P. Putnam's Sons, Nueva York, 1945.
[363] Sulzberger, C. I., *World War II*, American Heritage Press, Nueva York, 1970.
[364] Summers, coronel Harry G., Jr., *On strategy: a critical analysis of the Vietnam war,* Dell, Nueva York, 1982.
[365] Suter, Keith D., *A new international order*, World Association of World Federalists, Australia, 1981.
[366] —, *Reshaping the global agenda: the UN at 40*, UN Association of Australia, Sydney, 1986.
[367] Suvorov, Viktor, *Inside the aquarium*, Berkley, Nueva York, 1986.
[368] —, *Inside the soviet army*, Hamish Hamilton Ltd., Londres, 1982.
[369] —, *Inside soviet military intelligence*, Berkley, Nueva York, 1984.
[370] Taber, Robert, *The war of the flea: Guerrilla warfare theory and practice*, Paladin, Londres, 1970.
[371] Taylor, Philip M., *Munitions of the mind*, Patrick Stephens, Wellingborough (Inglaterra), 1990.
[372] —, *War and the media*, Manchester University Press, Manchester, 1992.
[373] Taylor, William J., Jr., y Steven A. Maaranen, eds., *The future of conflict in the 1980's*, Lexington, Lexington (Massachusetts), 1984.
[374] Tefft, Stanton K., *Secrecy*, Human Sciences Press, Nueva York, 1980.
[375] Thayer, George, *The war business*, Discus, Nueva York, 1970.
[376] Thurow, Lester, *Head to head*, William Morrow, Nueva York, 1992.
[377] Timasheff, Nicholas S., *War and revolution*, Sheed and Ward, Nueva York, 1965.
[378] Toffler, Alvin y Heidi Toffler, *Future shock*, Bantam, Nueva York, 1970.
[379] —, *Powershift*, Bantam, Nueva York, 1990.
[380] —, *Previews &premises*, William Morrow, Nueva York, 1983.
[381] —, *The third wave*, Bantam, Nueva York, 1980.
[382] Trotter, W., *Instincts of the herd in peace and war*, T. Fisher Unwin, Londres, 1917.

[383] Tuchman, Barbara W., *A distant mirror*, Knopf, Nueva York, 1978.
[384] Tuck, Jay, *High-tech espionage*, Sidgwick and Jackson, Londres, 1986.
[385] Turner, Stansfield, *Secrecy and democracy*, Houghton Mifflin, Boston, 1985.
[386] —, *Terrorism and democracy*, Houghton Mifflin, Boston, 1991.
[387] Tzu, Sun, *The art of war* (trad. de Griffith, Samuel B.), Oxford University Press, Nueva York, 1963.
[388] Ury, William K., *Beyond the hotline*, Houghton Mifflin, Boston, 1985.
[389] Vagts, Alfred, *A history of militarism: civilian and military*, Meridian, Nueva York, 1959.
[390] Walzer, Michael, *Just and unjust wars*, Basic, Nueva York, 1992.
[391] Warden, John A., III. *The air campaign: planning for combat*, Pergamon-Brassey's, Washington, DC, 1989.
[392] Watson, Peter, *War on the mind*, Basic, Nueva York, 1978.
[393] Weizsacker, Carl Friedrich von, *The politics of peril: economics and the prevention of war*, The Seabury Press, Nueva York, 1978.
[394] Wells, H. G., *War and the future*, Cassell, Nueva York, 1917.
[395] Williams, Glyndwr, *The expansion of Europe in the eighteenth century*, Walker, Nueva York, 1967.
[396] Wilson, Andrew, *The bomb and the computer*, Delacorte Press, Nueva York, 1968.
[397] Wittfogel, William, *Oriental despotism: a comparative study of total power*, Yale University Press, New Haven (Connecticut), 1964.
[398] Woodruff, William, *The struggle for world power: 1500-1980*, St. Martin's, Nueva York, 1981.
[399] Woodward, David, *Armies of the world: 1854-1914*, Putnam, Nueva York, 1978.
[400] Worrall, R. L., *Footsteps of warfare*, Peter Davies, Londres, 1936.
[401] Yarmolinsky, Adam, *The military establishment*, Harper & Row, Nueva York, 1971.
[402] Yeselson, Abraham, y Anthony Gaglione, *A dangerous place: the United Nations as a weapon in world politics*, Viking, Nueva York, 1974.
[403] Zhukov, Y. M., *The rise an fall of the Gumbatsu*, Progress Press, Moscú, 1975.
[404] *The airland battle and corps 86: TRADOC pamphlet 525-5*, US Army Operational Concepts, Fort Monroe (Virginia), 21 de marzo de 1981.
[405] *The Annual Report for 1990*, International Atomic Energy Agency, Austria, 1991.
[406] *Common security: a blueprint for survival*, Simon and Schuster, Nueva York, 1982.

[407] *Conduct of the Persian Gulf war*, DOD, Final report to Congress, US Government Printing Office, Washington, DC, 1992.
[408] *Essays on strategy*, 1984 Joint Chiefs of Staff Essay Competition Selections, National Defense University Press, Washington, DC, 1985.
[409] *From semaphore to satellite*, Unión Internacional de Telecomunicaciones, Ginebra, 1965.
[410] *US Army Field Manual (FM) 100-5, operations, 20 de agosto de 1982.*
[411] *US Army Field Manual (FM) 100-5, operations, 14 de junio de 1993.*

ÍNDICE ANALÍTICO

A

B

C

CH

E

F

G

H

I

J

K

N

O

P

Q

R

S

T

U

V

W

X

Y

Z